视频助手

DeepSeek+即梦AI+剪映AI短视频创作一本通

向秋 编著

内 容 提 要

本书是一本涵盖 AI 文案创作、AI 图片生成与 AI 短视频制作技巧的实用指南。书中深入解析了 DeepSeek、即梦 AI、剪映等工具的核心功能与应用方法，助你轻松掌握 AI 创作的核心技能。

本书内容分为四篇。文案创作篇详解 DeepSeek 提示词技巧，教你一键生成爆款短视频文案，显著提升视频吸引力。图片创作篇聚焦即梦 AI 文生图与图生图技术，结合剪映 AI 特效，助你轻松打造高质量视觉内容。视频创作篇涵盖即梦 AI 文生视频与图生视频技术，并深入讲解剪映数字人视频制作功能，让静态作品动态化，带你掌握前沿 AI 技术。综合实战篇则通过 AI 电商带货视频、AI 动画片制作等实战案例，系统教授如何将 AI 技术应用于实际场景，全面提升创作效率与作品质量。

本书适合短视频创作者、内容运营人员、电商从业者、动画师、设计师，以及对 AI 创作感兴趣的爱好者。

图书在版编目（CIP）数据

视频助手：DeepSeek ＋即梦 AI ＋剪映 AI 短视频创作一本通 / 向秋编著 .
-- 北京：北京大学出版社，2025. 4. -- ISBN 978-7-301-36174-0

Ⅰ . TN948.4-39

中国国家版本馆 CIP 数据核字第 2025E0D862 号

书　　名	视频助手：DeepSeek + 即梦 AI+ 剪映 AI 短视频创作一本通 SHIPIN ZHUSHOU: DeepSeek + JIMENG AI + JIANYING AI DUANSHIPIN CHUANGZUO YIBENTONG
著作责任者	向　秋　编著
责任编辑	刘　云　刘　倩
标准书号	ISBN 978-7-301-36174-0
出版发行	北京大学出版社
地　　址	北京市海淀区成府路 205 号　100871
网　　址	http://www. pup. cn　新浪微博：@ 北京大学出版社
电子邮箱	编辑部 pup7@pup.cn　总编室 zpup@pup.cn
电　　话	邮购部 010-62752015　发行部 010-62750672　编辑部 010-62570390
印 刷 者	北京宏伟双华印刷有限公司
经 销 者	新华书店
	787 毫米 ×1092 毫米　16 开本　13.5 印张　368 千字
	2025 年 4 月第 1 版　2025 年 4 月第 1 次印刷
印　　数	1-4000 册
定　　价	89.00 元

前　言

一、写作驱动

在这个信息爆炸的时代，AI 技术正以前所未有的速度改变着我们的生活与工作方式。对于广大文案创作者、设计师以及视频制作者而言，如何在浩瀚的数据海洋中快速捕捉灵感、高效产出高质量的作品，已成为亟待解决的痛点。

你是否曾为撰写一篇吸引人的文案而绞尽脑汁？是否为创作一张精美的图片而熬夜加班？又或者为剪辑一段流畅的视频而苦恼不已？这些，都是用户在日常工作中经常遇到的难题。

本书旨在通过 DeepSeek、即梦 AI 与剪映这三款强大的工具，帮助读者从文案写作、图片创作到视频制作，实现一站式高效产出。

无论你是文案小白、设计新手，还是视频剪辑爱好者，都能在本书中找到适合自己的方法与技巧。

二、本书特色

AI 技术的赋能为创作者提供了全新的解决方案。本书的特色和优势主要体现在以下几个方面。

1. 文案创作无忧

通过 DeepSeek 的智能生成功能，你可以轻松获得百万播放级的脚本与吸睛剧本。无论是影视解说、情景短剧，还是知识科普、哲理口播，DeepSeek 都能根据你的需求，一键生成高质量的文案，有效缓解创作灵感不足的瓶颈。

2. 图片创作便捷

即梦 AI 和剪映以其强大的文生图与图生图功能，让你的创意无限延伸。无论是奇幻世界的描绘，还是静态作品的动态化，它们都能以极高的效率与精度，将你的想象变为现实。

3. 视频制作高效

剪映以其丰富的功能与模板，帮助你实现从文字到视频、从图片到视频的快速转换。无论是零成本的影视创作，还是静态作品的动态化处理，抑或是虚拟主播数字人的打造，剪映都能让你轻松上手，高效产出。

本书不仅详细介绍了 DeepSeek、即梦 AI 与剪映这三款工具的使用方法，还通过实例演示与实操练习，帮助读者深刻体会 AI 技术对提升创作效率与质量的重要作用。同时，本书还针对用户在创作过程中可能遇到的各种问题，提供了详尽的解决方案与技巧提示，助你在创作道路上少走弯路，更快达成目标。

总之，本书是一本专为 AI 用户量身打造的实用指南。它以其独特的视角、丰富的内容以及实用的技巧，帮助你轻松解决创作过程中的各种难题，实现文案、图片与视频的高效产出。无论你是想要提升自己的创作能力，还是想要在职场上脱颖而出，这本书都将是你不可或缺的得力助手。

三、特别提示

1. 本书涉及的各大软件和工具的版本分别是：剪映手机版为 15.8.0 版，剪映电脑版为 5.7.0 版和 7.7.0 版，即梦 AI 手机版为 1.4.1 版，DeepSeek 手机版为 1.1.1 版。

2. 本书在编写的过程中，是根据软件和工具的当前最新版本截的实际操作图片，但书从编辑到出版需要一段时间，在此期间，这些工具的版本、功能和界面可能会有变动，请在阅读时，根据书中的思路举一反三，进行学习。

3. 提示词也称为描述词、文本描述、文本指令（或指令）、关键词等。需要注意的是，即使是相同的提示词，AI 工具每次生成的回复和效果也会存在差别。

四、编写售后

本书由向秋编著，参与资料整理的人员还有邓陆英，在此表示感谢。由于编写人员知识水平有限，书中难免有些疏漏之处，恳请广大读者批评指正。

温馨提示

本书提供附赠资源，读者可用微信扫描右侧二维码，关注“博雅读书社”微信公众号，并输入本书 77 页的资源下载码，根据提示获取。

资源下载

目录

文案创作篇

图片创作篇

视频创作篇

综合实战篇

文案创作篇

第 1 章　零基础入门：AI 短视频与 DeepSeek 第一课

AI 短视频是指利用人工智能技术，帮助用户快速制作高质量视频内容的工具。DeepSeek 是一个功能强大的 AI 工具，在视频制作中扮演了“大脑”与“编剧”的角色。AI 短视频是一个充满潜力和机遇的领域，DeepSeek 则是这个领域中的一个优秀工具。通过学习和掌握 DeepSeek 的使用技巧，可以大幅提升视频制作的效率和质量，为创作更多优秀的短视频作品奠定坚实的基础。

1.1 AI 短视频：视频表现方式不可阻挡

AI（Artificial Intelligence，人工智能）短视频是指利用人工智能技术（如深度学习、计算机视觉、自然语言处理等）进行创作、编辑、优化及传播的短视频内容，这一领域融合了多项先进技术，使短视频制作更加智能化、高效化和个性化。AI 工具能够自动分析视频素材，快速剪辑并添加特效、配乐等元素，同时根据用户行为数据进行个性化推荐，从而提升用户体验。

本节主要介绍 AI 短视频的基础知识，包括 AI 短视频行业概览、AI 技术简介、AI 短视频创作环境以及 AI 短视频创作趋势等内容。

1.1.1 AI 短视频行业概览：为决策提供参考

随着移动互联网的普及和 5G 技术的快速发展，短视频已成为人们日常生活中不可或缺的一部分。据最新数据，我国目前网络视听用户规模达 10.74 亿，庞大的用户基础为 AI 短视频行业提供了广阔的发展空间。

用户对短视频内容的需求日益多样化，对高质量、个性化内容的需求不断增长，这为 AI 短视频技术的创新和应用提供了强大的驱动力。市场调研数据显示，AI 短视频生成技术在广告营销、短视频创作、电商展示、动漫制作等多个领域得到广泛应用，推动了相关产业的快速发展。预计未来几年，AI 短视频市场规模将持续扩大，成为数字媒体和娱乐产业的重要组成部分。下面对 AI 短视频的应用领域进行相关分析，如图 1-1 所示。

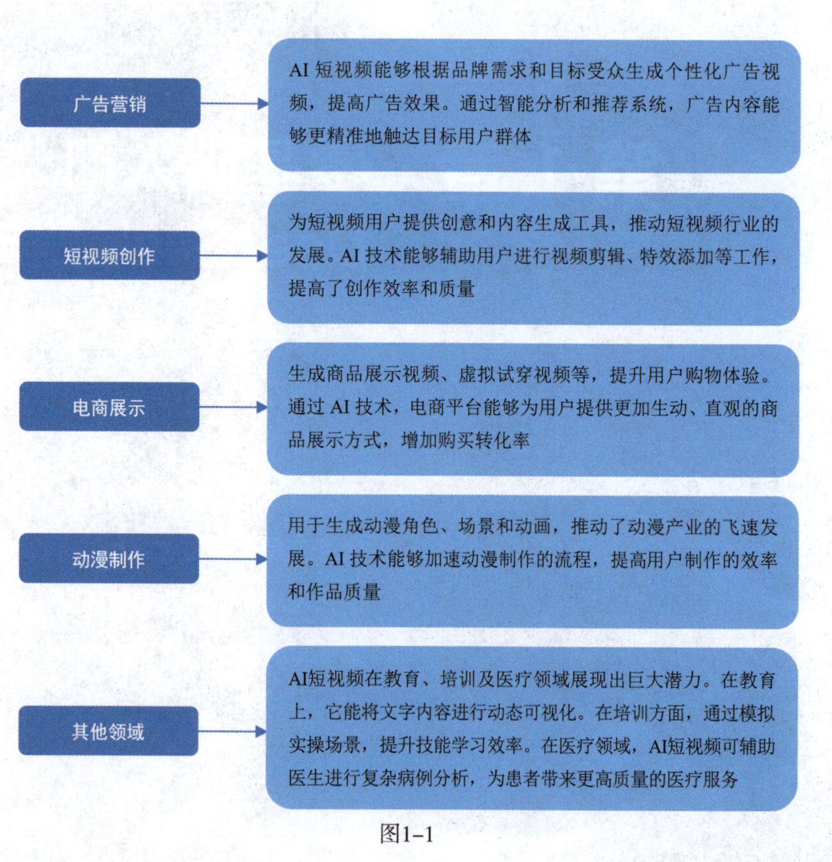

图1-1

AI 技术正在深刻影响短视频行业的各个方面，从内容创作到用户互动，再到商业模式的创新，AI 技术的应用不仅提高了效率，也为行业带来了新的增长点和挑战。AI 技术的发展正在重塑短视频市场的格局，带来了一系列新的趋势和变革，相关分析如图 1-2 所示。

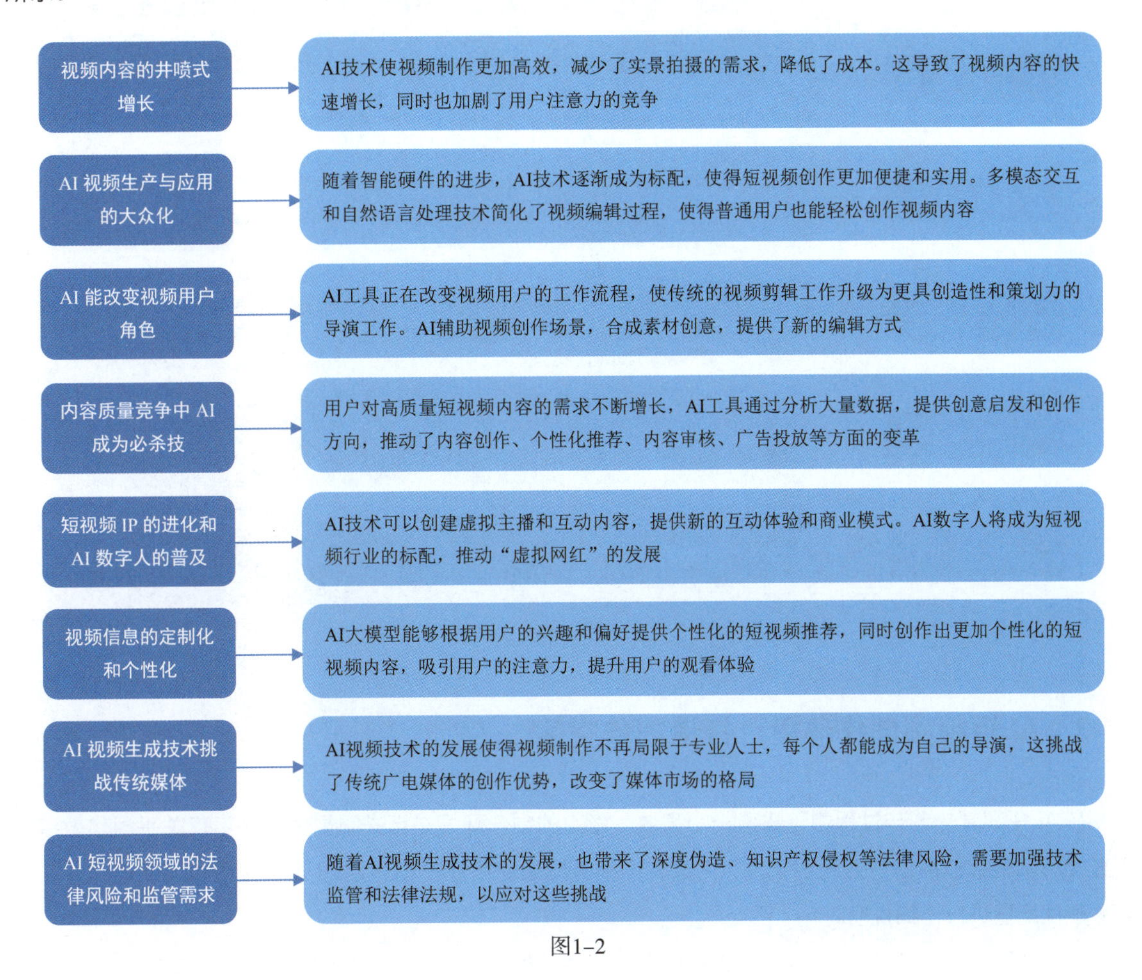

图1-2

1.1.2 AI 简介及短视频应用：了解 AI 的力量

人工智能技术是一种模拟人类智能的理论、方法、技术及应用系统的新兴技术科学，它基于计算机科学，涉及心理学、哲学、语言学等多个领域，旨在使机器能够胜任一些通常需要人类智能才能完成的复杂工作。AI 技术通过机器学习、深度学习等算法，不断从数据中学习并优化自身性能，实现自主决策、智能推理等功能。

AI 短视频技术是指利用人工智能技术处理和生成短视频内容的一种新兴技术。它融合了机器学习、深度学习、计算机视觉、语音识别等多种技术，旨在提高短视频的创作效率、优化内容质量，并为用户提供个性化的观看体验。AI 短视频技术能够自动分析、编辑和推荐视频内容，使短视频的制作和消费方式发生了颠覆性的改变。

随着人工智能技术的不断发展和普及，AI 在短视频领域中的应用也日益广泛，主要体现在以下几个方面，如图 1-3 所示。

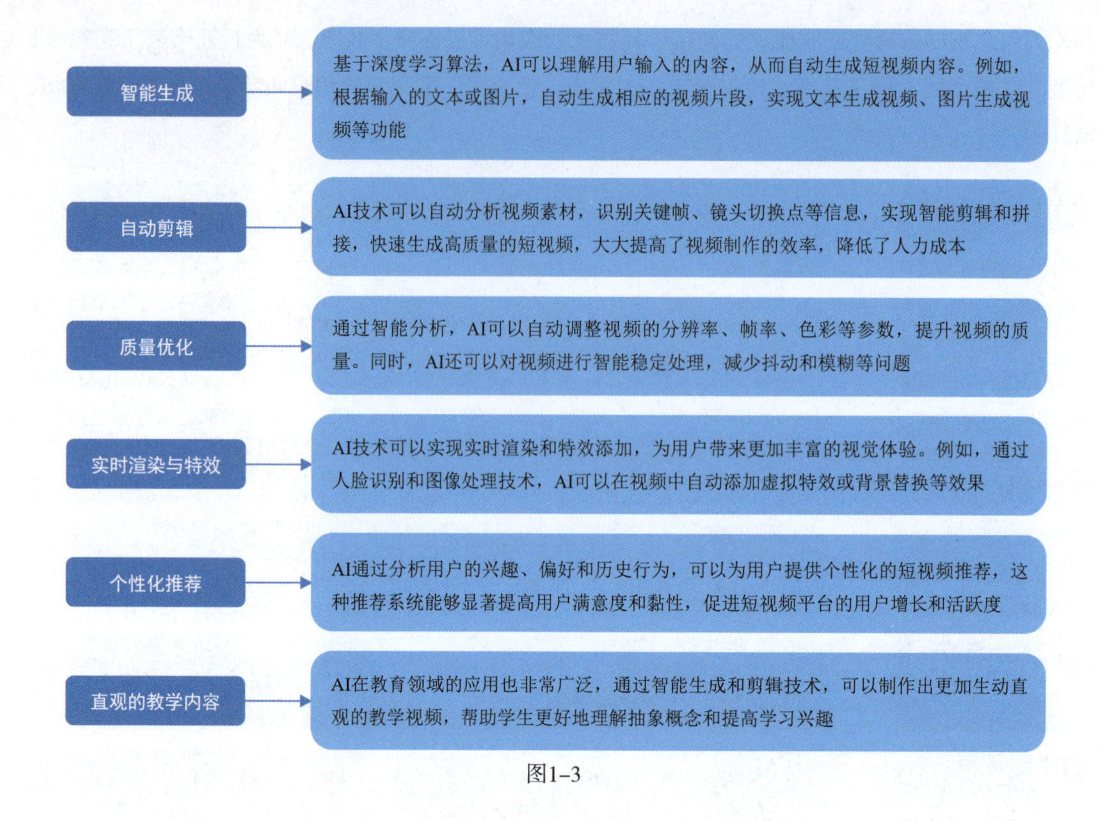

图1–3

1.1.3 AI 短视频创作环境：打造创作空间

在 AI 短视频的创作过程中，搭建一个高效、稳定的创作环境是至关重要的。这不仅关乎创作效率，还直接影响最终作品的质量和创新性。下面将详细介绍如何搭建一个适合 AI 短视频创作的环境，并对电脑的硬件配置进行详细说明。

在 AI 短视频创作的硬件配置中，选择适当的硬件是确保高效、高质量创作过程的关键。下面对硬件配置进行相关分析，如图 1–4 所示。

1.1.4 AI 短视频创作趋势：把握未来方向

随着人工智能技术的飞速发展和普及，AI 短视频创作领域正经历着前所未有的变革与创新。这一领域不仅融合了先进的 AI 技术，还紧密结合了创意艺术、内容营销、社交媒体等多个方面，展现出广阔的发展前景。

AI 技术能够全方位赋能短视频创作，涵盖配音、文案脚本辅助创作、数字人出镜、配乐、图片素材生成等多个关键环节。

下面对 AI 短视频创作趋势与未来展望进行相关分析，如图 1–5 所示。

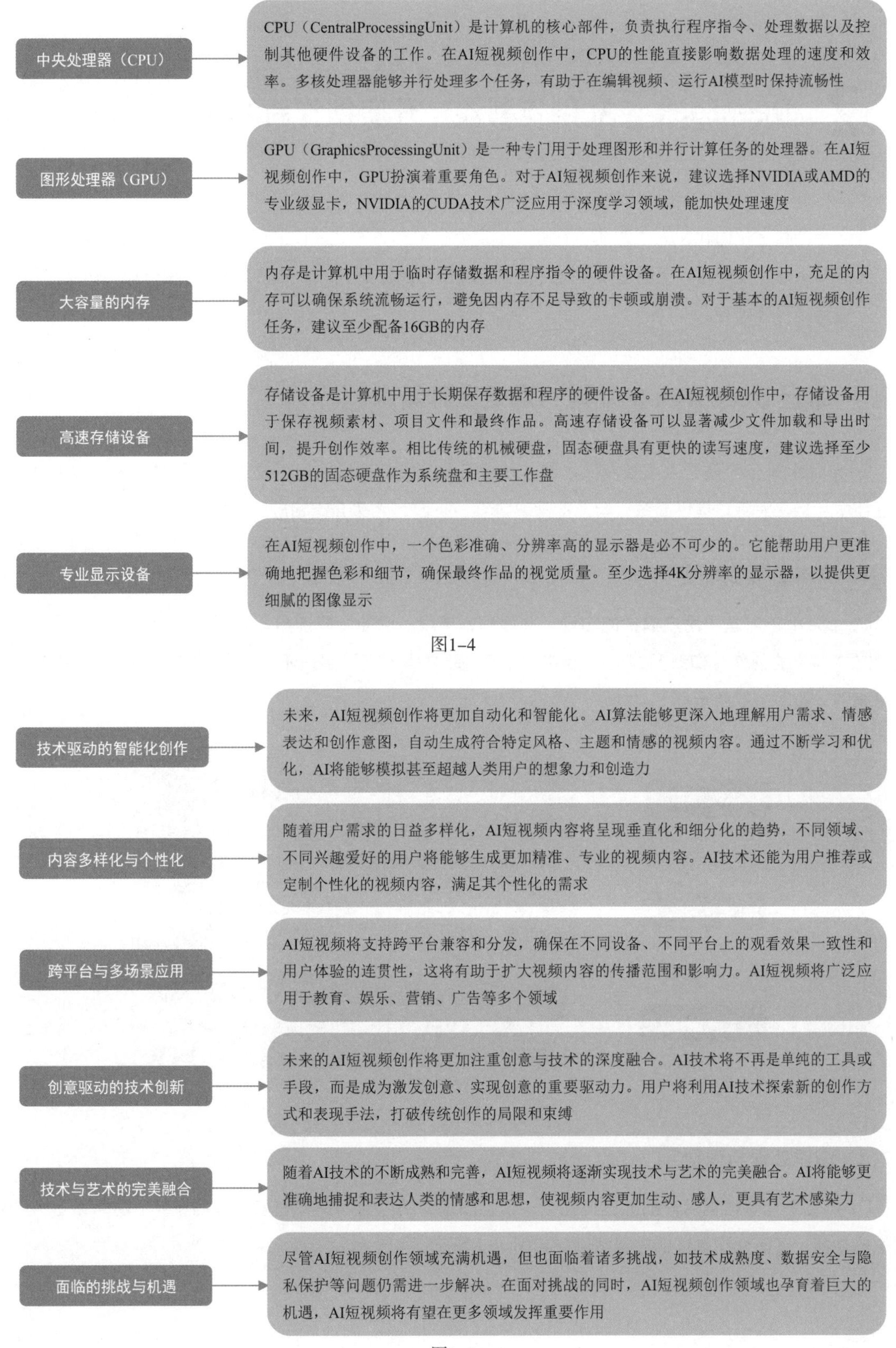
中央处理器（CPU）
CPU（CentralProcessingUnit）是计算机的核心部件，负责执行程序指令、处理数据以及控制其他硬件设备的工作。在AI短视频创作中，CPU的性能直接影响数据处理的速度和效率。多核处理器能够并行处理多个任务，有助于在编辑视频、运行AI模型时保持流畅性
图形处理器（GPU）
GPU（GraphicsProcessingUnit）是一种专门用于处理图形和并行计算任务的处理器。在AI短视频创作中，GPU扮演着重要角色。对于AI短视频创作来说，建议选择NVIDIA或AMD的专业级显卡，NVIDIA的CUDA技术广泛应用于深度学习领域，能加快处理速度
大容量的内存
内存是计算机中用于临时存储数据和程序指令的硬件设备。在AI短视频创作中，充足的内存可以确保系统流畅运行，避免因内存不足导致的卡顿或崩溃。对于基本的AI短视频创作任务，建议至少配备16GB的内存
高速存储设备
存储设备是计算机中用于长期保存数据和程序的硬件设备。在AI短视频创作中，存储设备用于保存视频素材、项目文件和最终作品。高速存储设备可以显著减少文件加载和导出时间，提升创作效率。相比传统的机械硬盘，固态硬盘具有更快的读写速度，建议选择至少512GB的固态硬盘作为系统盘和主要工作盘
专业显示设备
在AI短视频创作中，一个色彩准确、分辨率高的显示器是必不可少的。它能帮助用户更准确地把握色彩和细节，确保最终作品的视觉质量。至少选择4K分辨率的显示器，以提供更细腻的图像显示

图1-4

技术驱动的智能化创作
未来，AI短视频创作将更加自动化和智能化。AI算法能够更深入地理解用户需求、情感表达和创作意图，自动生成符合特定风格、主题和情感的视频内容。通过不断学习和优化，AI将能够模拟甚至超越人类用户的想象力和创造力
内容多样化与个性化
随着用户需求的日益多样化，AI短视频内容将呈现垂直化和细分化的趋势，不同领域、不同兴趣爱好的用户将能够生成更加精准、专业的视频内容。AI技术还能为用户推荐或定制个性化的视频内容，满足其个性化的需求
跨平台与多场景应用
AI短视频将支持跨平台兼容和分发，确保在不同设备、不同平台上的观看效果一致性和用户体验的连贯性，这将有助于扩大视频内容的传播范围和影响力。AI短视频将广泛应用于教育、娱乐、营销、广告等多个领域
创意驱动的技术创新
未来的AI短视频创作将更加注重创意与技术的深度融合。AI技术将不再是单纯的工具或手段，而是成为激发创意、实现创意的重要驱动力。用户将利用AI技术探索新的创作方式和表现手法，打破传统创作的局限和束缚
技术与艺术的完美融合
随着AI技术的不断成熟和完善，AI短视频将逐渐实现技术与艺术的完美融合。AI将能够更准确地捕捉和表达人类的情感和思想，使视频内容更加生动、感人，更具有艺术感染力
面临的挑战与机遇
尽管AI短视频创作领域充满机遇，但也面临着诸多挑战，如技术成熟度、数据安全与隐私保护等问题仍需进一步解决。在面对挑战的同时，AI短视频创作领域也孕育着巨大的机遇，AI短视频将有望在更多领域发挥重要作用

图1-5

1.2 DeepSeek：AI 创作利器，开启创作新纪元

在当今的数字化时代，人工智能正在逐步改变我们的创作方式。DeepSeek 作为一个领先的 AI 创作工具，凭借其卓越的性能和广泛的应用领域，正引领着创作的新纪元。本节将为大家介绍 DeepSeek 的功能、优势、应用场景等内容。

1.2.1 掌握 DeepSeek 的功能：满足多种需求

DeepSeek 是一个基于人工智能技术的多功能工具，结合了自然语言处理、计算机视觉、数据分析等先进技术，旨在为用户提供高效、智能的解决方案。下面为大家介绍相应的功能。

1. 文本生成与处理

DeepSeek 能够基于用户提供的主题、关键词或情境，自动生成连贯、有逻辑性的文本内容。它支持多种文本风格的创作，如新闻报道、小说、诗歌、散文等，满足用户不同的创作需求。下面介绍具体的应用案例，如图 1-6 所示。

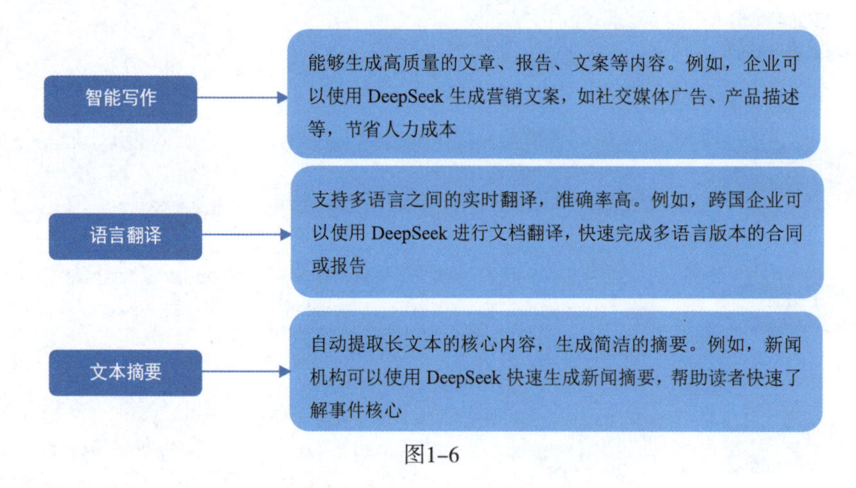

图1-6

2. 图像处理与识别

DeepSeek 能够根据用户的描述或指令，识别图像中的内容。未来随着模型的更新，将带来更多的图像生成功能。下面介绍具体的应用案例，如图 1-7 所示。

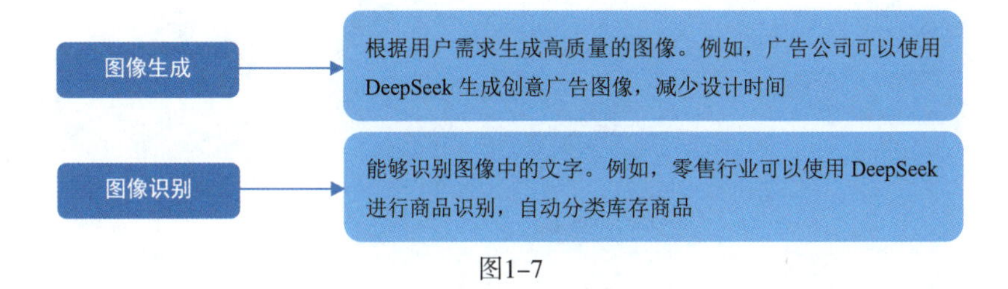

图1–7

3. 数据分析与预测

DeepSeek 能够处理和分析大量的数据，提取有价值的信息，为用户提供数据驱动的决策支持。它还可以进行趋势预测，帮助用户把握未来的市场动向。下面介绍具体的应用案例，如图 1–8 所示。

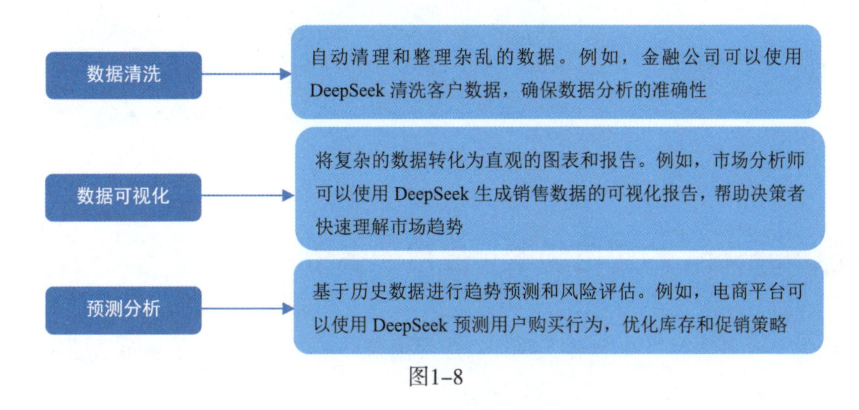

图1–8

4. 自动化任务

DeepSeek 通过简单的配置，能够自动化处理重复性任务，如数据抓取、邮件发送等。这一功能极大地提高了工作效率，减少了人工操作的烦琐和错误率。下面介绍具体的应用案例，如图 1–9 所示。

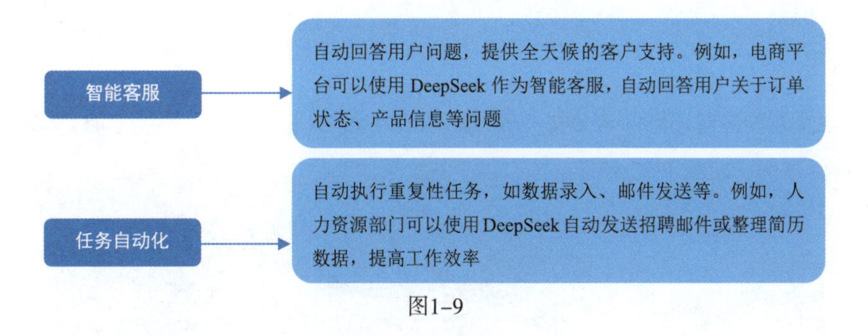

图1–9

不过，DeepSeek 的自动化功能需要通过系统集成方式实现。目前，很多软件和平台都接入了 DeepSeek。

1.2.2 掌握 DeepSeek 的优势：提升处理效率

DeepSeek 的优势在于无论是专业用户，还是业余爱好者，都能获得显著的帮助和提升。下面介绍具体的应用案例，如图 1–10 所示。

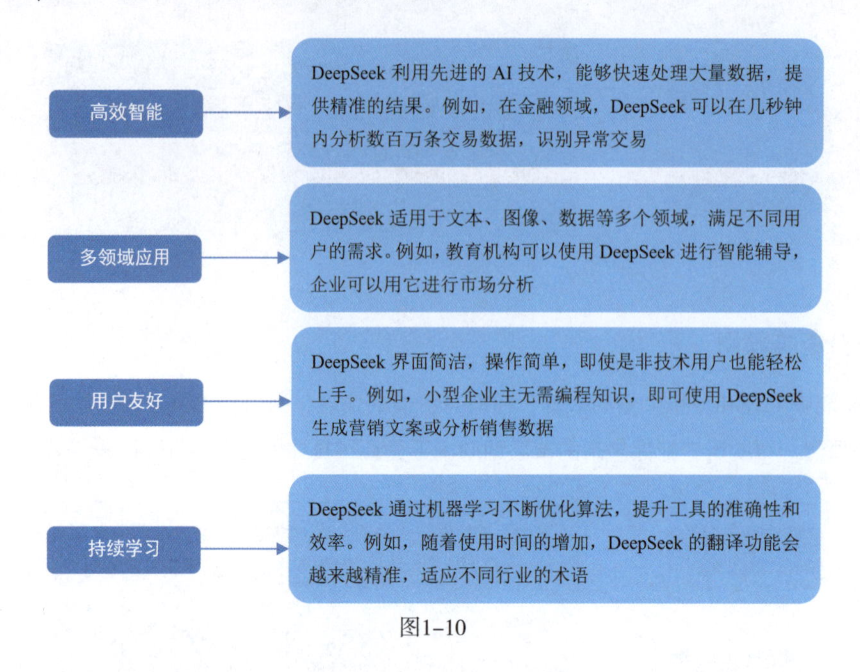

图1-10

1.2.3 掌握 DeepSeek 的应用场景：应用于多个领域

DeepSeek 作为一个多功能的 AI 创作工具，其应用场景非常广泛，涵盖了多个领域和行业，如企业应用、教育领域、医疗行业、创意产业、金融领域等。

这些应用场景不仅覆盖了传统行业，还涉及新兴领域，如元宇宙、虚拟现实等，展示了 DeepSeek 的广泛适用性和潜力。

在短视频创作中，DeepSeek 可以为视频创作提供剧本、分镜头脚本等。还可以辅助视频剪辑，提高创作效率。下面介绍相应的领域。

1．企业应用

DeepSeek 在企业的应用场景非常多样，通过利用 DeepSeek 的 AI 能力，企业可以实现多种目标。下面介绍具体的应用案例，如图 1-11 所示。

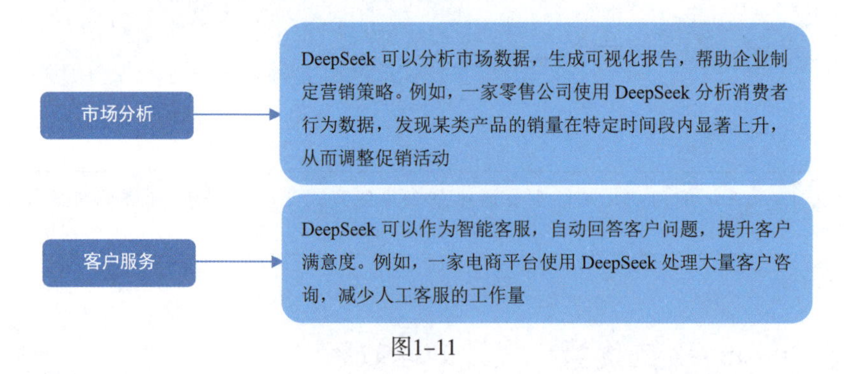

图1-11

2．教育领域

DeepSeek 在教育领域的应用场景相当广泛，主要涵盖教学支持、作业辅导等多个方面。下面介绍具体的应用案例，如图 1-12 所示。

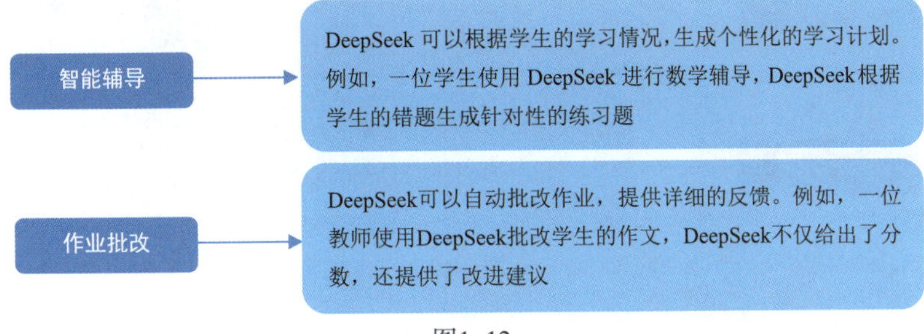

图1-12

3．医疗行业

DeepSeek 的强大逻辑推理能力可以为医生提供更为精准的临床决策支持，帮助医生在复杂多变的临床环境中做出更为合理的治疗选择。下面介绍具体的应用案例，如图 1-13 所示。随着技术的不断进步和应用场景的不断拓展，DeepSeek 有望在医疗行业中发挥更加重要的作用。

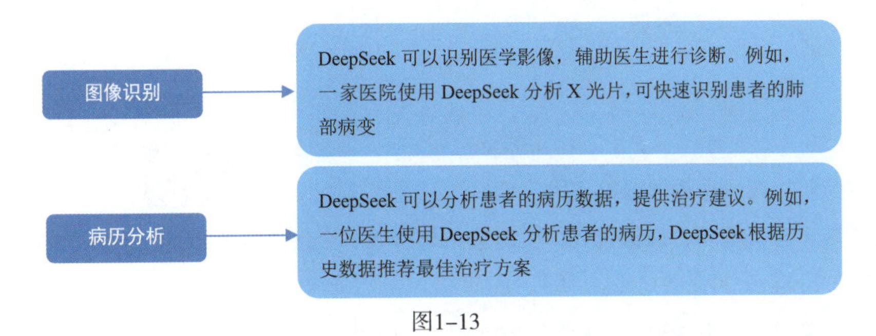

图1-13

嘉和美康公司已接入 DeepSeek，并计划基于该模型升级现有的医疗 AI 应用，如临床辅助决策系统。

4．创意产业

DeepSeek 凭借其强大的语义解析与创意生成能力，正在影视创作领域催生全新的生产力工具。下面介绍具体的应用案例，如图 1-14 所示。

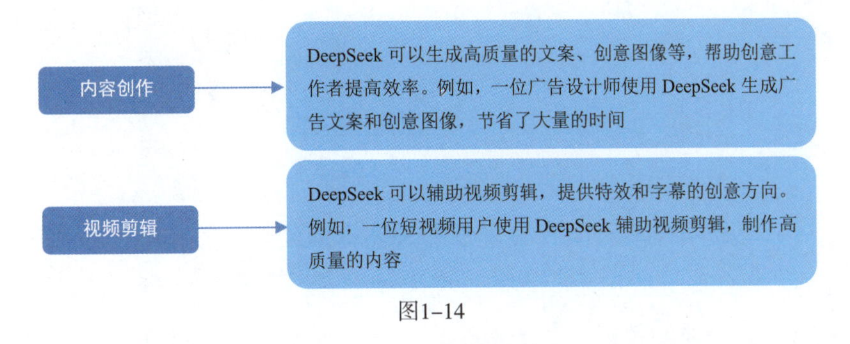

图1-14

5．金融领域

随着 DeepSeek 技术的不断发展和完善，其在金融领域的应用也越来越广泛和深入。下面介绍具体的应用案例，如图 1-15 所示。

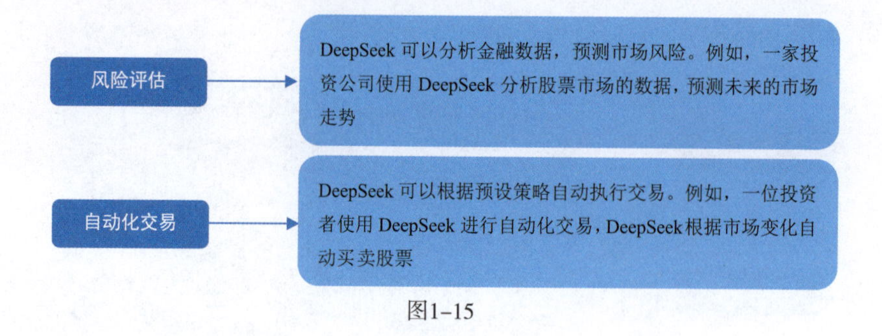

图1-15

本章小结

本章首先介绍了 AI 短视频的基础入门知识，包括 AI 短视频行业概览、AI 简介及短视频应用、AI 短视频创作环境与 AI 短视频创作趋势。接着介绍了 DeepSeek，包括 DeepSeek 的功能、DeepSeek 的优势和 DeepSeek 的应用场景。通过本章的学习，读者可以对 AI 短视频和 DeepSeek 有一个全面而深入地了解。

课后实训

1. 请简要描述 AI 在短视频领域的应用。

答：智能生成、自动剪辑、质量优化、实时渲染与特效、个性化推荐、直观的教学内容。

2. 请列举 DeepSeek 的一些功能。

答：文本生成与处理、图像处理与识别、数据分析与预测、自动化任务。

第 2 章　精准指令术：DeepSeek 提示词从入门到专业

AI 的工作方式是用户先输入并发送提示词，AI 再根据提示词来生成内容。用户若想获得所需内容，就要使提示词充分包含自己的需求，且被 AI 所理解。本章以 DeepSeek 为例，介绍 AI 提示词的编写技巧，帮助用户更有效地与 AI 沟通，使其成为工作和学习中的得力助手。

2.1 提示词技巧：解锁 DeepSeek 创作潜能

在当今的数字化时代，人工智能助理（如 DeepSeek）正逐渐成为我们日常工作中不可或缺的一部分。本节将探讨如何通过一系列基础技巧，编写出既高效又富有吸引力的 AI 提示词，让它能够更好地理解用户指令，提供更加个性化和高质量的服务。

2.1.1 明确目标与意图：让 DeepSeek 精准定位

用户在输入提示词之前，首先要明确提示词的主要目标与意图，即你想要得到什么样的结果。例如，想要让 DeepSeek 生成一篇关于某个短视频主题的文案，就要明确文案的主题、字数、写作风格等要求，相关案例如下。

以“AI 在教育领域中的潜力”为主题，写一篇知识科普文案，要求：不超过 500 字，写作风格为专业又风趣。

嘿，朋友们！听说过 AI 在教育界的“魔法”吗？没错，就是那个聪明绝顶、无所不能的人工智能！

想象一下，你有一个私人定制的智能导师，它了解你的学习习惯、知道你的知识盲点，还能不厌其烦地为你解答问题。这就是 AI 在教育领域的潜力！

AI 不仅能提供个性化教学，还能通过大数据分析，预测你的学习路径，提前为你铺设知识之路。就像有个魔法水晶球，能看见你未来的学习成就！

而且，AI 还能让学习变得更有趣。互动式教学、游戏化学习，让你在轻松愉快的氛围中掌握知识。告别枯燥，学习也能如此“嗨皮”！

当然，AI 也不是万能的。它不能完全替代人类教师，但绝对是教育界的得力助手。未来，AI 与人类教师携手，将为教育带来更多可能。

所以，朋友们，准备好迎接 AI 教育的“魔法课堂”了吗？让我们一起探索这个充满智慧与乐趣的新世界吧！

通过提供清晰的提示词，可以确保 DeepSeek 生成满足用户需求的高质量内容，减少错误和偏差。当然，要做到这一点，需要注意提示词的准确性和详细性，目标应该清晰明确，涵盖用户希望生成的内容的主题和要点。

2.1.2 精心设计提示词：提升 DeepSeek 创作质量

在构思提示词的内容时，用户要追求质量而非数量，尽可能提供详细、准确、具有启发性的信息，以激发 DeepSeek 的创造力。同时，还要避免提供过多的限制性信息，给 DeepSeek 留下一定的自由发挥空间，相关案例如下。

主题：智能家电有哪些好处。

结构：引言、智能家电给人们的生活带来的好处、结论。

智能家电：让生活更美好的“智能小帮手”

引言：随着科技的飞速发展，智能家电已逐渐融入我们的日常生活。它们不再是遥不可及的奢侈品，而是成为提升生活品质的得力助手。

智能家电给人们的生活带来的好处如下。

便捷省时：智能家电能够自动完成多项任务，如智能洗衣机可根据衣物材质自动选择洗涤程序，智能冰箱能提醒食材保质期，从而大幅节省家务时间。

节能环保：智能家电通过优化能源使用，如智能空调可根据室内温度自动调节，有效减少能源浪费，实现绿色生活。

个性化体验：智能家电能学习用户习惯，提供个性化服务。比如，智能音响可根据你的音乐偏好推荐歌曲，智能灯光可根据心情调节亮度与颜色。

远程控制：无论在哪里，通过手机 App 都能控制家中家电。忘记关灯？没关系，一键搞定。家中温度太高？提前开启空调，回家即享清凉。

增强安全：智能安防系统如智能门锁、监控摄像头等，可实时监控家中情况，有效防范安全隐患。

结论：智能家电不仅提升了我们的生活效率，还带来了更加舒适、安全、环保的生活体验。它们就像生活中的“智能小帮手”，让我们的日常更加轻松愉悦。未来，随着技术的不断进步，智能家电将为我们的生活带来更多惊喜。

通过精心构思提示词的内容，可以更好地激发 DeepSeek 的创造力，使其生成更高质量的文案内容。在实际使用中，用户可以根据不同的需求和场景，灵活调整提示词的内容，以达到最佳的生成效果。

2.1.3 运用自然语言：与 DeepSeek 轻松沟通

自然语言是指人类日常使用的语言，包括口语和书面语。与计算机语言不同，自然语言是人类用来表述问题或需求的方式，几乎所有人都能轻松理解；而计算机语言则是人们为了与计算机进行交互而设计的特定语言，一般人是无法理解的。

在与 DeepSeek 对话的过程中，用户要尽量使用自然语言来写提示词，避免使用过于复杂或专业的语言。DeepSeek 是基于自然语言处理的模型，使用自然语言写的提示词可以让 DeepSeek 更好地理解用户的需求，并生成自然、流畅的回答，相关案例如下。

请帮我写 5 条有吸引力的商品标题文案，商品为洗衣液。

1. 洁净力 MAX！洗衣液中的战斗机，轻松应对各种污渍！
2. 呵护衣物，更呵护手！这款洗衣液让你洗出健康与美丽！
3. 环保又高效！天然成分洗衣液，让你洗衣更放心！
4. 清新香气，持久留香！让每件衣物都散发迷人魅力！
5. 省时省力更省心！这款洗衣液，让你爱上洗衣时光！

这个提示词通过自然语言的方式，呈现出了明确的任务指示、具体的商品限定、开放的创意激发、简洁的结构设计以及良好的适应性和灵活性，有效地增强了 DeepSeek 对任务的理解力，从而提高了生成内容的质量和效率。

用户输入的提示词内容要简洁明了，避免使用过多的词汇或语句。过多的修饰反而会让 DeepSeek 抓不住重点，从而影响它生成的内容质量。

2.1.4 提供示例：激发 DeepSeek 的创意

用户在提示词中可以给 DeepSeek 提供一些示例和引导，从而帮助 DeepSeek 更好地理解需求。例如，用户可以提供一些相关的话题、关键词或短语，或者描述一个场景、故事，以便 DeepSeek 能够准确捕捉意图并生成符合要求的内容，相关案例如下。

请将以下简短情节扩展为一篇 600 字以内的爱情奇幻微电影剧本，要求情节紧凑、奇幻元素丰富、角色鲜明，并在结尾处设置一个意想不到的转折。

情节：璐璐，一位生活在草原的少女，自幼便能与草原中的动物们交流。一天，她发现草场中的羊都不见了，而这一切似乎与一个小男孩有关。

草原之恋

场景一：草原清晨

璐璐，一位身着民族服饰的草原少女，正与一群羊嬉戏。她眼中闪烁着神秘的光芒，似乎能理解动物的语言。

璐璐（微笑）：你们今天开心吗？

羊群咩咩叫着，仿佛在回应她。

场景二：草原午后

璐璐发现羊群不见了，四处寻找。她来到一片神秘的雾区，雾中隐约有个小男孩的身影。

璐璐（惊讶）：你是谁？为什么这里的羊都不见了？

小男孩（神秘）：我叫凯凯，羊群跟我去了一个神奇的地方。

……

由于本书篇幅原因，AI 工具回复的内容只展示要点。

首先，提示词的起点设定清晰且引人入胜，通过描述“璐璐，一位生活在草原的少女，自幼便能与草原中的动物们交流”，构建了一个既神秘又贴近自然的角色背景，使得读者能够迅速代入并产生浓厚的兴趣。璐璐的特殊能力，即与动物交流，不仅为其角色增添了独特的魅力，也为后续的故事发展埋下了伏笔。

其次，提示词巧妙地引入了奇幻元素，如“一天，她发现草场中的羊都不见了，而这一切似乎与一个小男孩有关”这一设定，不仅为故事增添了奇幻色彩，还巧妙地设置了悬念，引起了读者对后续情节的猜测和想象。

再次，提示词明确提出了创作要求，包括“情节紧凑、奇幻元素丰富、角色鲜明，并在结尾处设置一个意想不到的转折”。这些要求既是对内容的规范，也是对 DeepSeek 创意的激发。它们促使 DeepSeek

在扩写时，不仅要注重情节的连贯性和逻辑性，还要深入挖掘角色的内心世界，塑造鲜明的角色形象，并巧妙设置悬念和转折，以确保故事既引人入胜又充满惊喜。

最后，提示词留有足够的创作空间。虽然给出了基本框架和情节线索，但并未限定具体情节走向、角色命运或故事结局。这种开放式的设定给了 DeepSeek 极大的自由去构建故事世界、塑造角色性格以及设计情节转折，从而激发出更加丰富多样的创意火花。DeepSeek 可以根据自己的理解能力，为璐璐和小男孩设计不同的情节，为爱情故事增添独特的色彩和深度。

2.1.5 问题导向法：引导 DeepSeek 精准回应

用户可以采用问题的形式，提出希望 DeepSeek 回答或讨论的内容，如“什么是新媒体运营及其应用领域”。注意，问题要明确具体，不要太宽泛，避免像“告诉我关于新媒体运营的全部内容”这样过于开放式的问题。另外，用户还可以使用“如何”“为什么”“什么”等提问词来构建提示词，相关案例如下。

为什么短视频近年来这么火？

短视频近年来如此火爆的主要原因如下。

1. 内容丰富多彩，用户体验好：短视频平台内容多样，涵盖搞笑、感人、小技能、才艺展示、模仿、萌宠等多种类型，能够满足不同用户的兴趣需求，让人在短时间内获得愉悦和满足。

2. 适应碎片化时间：现代生活节奏快，人们的时间越来越碎片化。短视频通常只有几分钟甚至几秒钟，非常适合在等车、吃饭等零碎时间观看，极大地利用了人们的碎片化时间。

3. 创作门槛低：智能手机的普及和性能提升，使得拍摄和编辑短视频变得更加简单。几乎人人都可以用手机拍摄短视频，大大降低了创作门槛，促进了更多用户参与内容创作。

……

问题导向法在此处的应用，不仅限定了讨论的范围和焦点，还能够促使 DeepSeek 深入地剖析短视频深受观众喜爱的原因，从而提供精准、有针对性的回应。这样的提示词鼓励 DeepSeek 从多个维度（如内容、时间、门槛等）进行剖析，确保回应的全面性和深度。

同时，问题本身也隐含了对答案质量的期待，即希望得到的不仅仅是表面的、浅显的分析，而是 DeepSeek 能够深入挖掘短视频魅力的根源，提供有见地、有深度的见解。因此，这种提示词写作技巧可以引导 DeepSeek 精准回应。

2.1.6 融入具体细节：丰富 DeepSeek 输出内容

用户在提示词中提供具体、详细的细节和信息，可以帮助 DeepSeek 更好地理解需求，从而生成更准确、具体的回复，相关案例如下。

我的小红书账号收到了一款名为“草莓万岁”甜品的品牌合作邀请，请你依据以下信息为我构思一篇吸引人的推荐笔记。

【气味】：浓郁的草莓味、淡淡的奶油味。

【关键词】：草莓、浪漫、可爱、治愈人心。

【品牌方要求】：以故事化的软文形式，目标受众为女生，精准捕捉需求，激发粉丝内心深处的情感共鸣。

标题："草莓万岁：一口下去，治愈了我的整个冬天"

正文：

最近收到了一份特别的礼物——"草莓万岁"甜品。

打开盒子的那一刻，浓郁的草莓香气扑面而来，仿佛瞬间把我带回了夏天的草莓园，阳光洒在脸上，微风轻拂，空气中弥漫着甜甜的味道。

……

这个提示词强调了通过细腻的描述和精准的定位来丰富输出内容。首先，提示词中明确了"草莓万岁"甜品的核心气味——"浓郁的草莓味、淡淡的奶油味"，这是构建整篇笔记情感基调的关键，为后续的"草莓、浪漫、可爱、治愈人心"等关键词提供了具体载体。

其次，利用"草莓、浪漫、可爱、治愈人心"等关键词，进一步细化了甜品的特点，并通过情感共鸣的方式吸引女生。最后，为了满足品牌方的要求，笔记采用故事化的软文形式，通过直击爱吃甜品的女生的痛点，要求 DeepSeek 用温柔而有力的语言引发她们的共鸣。

2.1.7 明确格式要求：规范 DeepSeek 输出样式

用户可以指定 DeepSeek 输出的格式要求，可以要求以列表形式回复、限定字数长度等，以便得到更易于消化的回复，相关案例如下。

请分别总结出 5 个剪映电脑版的优缺点，先介绍优点，再介绍缺点，并用"优点一""缺点一"的格式进行输出。

剪映电脑版的优点如下。

优点一：界面友好。剪映电脑版的用户界面设计简洁明了，操作直观，使得即使是初学者也能快速上手，进行视频编辑。

优点二：功能丰富。提供了丰富的视频编辑功能，包括剪辑、拼接、特效、字幕、音频处理等，满足用户多样化的创作需求。

……

这个提示词展现了高度的条理性和规范性。首先，通过"请分别总结出 5 个剪映电脑版的优缺点"的指令，明确了内容的范围和数量要求，即需要全面而具体地分析剪映电脑版的两面性，且每面均需涵盖 5 个要点。

其次，要求"先介绍优点，再介绍缺点"的排列顺序，确保了信息的逻辑性和可读性，让读者能够清晰地跟随用户的思路，先感受到剪映电脑版的积极面，再理性地思考其不足。

最后，采用"优点一""缺点一"的格式进行输出，不仅进一步强化了内容的条理性，还使得每一个要点都更加醒目和易于辨识。这种格式化的呈现方式，不仅便于 DeepSeek 组织思路，也便于读者快速捕捉到关键信息，提高了信息的传递效率。

2.1.8 补充上下文信息：确保 DeepSeek 逻辑连贯

用户可以在提示词中提供足够的上下文信息，以便 DeepSeek 能够理解意图并生成准确的内容，相关案例如下。

请帮我构思一篇小红书笔记文案，需要涵盖以下要点。

标题：眼膜界的隐藏宝藏！

开头：今天入手了一款神奇眼膜，简直爱不释手！

高潮：敷完后黑眼圈变淡了，细纹也不见了！

要求：语言风趣幽默，情感表达自然，字数控制在 500 字左右。

眼膜界的隐藏宝藏！

嘿嘿，今天入手了一款神奇眼膜，简直爱不释手！感觉就像挖到了眼膜界的隐藏宝藏！

开箱的那一刻，我就被它的颜值吸引了。包装设计简约又不失高级感，拿在手里沉甸甸的，很有分量。打开后，一股淡淡的清香扑鼻而来，简直让人心旷神怡！

敷上眼膜的瞬间，我就感受到了它的不同寻常。质地轻薄，贴合度超高，就像给眼睛穿了一层薄纱。在敷的过程中，还能感受到微微的凉意，超级舒服！

……

这个提示词强调了文案构建中的连贯性和完整性。首先，标题“眼膜界的隐藏宝藏”直接设定了产品的地位，为整篇笔记奠定了高调的基调；接着，在开头部分，“今天入手了一款神奇眼膜，简直爱不释手”，这里不仅引入了产品，还通过“神奇”一词增添了神秘感和期待值，同时“简直爱不释手”直接表达了初步的使用感受，为后文的高潮部分做了铺垫。

为了确保逻辑连贯，高潮部分“敷完后黑眼圈变淡了，细纹也不见了”需要与前文紧密相连。这里的“敷完后”自然承接了开头的使用行为，而“细纹也不见了”则是对产品效果的具体描述，既验证了开头的“神奇眼膜”，又进一步加深了产品的吸引力。

最后，提示词中的“语言风趣幽默，情感表达自然”是对文案风格的要求，旨在通过轻松有趣的语言表达真挚的使用感受，使内容更加贴近读者，增强共鸣。而“字数控制在 500 字左右”则是对文案篇幅的具体要求，有助于 DeepSeek 在创作时保持内容的精炼和聚焦。总之，通过在提示词中补充适当的上下文信息，能够确保 DeepSeek 生成的内容每个部分之间的逻辑连贯。

在写好提示词后，用户还需要进行测试和调整，可以多次尝试使用 DeepSeek 进行回答，观察它生成的答案是否符合预期，从而判断是否需要对提示词进行调整。

2.1.9 采用肯定语言：激发 DeepSeek 积极回应

在提示词中运用肯定的语言，可以最大限度地激发 DeepSeek 的正面回应，提高提示词的有效性，从而让 DeepSeek 生成更符合要求的结果，相关案例如下。

你非常擅长提供旅游攻略，请根据我的游玩偏好，为我推荐一些旅游地和旅游攻略。

我的游玩偏好：我喜欢去人少的地方，偏爱传统口味的食物，不怎么爱去人多的城市或者商场。

旅游地推荐及攻略

一、旅游地推荐

徽州古村落（如西递、宏村）

理由：这些古村落保存了完好的徽派建筑和传统生活方式，人流量相对较少，尤其适合喜欢宁静和传统文化的您。

云南丽江古城周边（如束河古镇、白沙村）

理由：丽江古城周边的这些小村落同样拥有浓厚的民族风情，但比丽江古城本身更为宁静，可以品尝到地道的云南美食。

……

这个提示词采用了积极正面的表达方式，同时对 DeepSeek 的能力进行了认可。首先，“你非常擅长提供旅游攻略”这句话，直接对 DeepSeek 的能力给予了高度评价，这种肯定性的语言能够激发 DeepSeek 的积极性，使其更愿意投入精力去完成任务。

接着，在描述个人喜好时，也采用了积极、明确的语言来表达需求，如“喜欢去人少的地方”“偏爱传统口味的食物”“不怎么爱去人多的城市或者商场”等，这些表述不仅清晰地传达了个人偏好，还隐含了对推荐地点和美食的期待，从而引导 DeepSeek 朝着符合这些积极标准的方向去思考和推荐。

整个提示词通过肯定 DeepSeek 的能力和积极表达个人需求，营造了一种积极、合作的氛围，有助于激发 DeepSeek 产生积极回应，并努力提供符合期望的推荐。

2.1.10 模拟角色提问：增强 DeepSeek 的代入

用户可以假设一个角色的身份并提出问题，这样可以为 DeepSeek 提供更明确的情境。需要注意的是，身份设置要具体和明确，如学生、医生、客户等，避免过于泛泛的身份设置。同时，背景情境要尽量描述充分，帮助 DeepSeek 更好地理解该身份的视角。另外，身份的请求要尽量用第一人称表达，增加代入感和逼真度，相关案例如下。

我有多年从事影视后期工作的经验，最近转岗为导演，但在新岗位上感到许多不适应，尤其是在项目规划和团队协调方面感觉力不从心，工作效率也不如从前。请根据我的现状，推荐一些能够帮助我提升项目管理和团队协作技能的方法。

针对您从影视后期工作转岗为导演后，在项目规划和团队协调方面遇到的不适应，以下是一些帮助您提升项目管理和团队协作技能的方法。

一、明确项目目标与任务分工

与团队深入讨论：与制片人、编剧等相关人员明确电影的整体定位，包括故事主题、风格等，确保团队对项目有共同的理解。

制订详细计划：根据剧本内容，制订项目的详细计划，并将任务分配给各个团队成员。使用 SMART 原则

（Specific 具体的、Measurable 可衡量的、Achievable 可实现的、Relevant 相关的、Time-bound 有时间限制的）来设定任务目标，提高团队成员的工作效率。

……

这个提示词首先通过设定一个具体的角色身份——“我有多年从事影视后期工作的经验，最近转岗为导演”，这一背景信息立刻构建了一个鲜活的人物形象，使 DeepSeek 能够迅速代入到这个身份的情境中，理解其独特的挑战和困境。

接着，通过详细描述该身份当前面临的问题——“在新岗位上感到许多不适应，尤其是在项目规划和团队协调方面感觉力不从心，工作效率也不如从前”，进一步加深了场景的真实感和紧迫感，使得后续的提问和建议都更加具有针对性和实用性。

通过这种模拟角色提问的方式，不仅增强了提示词的场景代入感，还使 DeepSeek 在生成回应时能够更加贴近用户的需求和心理，从而提供更加贴心和有效的建议。

2.2 从新手到专家：提示词进阶指南

在掌握了基础的 AI 提示词编写技巧后，进一步提升提问的艺术与效率，是每个用户从新手迈向专家的重要步骤。本节将介绍 6 个高级的 AI 提示词进阶提问技巧，旨在帮助大家更有效地利用 DeepSeek 完成各种工作任务。

2.2.1 直接问：简洁明了，直击要点

在编写 DeepSeek 的提示词时，“直接问”是一种高效且实用的策略，其核心在于通过简洁、直接的语言表达自己的需求，确保 DeepSeek 能够迅速而准确地理解并回应，相关案例如下。

请告诉我上海本周六的天气预报。

以下是上海本周六的天气预报。

一、天气现象

日间：阴

夜间：阴

二、温度

最低气温：3℃

最高气温：10℃

三、风力与风向

……

这个提示词简洁明了，直接询问了用户最关心的信息“上海本周六的天气预报”，没有多余的描述或背景。这样的提示词直接指向目标，让 DeepSeek 能够快速响应。

通过遵循“直接问”的策略，用户可以有效地提高与 DeepSeek 的沟通效率，确保其需求得到准确、快速地回应。同时，这也能够减少因误解或歧义而导致的错误和不必要的重复工作。

2.2.2 精准问：细化问题，避免歧义

在编写 DeepSeek 的提示词时，采用“精准问”的策略至关重要，这意味着用户需要对问题进行细致的划分和明确的表述，以确保 DeepSeek 能够准确理解用户的意图，并给出符合预期的答案，相关案例如下。

我需要你为我生成一份关于“AI 技术对视频制作和剪辑的影响”的研究报告，报告应包含引言、现状分析、影响评估、应对策略和未来展望 5 个部分，请确保报告中的数据准确、来源可靠，并附上参考文献列表。

AI 技术对视频制作和剪辑的影响的研究报告

引言

随着人工智能（AI）技术的飞速发展，视频制作和剪辑领域正经历着前所未有的变革。AI 以其高效、精准和智能化的特点，正在逐步重塑视频行业的格局。本报告旨在探讨 AI 技术对视频制作和剪辑的影响，现状分析，影响评估，并提出应对策略和未来展望。

现状分析

1.AI 技术在视频制作中的应用

AI 技术在视频制作中的应用越来越广泛，包括自动剪辑、色彩校正、去噪与修复等。传统的视频制作流程烦琐复杂，需要大量的人工和时间成本。而 AI 技术的引入，使这些环节变得更加简单快捷，降低了制作门槛，非专业用户也能创作出具有专业水准的视频内容。

2. 智能视频剪辑技术的发展

智能视频剪辑是一种利用人工智能技术自动化、智能化处理视频编辑过程的技术。它可以帮助剪辑师自动裁剪视频，自动添加特效、音乐、字幕，并根据预设的风格和剪辑策略生成完整的视频内容。这一技术的发展极大地缩短了制作周期，降低了人力成本。

影响评估

1. 提高制作效率

……

“精准问”的提示词策略主要是通过细化问题来减少误解，相较于“我需要你为我生成一份关于‘AI 技术对视频制作和剪辑的影响’的研究报告”这样简单直接的指令，使用上述提示词能更精确地引导 DeepSeek，确保 DeepSeek 给出的回答更加准确、全面和符合用户的期望。

下面是“精准问”的提示词技巧。

❶ 明确范围与边界：在提问时，应清晰地界定问题的范围、边界和限制条件。例如，如果要求 DeepSeek 生成一篇报告，应明确指出报告的主题、长度、格式要求等具体细节，避免 DeepSeek 在创作过程中偏离方向。

❷ 细化问题要素：将大问题拆分成多个小问题，并对每个小问题的要素进行细化，这样做有助于 DeepSeek 更好地理解问题的复杂性和深度。

❸ 使用具体词汇：避免使用模糊或泛指的词汇，而应选择具体、明确的词汇来表述问题。例如，用“具体日期”代替“近期”，用“详细步骤”代替“怎么做”等，这样可以使 DeepSeek 更容易把握问题的实质，并给出具体的回应。

❹ 考虑多种可能性：对于可能存在多种答案或解决方案的问题，应提前考虑并明确指出来。例如，在询问某个决策的影响时，可以分别询问正面影响和负面影响，以便 DeepSeek 能够全面地评估并给出回答。

❺ 提供背景信息：如果问题涉及特定的背景或情境，应在提问时提供足够的背景信息，这有助于 DeepSeek 更好地理解问题的上下文和背景，从而给出更加符合实际情况的回答。注意，这里的背景信息应简洁明了，避免引入不必要的复杂性。

❻ 检查歧义点：在编写完提示词后，应仔细检查是否存在可能引起歧义的词汇或短语。如果发现潜在的歧义点，应及时进行修改或补充说明，以确保 DeepSeek 能够准确理解并回应问题。

2.2.3 指令式提问：提供细节，明确操作

采用“指令式提问”的提示词策略，能够显著提升 DeepSeek 的工作效率和回复结果的准确性。“指令式提问”策略强调在提问时直接给出明确的操作指令，让 DeepSeek 能够迅速理解并执行相应的任务，相关案例如下。

请根据我提供的关键词（家居自动化、城市智能化、工厂自动化），编写一段介绍这些技术在物联网方面的重要性段落，不超过 200 字。

家居自动化、城市智能化和工厂自动化在物联网领域扮演着至关重要的角色。物联网技术通过连接各种设备和系统，实现了家居设备的智能互联、城市基础设施的智能化管理和工厂生产流程的自动化控制。这不仅提高了生活的便捷性，还促进了城市资源的优化配置和生产效率的大幅提升，展现了物联网技术在推动社会智能化转型中的巨大潜力和重要价值。

在上述提示词中，首先，要求 DeepSeek 根据给定的关键词（家居自动化、城市智能化、工厂自动化）进行创作，这种明确的指令使得 DeepSeek 能够迅速理解任务的核心要求；其次，通过“编写一段介绍这些技术在物联网方面的重要性段落”这一描述，进一步明确了创作的具体内容，即需要对这些技术在物联网方面的重要性进行阐述；最后，通过“不超过 200 字”的限制，设定了创作的字数范围，这一具体参数有助于 DeepSeek 在生成回复时更加精准地控制内容长度，避免冗长或过于简略。

下面是“指令式提问”的提示词技巧。

❶ 任务导向：明确用户想要 DeepSeek 执行的具体任务，将任务以操作指令的形式清晰地表述出来，避免使用模糊或含糊的语言。例如，“请将以下文本翻译成英文”，而不是“你能帮我处理一下这段文字吗”。

❷ 具体步骤：如果任务较为复杂，可以将其分解为多个具体的步骤，并为每个步骤提供明确的操作指令。例如，在要求 DeepSeek 生成一份报告时，可以分别给出收集数据、分析数据、撰写初稿、修改润

色等步骤的指令。

❸ 参数设定：为 DeepSeek 设定明确的参数，包括格式、长度、风格、主题等，以确保其输出符合特定要求。例如，“请生成一篇 500 字的新闻稿，以正面角度报道 ×× 事件，采用正式文体”。

❹ 条件限制：在提示词中明确限制条件，如时间范围、数据来源、排除项等，以避免 DeepSeek 产生不符合期望的结果。例如，“请查找过去一年内关于 ×× 技术的最新研究成果，但排除掉已经过时的或未经验证的论文”。

❺ 优先级排序：如果任务中包含多个子任务或要求，可以为它们设定优先级排序，这样 DeepSeek 在执行任务时会先处理优先级高的部分，再逐步完成其他部分，有助于确保关键任务得到及时且有效地处理。

❻ 反馈机制：在提示词中设置反馈机制，以便在 DeepSeek 执行任务过程中能够及时调整或优化提示词。例如，可以要求 DeepSeek 在完成任务后提供一份简要报告或摘要，以便检查其输出是否符合预期。如果发现不符合要求的地方，可以及时进行修正或让其重新提供提示词。

2.2.4 模板化引导：利用范例，规范结构

在编写 DeepSeek 的提示词时，采用“模板化引导”策略是一种高效且有序的方法，它通过预设的模板来规范 DeepSeek 的输出格式和内容结构，确保结果的统一性和可预测性。同时，“模板化引导”策略也为后续的内容管理和利用提供了便利，相关案例如下。

请按照以下模板生成调查项目结题报告。

调查项目概述：简述调查的背景、目标和意义。

调查方法：实地观察法、访谈调查法、问卷调查法。

需求分析：详细描述调查的需求，包括理论依据和实际应用场景。

设计方案：概述调查的设计思路和实验方案。

实施过程：列出调查过程中的关键步骤。

成果展示：通过图表、数据等方式展示调查成果。

问题与挑战：总结调查过程中遇到的问题和解决方案。

总结与展望：对调查进行总结，并对未来调查方向提出建议。

请确保报告内容翔实、条理清晰，并附上必要的附件和参考文献。

调查项目结题报告

一、调查项目概述

背景：随着社会经济的快速发展和城市化进程的加速，城市居民对公共绿地的需求日益增长。公共绿地不仅能为居民提供休闲娱乐的场所，还能改善城市环境，提升居民生活质量。

目标：本次调查旨在了解城市居民对公共绿地的使用情况、满意程度及需求偏好，为城市绿地规划和建设提供科学依据。

意义：通过本次调查，可以更好地把握城市居民对公共绿地的真实需求，为政府相关部门制定更加人性化的绿地规划政策提供数据支持，进而提升城市居民的幸福感。

……

这个提示词利用了一个范例模板来规范科研项目报告的输出结构，明确了报告应包含的主要部分和各部分的具体要求，从而有助于 DeepSeek 生成结构清晰、内容完整的项目结题报告。

下面是“模板化引导”的提示词技巧。

❶ 定义模板结构：首先根据任务需求定义一个清晰、具体的输出模板，这个模板应该包括所有必要的部分和顺序，比如引言、主体内容、结论、参考文献等（可根据具体的任务进行调整）。同时，模板的设计应确保信息完整、逻辑清晰、易于理解。

❷ 明确各部分要求：在模板中，为每个部分设定明确的要求和指南。例如，在主体内容部分，可以指定需要包含的关键点、使用的语言风格、数据展示方式等。这些要求将帮助 DeepSeek 在生成内容时保持一致性，并符合预期标准。

❸ 提供示例模板：为了更直观地展示模板的使用方式，可以提供一到两个示例模板。这些示例模板可以是之前成功使用的案例，也可以是针对当前任务特别设计的。通过示例模板，DeepSeek 可以更好地理解模板的结构和要求，并据此生成符合规范的输出。

❹ 引导 DeepSeek 填充模板：在编写提示词时，明确指示 DeepSeek 按照模板结构进行内容填充。用户可以通过特定的指令或标记来引导 DeepSeek 识别模板的各个部分，并相应地生成或插入内容。例如，可以使用特定的标记来分隔模板的不同部分，或者在提示词中明确指出“请按照以下模板结构生成内容”。

❺ 灵活调整模板：虽然模板化引导有助于规范输出结构，但在实际应用中也需要保持一定的灵活性。根据任务的具体需求和 DeepSeek 的生成能力，可以适时地对模板进行调整和优化。

2.2.5 整合式提问：综合信息，提高效率

用“整合式提问”策略编写的提示词，可以显著提高 DeepSeek 的回复效果，因为它通过将多个相关问题整合到一个提示词中，从而减少了重复提问，有助于提高效率，相关案例如下。

请为我完成以下任务。

1. 收集近一个月内关于“微生物降解塑料”的最新研究报告，并提炼出每篇报告的主要观点和结论。
2. 基于收集到的信息，分析微生物降解塑料在生命科学领域的主要应用场景和潜在挑战。
3. 针对每个应用场景，提出至少两项改进建议，并简要说明其可行性和预期效果。
4. 最后，将以上内容整合成一篇 500 字左右的短文，用于企业内部简报，要求语言简洁明了、重点突出、逻辑清晰。

企业内部简报：微生物降解塑料技术的最新进展与应用前景

近期，微生物降解塑料技术取得了显著进展。中国科学院孙超岷团队发现海洋真菌 Alternaria alternata FB1 中的两种 PBAT 高效降解酶 AaCut4 和 AaCut10，能够在温和条件下高效降解 PBAT 塑料，特别是在 37° C 时……24 小时内对 PBAT 的解聚率高达 14%，且在 48 小时内即可实现 PBAT 的完全降解。此外，南京工业大学姜岷教授领衔的团队筛选出 20 多种塑料降解微生物，使废弃塑料的生物降解和无限次回收成为可能。

……

在这个案例中，通过“整合式提问”策略，在单个提示词中综合了多个请求，包括信息收集、分析、提出建议和撰写文章等。这种方式不仅减少了重复提问的次数，还提高了 DeepSeek 处理任务的效率，从而更快地获得所需的结果。

在提问之前，用户可以先对需要 DeepSeek 处理的任务或回答的问题进行全面规划，识别出所有相关的子任务或子问题，并思考它们之间的逻辑关系，如先后顺序、依赖关系等。然后将多个相关的子任务或子问题合并为一个整合的提示词。在合并时，要注意保持逻辑清晰，使用合适的连接词或标点符号来分隔不同的部分。如果可能的话，可以采用结构化格式来组织整合提示词。例如，使用列表、表格或分点的方式来呈现不同的请求或问题，这样可以使 DeepSeek 更容易理解和处理。

2.2.6 创新式探索：打破常规，激发创意

采用“创新式探索”策略编写的提示词，能够激发非传统的思考方式，鼓励 DeepSeek 生成独特、新颖的见解和解决方案。这种策略强调跳出常规框架，勇于尝试不同的方法和思路，以激发创意的火花，相关案例如下。

请运用你的创造力和想象力，结合时间旅行与古代传说元素，为我构思一个独一无二的故事。在这个故事中，神秘的时间机器与古代的技艺相互交织，勇敢的时间旅者与古代匠人共处于一个既有未来又充满历史韵味的世界。在这个世界里，时间融合艺术与未来城市景观共同繁荣，城市中既有高耸的摩天大楼也有神秘的时光遗迹。

你的任务是探索这样一个世界中的日常生活、社会结构以及文化冲突。故事可以围绕一位年轻的时间艺术家展开，他 / 她试图通过融合古代技艺与时间科技来创造前所未有的时间融合艺术作品。这位艺术家不仅要面对来自时光守卫对传统的坚守，还要应对那些认为应彻底抛弃过去、全力追求未来的时间革命者的挑战。

你不需要遵循传统的叙事方式，鼓励大胆创新，深入探讨时间身份、时光传承与时间科技发展之间的紧张关系。我希望看到一个既令人惊喜又发人深省的故事。

故事标题：《时光织梦者》

背景设定：

在遥远的未来，人类文明已经跨越了星辰大海，建立了名为“时序之城”的超级都市。这座城市坐落在时间的裂缝之中，它既是未来的灯塔，也是历史的回响。高耸入云的摩天大楼与深埋地下的古老遗迹交相辉映，形成了一幅前所未有的壮丽图景。时序之城的时间科技已经发展到了可以随意穿梭古今的程度，但这份力量并非随意使用，它由一个名为“时光议会”的组织严格监管，以保护时间的完整性和历史的连续性。

主角介绍：

艾莉娅，一位年轻的时间艺术家，拥有着能够感知并操纵时间流动的特殊能力。她自小就对古代技艺充满好奇，梦想着能将那些古代的技艺与现代科技融合，创造出能够触动人心、跨越时代的艺术作品。艾莉娅相信，无论是远古的智慧还是未来的科技，都是人类文明的瑰宝，值得被珍视和传承。

……

在这个案例中，通过设定开放式问题、引导非传统思维、结合跨界元素等方式，鼓励 DeepSeek 进行创新式探索。提示词中明确表达了希望 DeepSeek 打破常规、激发创意的意愿，并给出了具体的创作方向

和要求。这种方式有助于 DeepSeek 生成独特、新颖的创意作品，满足用户的期待。

本章小结

本章首先介绍了提示词生成技巧，包括明确目标与意图、精心设计提示词、运用自然语言、提供示例、问题导向法、融于具体细节、明确格式要求、补充上下文信息、采用肯定语言、模拟角色提问。接着介绍了提示词进阶技巧，包括直接问、精准问、指令式提问、模板化引导、整合式提问和创新式探索。通过本章的学习，读者可以对 DeepSeek 中的提示词编写技巧有一个全面而深入地了解。

课后实训

请使用精准问的方式，在短剧故事结构上对 DeepSeek 进行提问，相关案例如下。

我需要你为我生成一个“穿越重生”的短剧故事，要包含开头设定、情节发展、高潮部分和结尾处理，条理要清晰，人物不超过 5 个，字数在 600 字左右。

短剧故事：《时光之匙》

开头设定：

在现代都市的一隅，李悦是一名普通的图书管理员，对生活充满厌倦。一次偶然的机会，她在整理古籍时，发现了一把镶嵌着奇异宝石的钥匙——时光之匙。这把钥匙在月光下闪烁着诱人的光芒，仿佛在诉说着一段被遗忘的历史。出于好奇，李悦触碰了钥匙，瞬间被一股强大的力量吸入其中，穿越回了千年前的古代王朝。

情节发展：

穿越后的李悦发现自己身处繁华的市井中，成为一名身份卑微的宫女。她凭借现代的知识和智慧，迅速在宫中崭露头角，不仅赢得了皇后的信任，还结识了温文尔雅的太子殿下赵翊。赵翊对李悦的独特见解和勇气深感敬佩，两人渐生情愫。

然而，好景不长，李悦发现宫中暗流涌动，一场关乎皇权更迭的阴谋正在酝酿。为了保护赵翊和无辜的百姓，李悦决定利用时光之匙的力量，揭露真相，阻止悲剧的发生。

……

第 3 章　爆款文案：DeepSeek 一键生成百万播放脚本

DeepSeek 采用先进的深度学习和自然语言处理技术，能够在短时间内生成高质量的脚本文案。无论是复杂的创意文案还是简单的说明性文本，DeepSeek 都能迅速完成，大大节省了创作时间。DeepSeek 能够根据用户输入的关键词自动推荐相关的词汇和句式，帮助优化文案内容。DeepSeek 中的一些功能不仅提升了文案的质量，也降低了创作的难度。DeepSeek 在文案生成方面不仅高效、灵活，还能满足多样化的创作需求，是用户提升内容创作效率和质量的强大工具。

3.1 DeepSeek 使用技巧：高效创作文案的工具

DeepSeek 是由杭州深度求索人工智能基础技术研究有限公司研发的人工智能产品矩阵，基于自主研发的多模态大语言模型，融合思维链强化、动态知识图谱等前沿技术。通过深度解析和复杂逻辑推理，DeepSeek 能够为用户提供专业化智能服务。本节将介绍 DeepSeek 的使用技巧。

3.1.1 DeepSeek 的安装与登录：轻松上手

DeepSeek 有手机版和网页版两个版本，下面为大家介绍安装 DeepSeek 手机版以及注册与登录 DeepSeek 网页版的操作步骤。

1. 安装 DeepSeek 手机版

DeepSeek 手机版的界面设计简洁明了，用户友好性高。无论是 iOS（苹果）还是安卓系统，用户都可以在应用商店轻松下载并安装，或者访问 DeepSeek 的官方网站，扫描二维码进行下载。下面介绍安装 DeepSeek 手机版的操作步骤。

步骤 01 打开手机“应用商店”App，点击界面上面的搜索栏，如图 3-1 所示。

步骤 02 ❶在搜索栏中输入并搜索 DeepSeek；❷在搜索结果中点击 DeepSeek 右侧的“安装”按钮，如图 3-2 所示，即可下载并安装 DeepSeek 手机版。

步骤 03 稍等片刻，等 DeepSeek 安装完成后，点击 DeepSeek 右侧的“打开”按钮，如图 3-3 所示。

图3-1　　图3-2　　图3-3

步骤 04 执行操作后，进入 DeepSeek 手机版，在弹出的“欢迎使用 DeepSeek”面板中，点击“同意”按钮，如图 3-4 所示。

步骤 05 进入相应的界面，❶选中相应的复选框；❷输入手机号和验证码；❸点击“登录”按钮，如图 3-5 所示，稍等片刻，用户即可使用手机号和验证码进行登录。此外，用户还可以使用微信进行登录。

步骤 06 登录完成后，默认进入 DeepSeek 对话界面，如图 3-6 所示。

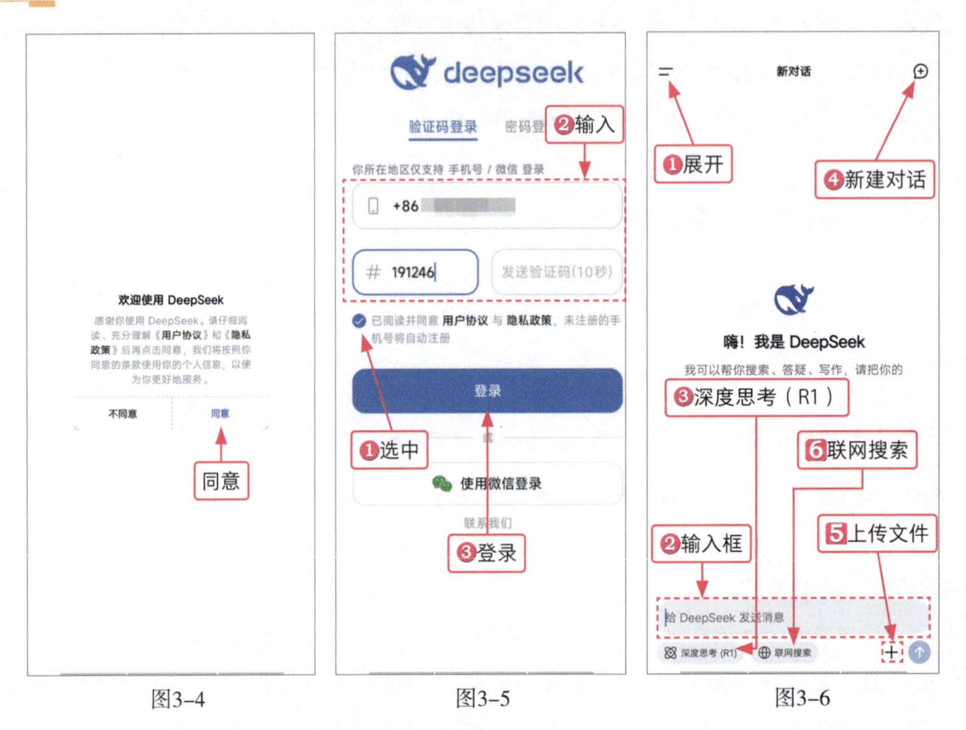

图3-4　　图3-5　　图3-6

下面对 DeepSeek 对话界面中的组成部分进行讲解。

❶ 展开 ═：点击该按钮，即可展开最近的对话记录和用户信息。

❷ 输入框：用户可以在这里输入提示词，以获得 DeepSeek 的回复。

❸ 深度思考（R1）：点击该按钮，打开“深度思考（R1）”模式，当用户向 DeepSeek 提问时，可以观察如何逐步分析并解答问题，有助于增加答案的透明度和可信度。

❹ 新建对话 ⊕：点击该按钮，会新建一个对话窗口，用户可以与 AI 讨论新的话题或让 AI 重新对上一个话题进行回复。

❺ 上传文件 ＋：点击该按钮，会弹出相应面板。用户可以点击“拍照识文字”“图片识文字”或“文件”按钮，要求 DeepSeek 识别出其中的文字信息。

❻ 联网搜索：点击该按钮，即可打开“联网搜索”模式，在此状态下，DeepSeek 能够搜索实时的信息，快速整合并给出详尽的回答，同时提供信息来源，确保对话的丰富性和准确性。

2. 注册与登录 DeepSeek 网页版

DeepSeek 网页版是一个功能丰富、用户友好的在线人工智能工具，其操作页面简洁明了，以直观的方式呈现。无论是初次使用还是经验丰富的用户，都能迅速上手并找到所需功能。下面介绍注册与登录 DeepSeek 网页版的操作步骤。

步骤 01 在浏览器（如 QQ 浏览器）中搜索 DeepSeek，在 DeepSeek 广告板块中单击“开始对话”按钮，如图 3-7 所示。

步骤 02 进入登录界面，❶选中相应复选框；❷输入手机号和验证码；❸单击“登录”按钮，如图 3-8 所示，稍等片刻，用户即可使用手机号和验证码进行登录。用户还可以使用微信扫码或邮箱进行登录。

图3–7

图3–8

步骤 03 登录完成后，默认进入 DeepSeek 对话页面，如图 3-9 所示。

下面对 DeepSeek 对话页面中的组成部分进行讲解。

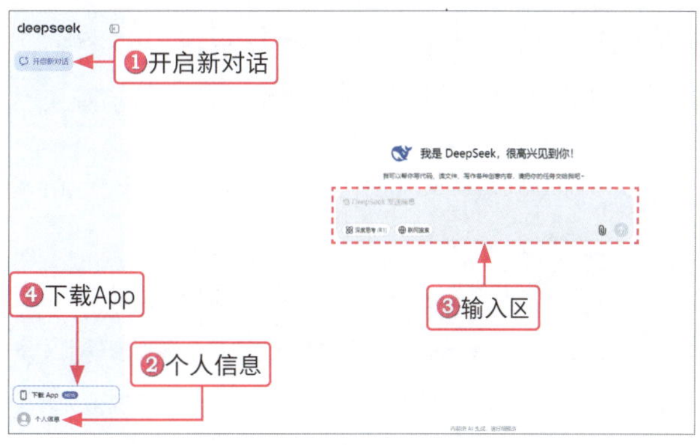

图3–9

❶ 开启新对话：单击“开启新对话”按钮，能为用户开启一个全新的、独立的对话窗口，使用户与 DeepSeek 的交流更加高效和清晰。

❷ 个人信息：单击“个人信息”按钮，即可弹出相应的面板，包括“系统设置”“删除所有对话”“联系我们”和“退出登录”4 个按钮，用户可根据需要，单击相应的按钮进行设置。

❸ 输入区：该区域包括输入框、“深度思考（R1）”和“联网搜索”3 个部分。其中，输入框是用户输入文字指令的位置；“深度思考（R1）”模式在逻辑推理和复杂问题处理方面表现出色，能够深入剖析问题的本质并给出有价值的解决方案；“联网搜索”模式能够搜索实时信息，快速整合并给出详尽的回答。

❹ 下载 App：单击该按钮，可以手机扫码下载 DeepSeek 手机版。

3.1.2 开启新对话：轻松开启对话之旅

当用户与 DeepSeek 完成一个话题的交流后，只需单击页面左上角的“开启新对话”按钮，即可进入新一轮的对话，同时，之前的对话内容将被清除，下面介绍在 DeepSeek 中开启新对话的操作步骤。

步骤 01 在 DeepSeek 左侧的导航栏中，单击“开启新对话”按钮，如图 3-10 所示。用户也可以单击页面下方的“开启新对话”按钮。

步骤 02 执行操作后，即可开启一个新的对话页面，在输入框中，输入相应的提示词，用于指导 AI 生成特定的内容，如图 3-11 所示。

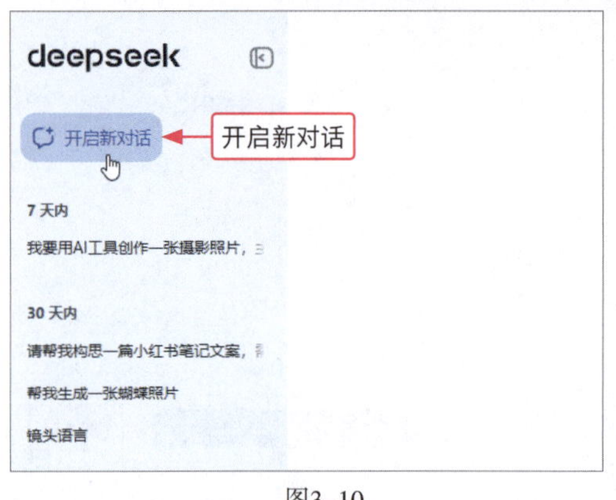

图3-10

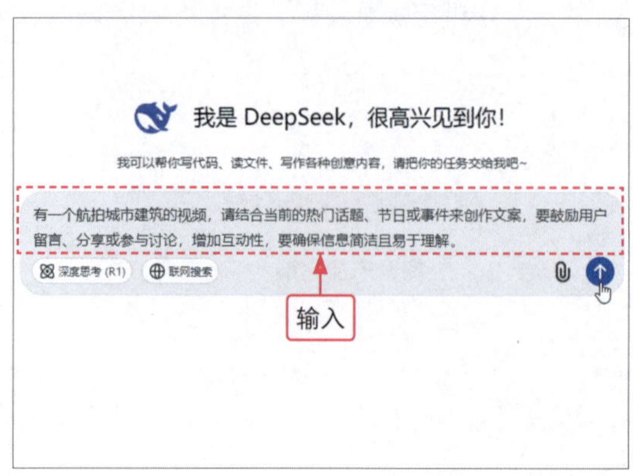

图3-11

步骤 03 单击按钮或按【Enter】键确认，即可将提示词发送给 DeepSeek，DeepSeek 会根据要求生成所需的内容，相关案例如下。

> 有一个航拍城市建筑的视频，请结合当前的热门话题、节日或事件来创作文案，要鼓励用户留言、分享或参与讨论，增加互动性，要确保信息简洁且易于理解。

> 视频标题：《空中视角下的城市心跳——与您共赏现代建筑之美！》
> 视频文案：
> 【节日特辑】在这金秋时节，我们用航拍镜头带您领略城市建筑的壮丽画卷！
> 高楼林立，每一座建筑都是城市的音符，共同谱写出繁华的乐章。
> 夕阳西下，建筑群披上金色的外衣，仿佛在庆祝国庆。
> ……

3.1.3 探索“深度思考（R1）”模式：挖掘更多思维深度

DeepSeek 中的“深度思考（R1）”模式能够对给定的问题进行多维度、多层次、系统性的分析和推理，不会只提供一个表面的答案。下面介绍使用 DeepSeek 中的“深度思考（R1）”模式的操作步骤。

步骤 01 在 DeepSeek 页面中，单击输入区中的“深度思考（R1）”按钮，如图 3-12 所示，开启后，该按钮会变成蓝色。

步骤 02 在提示词输入框中，输入相应的提示词，用于指导 DeepSeek 生成特定的内容，如图 3-13 所示。

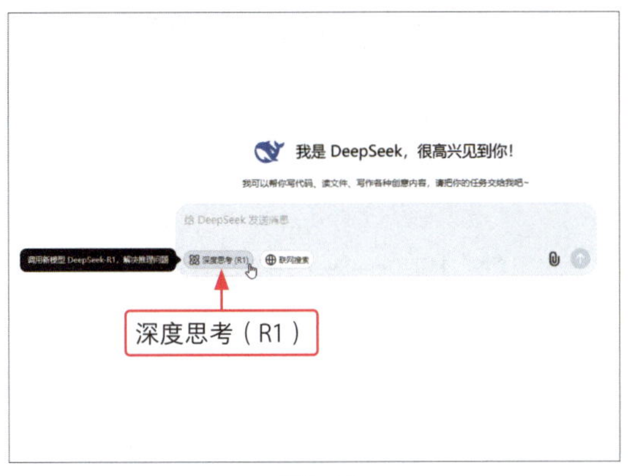

图3-12

图3-13

步骤 03 单击按钮或按【Enter】键确认，即可将提示词发送给 DeepSeek，DeepSeek 会根据要求生成所需的内容，相关案例如下。

假如你是一个资深编剧，请构思一个引人入胜的复仇短剧剧本，主要角色有 3 个，要制造冲突并解决，可以适当描述视频中的画面、镜头切换、动画或特效等，最好有角色之间的对话或旁白文字，以传达信息或推动情节发展，最后要考虑视频的总体节奏、每个场景的时长以及转场方式。

复仇短剧剧本：《暗影之刃》

场景一：雨夜街头

画面：昏暗的街灯下，雨滴打在空旷的街道上，反射出微弱的光芒。镜头缓慢下移，聚焦在一把遗落在地上的雨伞上。

旁白："在这个城市，每个雨夜都隐藏着不为人知的秘密。"

镜头切换：一个身影从暗处走出，捡起雨伞，露出一张冷峻的脸——男主角李晨。

李晨：（自言自语）"终于找到了。"

场景二：废弃仓库

画面：李晨走进一座废弃仓库，灯光昏黄，灰尘在空气中飘浮着。镜头跟随他的脚步，展现仓库内的荒凉。

镜头切换：仓库中央，一个身影被绑在椅子上，满脸惊恐——反派张涛。

张涛："你……你要干什么？"

李晨："复仇。"

画面：李晨缓缓抽出背后的刀，刀身在灯光下闪着寒光。

……

3.1.4 运用"联网搜索"模式：拓宽信息获取渠道

DeepSeek 能够利用最新的在线数据来提供答案，这不仅提高了答复的精确度，也保证了信息的新鲜度和相关性。在处理查询任务时，DeepSeek 会综合考量多个信息源，从中挑选出最恰当的内容，以满足用户的查询需求。下面介绍使用 DeepSeek 中的"联网搜索"模式的操作步骤。

步骤 01 在 DeepSeek 页面中，单击输入区中的"联网搜索"按钮，如图 3-14 所示，开启后，该按钮会变成蓝色。

步骤 02 在提示词输入框中，输入相应的提示词，用于指导 DeepSeek 生成特定的内容，如图 3-15 所示。

图3-14

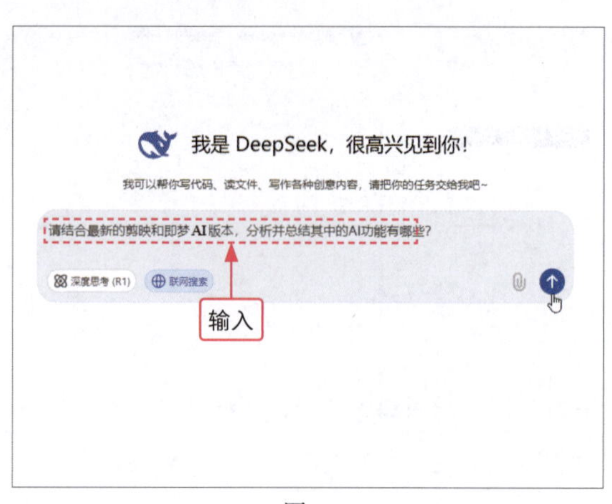

图3-15

步骤 03 单击按钮或按【Enter】键确认，即可将提示词发送给 DeepSeek，DeepSeek 会根据要求生成所需的内容，相关案例如下。

请结合最新的剪映和即梦 AI 版本，分析并总结其中的 AI 功能有哪些？

剪映最新版本的 AI 功能

1.AI 作图功能：

根据用户输入的文本描述生成高质量的图片素材。在传统的视频创作中，素材获取往往耗时且成本高，而 AI 作图突破了这一限制。

应用场景：适用于需要大量背景图、插图、海报等素材的视频创作，如产品介绍、教学课程、旅游分享等。

2. 文本或图片转视频：

用户只需提供画面描述或图片素材，剪映 AI 便能生成视频。适合快速制作新闻播报、故事讲述、产品演示等视频内容。

3. 数字人播报视频：

将文本内容转化为数字人播报视频，数字人具有多样的形象、音色和动作。广泛应用于口播视频、带货视频、教育科普等领域。

……

3.1.5 上传附件（仅识别文字）功能：便捷提取图片内容

DeepSeek 的上传附件（仅识别文字）功能，允许用户轻松上传各类文档和图片，迅速将其中的文字内容提取出来，无需再进行烦琐的手动输入。下面介绍使用 DeepSeek 上传附件（仅识别文字）功能的操作步骤。

步骤 01 在 DeepSeek 页面，单击输入区中的按钮，如图 3-16 所示。

步骤 02 执行操作后，弹出“打开”对话框，选择需要上传的图片，如图 3-17 所示。

图3-16

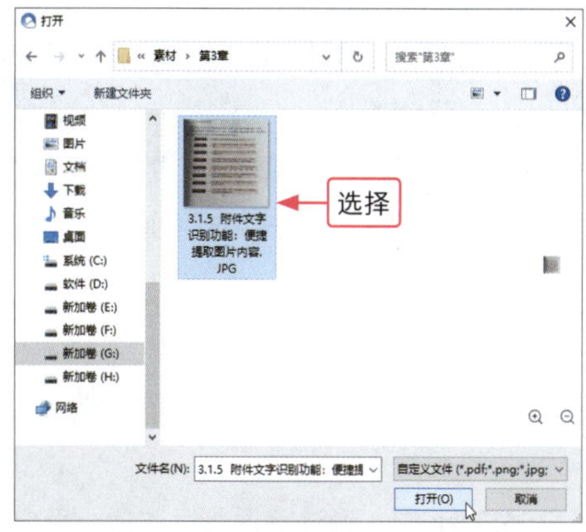

图3-17

步骤 03 单击“打开”按钮，即可上传图片，并显示在提示词输入框的上方，如图 3-18 所示。

步骤 04 输入相应的提示词，要求 DeepSeek 识别图片中的文字，如图 3-19 所示。

图3-18

图3-19

步骤 05 单击⬆按钮或按【Enter】键确认，DeepSeek 会自动识别图片中的文字，相关案例如下。

请识别图片中的文字。

图片中的文字内容如下：

3.4.5 受欢迎的脚本类型

对于新手来说，账号定位和后期剪辑都不是难点，往往最让他们头疼的就是脚本策划。有时候，一个优质的脚本即可快速将一条短视频推上热门。那么，什么样的脚本才能让短视频上热门，并获得更多点赞呢？总结了一些优质短视频脚本的常用内容形式。

有价值：短视频中提供的信息有实用价值，如知识、技巧等。

有观点：能够在第一秒就展现出能抓住人心的观点，用词不宜深奥，如生活感悟等。

有共鸣：短视频内容一定要能够和观众产生共鸣，如价值共鸣、经历共鸣等，获得观众的认同。

有冲突：如在短视频的开头抛出问题或设置悬念，利用“好奇心”引导观众看完整条视频；或者在中间设置反转剧情，点燃观众的兴趣点。

有利益：如告诉观众看完这条视频，或者关注自己，他们能够获得哪些利益，能够解决他们的哪些痛点，给出利益点，给观众一个美好的期待。

有收获：很多观众看短视频时抱着一种学习的态度，希望能够收获新的知识，因此短视频内容需要给观众营造一种“获得感”。

有惊喜：用户要做出有自己特色的内容，如用新颖的拍摄手法或故事内容，给观众带来惊喜感。

有感官：用户可以采用“技术流”的拍法，通过动感的音乐加上炫酷的特效，给观众带来听觉刺激和视觉刺激……

3.1.6 最近对话管理：高效整理交流记录

在 DeepSeek 中，通过管理最近对话，用户可以快速回顾和查找之前的交流内容，避免重复提问，从而节省时间，提升效率。下面介绍在 DeepSeek 中管理最近对话的操作步骤。

步骤 01 在 DeepSeek 页面左侧的导航栏中，选择最近对话记录，单击右侧的 ··· 按钮，在弹出的列表框中，选择“删除”选项，如图 3-20 所示。

步骤 02 执行操作后，弹出“永久删除对话”对话框，在对话框中单击“删除”按钮，如图 3-21 所示，即可成功删除该对话记录。

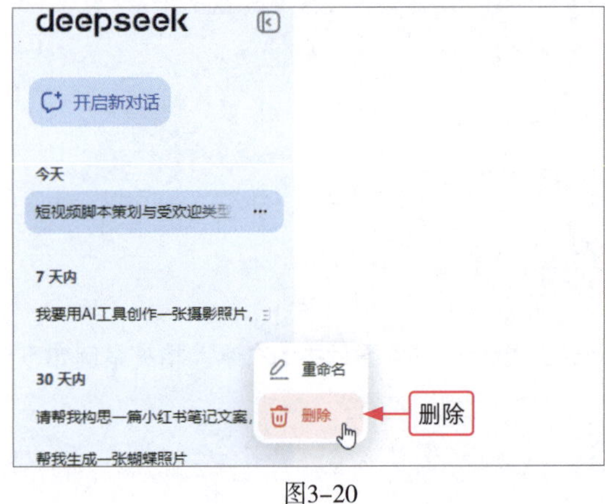

图3-20

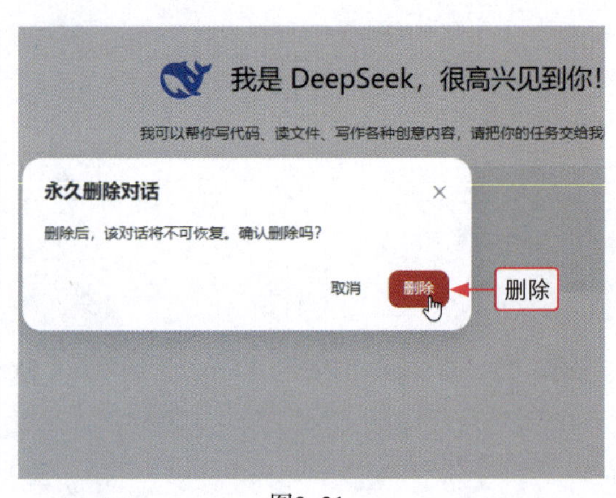

图3-21

步骤 03 选择最近对话记录，单击右侧的 ··· 按钮；在弹出的列表框中，选择“重命名”选项，如图 3-22 所示。

步骤 04 执行操作后，即可进入编辑模式，可以修改该对话的名称内容，如图 3-23 所示。

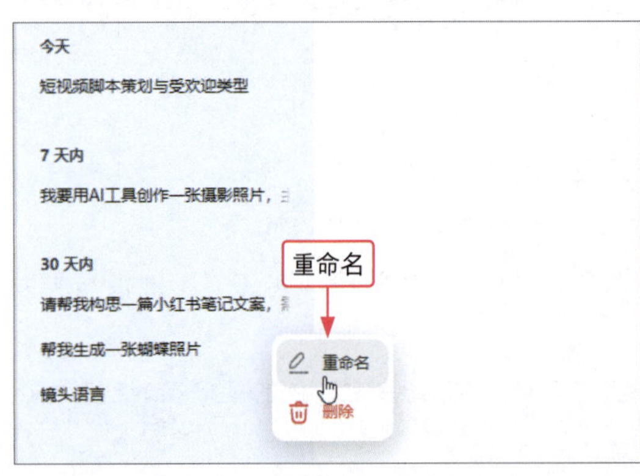

图3-22

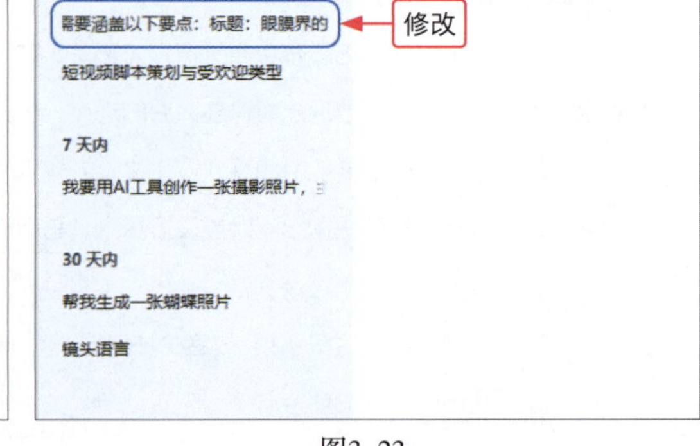

图3-23

3.2 实用流程：使用 DeepSeek 生成短视频文案

DeepSeek 完全免费，用户无需支付任何费用即可使用其各项功能。因此，DeepSeek 成为从事视频文案等工作人员的得力助手。本节将介绍如何使用 DeepSeek 网页版生成短视频文案。

3.2.1 策划热门的短视频主题：把握热点和吸引观众

策划热门的短视频主题，关键在于捕捉时代热点、用户兴趣与情感共鸣。制作短视频的目的是吸引观众的注意力，传达信息和情感，因此用户首先要策划一个好的主题。下面介绍使用 DeepSeek 策划热门的短视频主题的操作步骤。

步骤 01 在 DeepSeek 的输入框中输入相应指令，按【Enter】键发送，就可以得到 DeepSeek 生成的回复，相关案例如下。

帮我推荐 10 个热门的短视频话题。

以下是 10 个热门的短视频话题的推荐，这些话题在各大短视频平台上通常具有较高的关注度和观众参与度。

1. 生活方式和 Vlog：记录日常生活、旅行、饮食等，展示个人生活真实的一面，吸引观众的共鸣。例如，分享一天的生活日常、旅行中的趣事或美食制作等。
2. 搞笑和幽默：轻松搞笑的短视频，通常包含幽默的对话、滑稽的情境或搞笑的挑战，能够迅速吸引观众的注意。例如，搞笑段子、恶作剧或搞笑挑战等。
3. 教程和 DIY：包括化妆教程、烹饪技巧、手工艺制作等，观众喜欢学习新技能或获取实用信息。例如，化妆技巧分享、家常菜做法或手工 DIY 等。
4. 宠物和动物：可爱的宠物视频总是很受欢迎，观众喜欢看到动物搞笑或感人的瞬间。例如，宠物日常、宠物互动或宠物救助等。
5. 舞蹈和音乐：舞蹈挑战、翻唱、原创音乐表演等，音乐和舞蹈内容在短视频平台上具有广泛的吸引力。例如，流行的舞蹈挑战、翻唱热门歌曲或原创音乐 MV 等。
6. 美食：美食制作、试吃、餐厅推荐等内容，尤其是视觉效果出色的美食视频，能够吸引大量观众。例如，美食制作过程、美食探店或美食测评等。

……

步骤 02 让 DeepSeek 在“美食”这个大的类目下，列出一些热门的视频主题，即可完成热门短视频主题的策划，相关案例如下。

关于“美食”，给我 10 个视频主题建议。

关于“美食”这一主题，以下是 10 个视频主题建议。

1. 秋季时令美食制作：可以围绕秋季的特色食材，如梭子蟹、南瓜、柿子等，制作一系列应季美食，展示食材挑选、烹饪技巧及成品效果。
2. 地方特色小吃探店：探访不同地区的美食街或小吃店，介绍并品尝当地的特色小吃，展示地方风味和文化。
3. 家常快手菜教程：分享简单快捷的家常菜做法，适合忙碌的上班族或初学者，强调食材易得、步骤简单。
4. 创意美食 DIY：利用常见食材进行创意搭配，制作出新颖独特的美食，如彩虹蛋糕、水果拼盘等，激发观众的创造力。
5. 美食背后的故事：讲述一些美食背后的文化故事或历史渊源，如月饼的起源、粽子的传说等，增加美食的文化内涵。

……

3.2.2 生成短视频的具体脚本：轻松完成脚本的创作

在短视频内容创作领域，确定一个吸引人的主题是至关重要的第一步。一旦主题确定，用户便可以利用 DeepSeek 来生成详细的脚本内容。DeepSeek 能够根据用户提供的主题，结合当前流行趋势、目标受众的兴趣点以及创意元素，自动生成内容丰富、结构完整的脚本。这不仅大大提升了创作效率，还能确保视频内容的新颖性和吸引力，相关案例如下。

根据主题“人均 100 元的自助餐餐厅探店”，写一个抖音短视频脚本，语气：分享人口吻、惊喜、轻松。

抖音短视频脚本：人均 100 元的自助餐餐厅探店

开场：

[镜头快速推进，背景音乐轻快起]

旁白（分享人口吻，充满惊喜）：“嘿，朋友们！今天带你们探一家超值自助餐，人均只要 100 元，但味道和体验绝对远超这个价！走，跟我一起看看！”

场景一：餐厅外观

[镜头展示餐厅外观，招牌醒目]

旁白：“看，就是这家！位置超好找，环境也很不错哦！”

场景二：餐厅内部

[镜头转向餐厅内部，展示宽敞明亮的环境和热闹的用餐氛围]

旁白（轻松语气）：“一进来就被这氛围感染了！大家都在享受美食，我也迫不及待想尝尝了！”

场景三：自助餐区域

[镜头缓慢扫过各种美食区域，展示丰富多样的菜品]

旁白（惊喜语气）：“哇哇哇！看看这菜品，简直太丰富了！海鲜、烤肉、热菜、甜点……应有尽有！而且每样看起来都超好吃！”

……

3.2.3 生成短视频的分镜头脚本：精准控制画面的节奏

分镜头脚本是用来描述短视频中每一个镜头的内容和细节的文稿，通常包含标题、场景描述、景别、运镜、台词或对白、道具、节奏和节拍等要素。用户在 DeepSeek 中生成分镜头脚本时，可以根据具体的需求来安排这些要素，相关案例如下。

你是一名专业的美食博主，正在写一个湘菜馆探店视频脚本，场景发生在长沙的一个老小区内，脚本中需要包括当下短视频的热门元素，开篇 5s 迅速吸引人的眼球，中间有反转，结尾有惊喜，脚本中要包括分镜序号和景别（中、近、远、特写等镜头）。

湘菜馆探店视频脚本

视频标题：《长沙老小区里的湘味秘境！反转惊喜，味蕾爆炸！》

分镜脚本：

[分镜 01]

景别：特写

内容：一双筷子夹起一块辣椒，迅速放入口中，表情瞬间变得惊喜。

旁白（充满激情）："辣！就是这个味！"

[分镜 02]

景别：远

内容：镜头拉远，展示长沙老小区的环境，古树、旧楼，充满生活气息。

旁白（神秘感）："在长沙这个老小区里，藏着一个湘味秘境！"

[分镜 03]

景别：中

内容：镜头跟随博主走进一家不起眼的小店，门口挂着"湘味居"的招牌。

旁白（好奇）："就是这里了！听说这里的湘菜让人回味无穷！"

[分镜 04]

景别：近

内容：展示店内环境，桌椅简单但干净整洁，墙上挂着一些老照片。

旁白（感慨）："嗯，这氛围，有点儿意思！"

……

3.2.4 生成短视频的标题文案：吸引眼球和提升点击率

除了策划主题和生成脚本外，DeepSeek 还可以用来生成短视频标题。短视频标题是短视频内容的"门面"，它在吸引观众、传达信息和提升视频传播效果方面发挥着至关重要的作用。一个吸引人的标题能够迅速抓住观众的眼球，激发他们的好奇心，促使他们点击观看，从而在社交媒体上获得更广泛的传播，相关案例如下。

提供 10 个主题为“人像摄影教学”的短视频标题文案，要求：1. 突出受众痛点；2. 能够快速吸引人眼球，激发观众的好奇心。

人像摄影教学短视频标题文案（10 个）。

1. “告别路人照！ 3 招教你拍出明星级人像！”

突出痛点：普通照片无亮点。

吸引点：快速提升照片质量，达到明星效果。

2. “人像摄影大揭秘！你一直忽略的构图技巧！”

突出痛点：构图不当，照片平淡。

吸引点：揭示常用但易被忽略的构图技巧。

3. “光线不会用？教你轻松掌握人像摄影光影术！”

突出痛点：光线运用不当。

吸引点：轻松掌握光影技巧，提升照片质感。

4. “告别尴尬表情！教你捕捉自然瞬间的人像秘籍！”

突出痛点：拍摄时表情不自然。

吸引点：学习捕捉自然瞬间的技巧。

5. “人像摄影新手必看！避免这 5 个常见错误！”

突出痛点：新手常犯错误。

吸引点：避免常见错误，快速提升摄影水平。

……

3.3 脚本文案：一键生成讲解、口播等短视频文案

在短视频文案创作领域，DeepSeek 能够根据用户输入的指令要求，自动生成符合用户需求的文案，如影视解说、情景短剧、知识科普、哲理口播等文案。本节将介绍 4 种短视频文案类型的生成技巧，帮助大家学会使用 DeepSeek 一键生成脚本文案。

3.3.1 创作影视解说类短视频文案：轻松生成精彩内容

影视解说类短视频文案是指对电影、电视剧的情节内容进行描述和解析的文案。这类文案一般语言幽默、简洁，能够高度概括剧集内容，并以最短时间和最快速度传达给观众。使用 DeepSeek 生成影视解说类短视频文案的相关案例如下。

你是一名影视解说类短视频博主，现在正在创作一篇对电影《乱世佳人》的解说文案，要求：从剧情、人性和爱情这 3 个方面进行分析，语言幽默风趣，配有画面说明。

【电影大揭秘】《乱世佳人》：爱恨交织的史诗恋曲，你准备好了吗？

小伙伴们，欢迎来到我的频道！今天，咱们要聊的可是电影史上的经典之作——《乱世佳人》。这部电影，那可是爱情与战争的完美碰撞，准备好纸巾，咱们一起走进这段不朽的传奇吧！

一、剧情篇：比过山车还刺激的历史大戏

画面一：斯嘉丽（费雯·丽饰）穿着那袭标志性的绿色长裙，在塔拉庄园的舞会上旋转跳跃，美得让人窒息。

旁白：斯嘉丽简直就是那个时代的"宅男女神"。她一心想要嫁给阿希礼（莱斯利·霍华德饰），结果人家阿希礼却对她无感，哎，这爱情的小船说翻就翻。

画面二：南北战争爆发，炮火连天，塔拉庄园成了一片废墟。

旁白：战争一来，斯嘉丽从娇小姐变成了女汉子，不仅要照顾一家老小，还得重建家园。这剧情，简直就是"女子力 MAX"的教科书啊！

二、人性篇：乱世中的真善美与假恶丑

画面三：斯嘉丽在战火中为了生存，不择手段，甚至抢了自己妹妹的未婚夫。

旁白：乱世之中，人性多面。斯嘉丽为了生存，啥事儿都干得出来，让人又爱又恨。但别忘了，她内心深处那份对家的执着和对生活的热爱，那可是人性中最闪亮的部分。

……

3.3.2 打造情景短剧类短视频文案：快速构思趣味剧情

情景短剧类短视频文案通常用一个小故事的形式来抒发情感、反映社会问题。不过，想让视频吸引更多关注，用户就要在生成文案时要求 DeepSeek 设置剧情冲突，这样才不会让观众在观看时觉得无聊。使用 DeepSeek 生成情景短剧类短视频文案的相关案例如下。

以"父母教育 6 岁的孩子"为主题，创作一篇情景短剧类短视频文案，要求：设置剧情冲突，结局要感人。

【情景短剧类短视频文案】

主题：《小小的成长课》

场景一：温馨的客厅，傍晚

（镜头缓缓推进，展现一个布置得温馨而充满童趣的客厅。6 岁的小明正坐在地板上，专注地拼着积木，父母则在一旁看书。）

旁白："在这个充满爱的家庭里，6 岁的小明正享受着无忧无虑的童年。但今天，一场小小的'风暴'即将来临。"

场景二：餐桌旁，晚餐时间

（一家三口围坐在餐桌旁，气氛略显紧张。小明低头不语，父母交换着担忧的眼神。）

妈妈（温柔地）："小明，今天老师说你在学校不太愿意和别人分享玩具，能告诉妈妈为什么吗？"

小明（小声）："我怕他们弄坏了……"

爸爸（语气稍重）："小明，分享是友谊的开始，我们不能这么自私。"

（小明眼眶泛红，低头不语，剧情冲突初现。）

……

3.3.3 编写知识科普类短视频文案：精准传递智慧火花

知识科普类短视频文案的目的是向观众介绍和解释某一事物或现象，这类文案的专业性较强，但语言风格通常是轻松幽默，让观众在接受知识的过程中不会觉得枯燥、乏味。使用 DeepSeek 生成知识科普类短视频文案的相关案例如下。

以“天为什么是蓝色的”为主题，介绍原因和相关的知识，创作一篇知识科普类短视频文案，要求：语言幽默，具备专业知识的讲解。

【知识科普类短视频文案】

主题：《天为什么是蓝色的？一场色彩的奇妙探险》

开场画面：

（镜头缓缓拉开，展现一片晴朗的蓝天，配以轻快的背景音乐。）

旁白（幽默风趣）：“嘿，小伙伴们，你们有没有想过，为什么咱们头顶的这片天，总是蓝得让人心旷神怡？今天咱们就来一场色彩的奇妙探险，揭开‘天蓝之谜’！”

画面一：光的旅行

（动画演示，一束光从太阳出发，穿越大气层。）

旁白：“首先，咱们得知道啊，这蓝天的秘密，跟光可是大有关系。想象一下，太阳这个大灯泡，每天都在不停地发光发热。这些光啊，可不是一股脑儿就跑到咱们眼睛里的，它们得穿过一层又一层的大气层。”

……

3.3.4 构思哲理口播类短视频文案：深刻阐述人生智慧

哲理口播类短视频文案是指通过口播视频的形式进行生活哲理分享和讲解的文字描述，能够帮助观众领悟生活的真谛、解决心灵的困扰。使用 DeepSeek 生成哲理口播类短视频文案的相关案例如下。

请以“如何应对生活压力”为主题，创作一篇哲理口播类短视频文案，要求：道理深刻，适当举例，向人传达积极向上的思想。

【哲理口播类短视频文案】

主题：《压力之下，绽放坚韧之花》

开场画面：

（镜头缓缓推进，展现一幅清晨公园的景象，阳光透过树叶缝隙，洒在晨跑者的身上，背景音乐轻柔而充满希望。）

旁白（温暖而有力）：“在这个快节奏的时代，生活似乎总在不经意间，将一重重压力加诸我们的肩头。但请记住，正是这些大大小小的压力，铸就了我们内心的坚韧，让我们学会了在风雨中舞蹈，绽放生命的光彩。”

画面一：压力的来源与形态

（动画展示忙碌的职场、家庭责任、个人目标等场景，象征不同形态的压力。）

旁白：“压力，它可能源自工作的繁重、家庭的责任，或是对自我实现的渴望。它无形却强大，让人时而焦虑，时而迷茫。但请记住，压力本身并无好坏，关键在于我们如何应对。”

画面二：正视压力，接纳现实

（画面切换至一位年轻人坐在书桌前，眉头紧锁，随后深呼吸，眼神逐渐坚定。）

旁白：“首先，学会正视压力，接纳生活的不完美。就像那位面对难题的年轻人，他选择不再逃避，而是深吸一口气，用平静的心态去面对。接纳，是改变的第一步，它让我们从对抗转为理解，从而找到释放压力的出口。”

……

本章小结

本章首先介绍了 DeepSeek 的使用技巧，包括 DeepSeek 的安装与登录、用 DeepSeek 开启新对话、探索“深度思考（R1）”模式、运用“联网搜索”模式、上传附件（仅识别文字）功能和最近对话管理。接着介绍了使用 DeepSeek 生成短视频文案，包括策划热门的短视频主题、生成短视频的具体脚本、生成短视频的分镜头脚本、生成短视频的标题文案。还介绍了使用 DeepSeek 生成脚本文案，包括创作影视解说类短视频文案、打造情景短剧类短视频文案、编写知识科普类短视频文案和构思哲理口播类短视频文案。通过本章的学习，读者可以学会使用 DeepSeek 生成短视频脚本文案的技巧。

课后实训

图文分享类短视频是一种制作简单又广受欢迎的短视频，通常由多条文案和对应的图片组成。这些文案彼此之间没有直接关联，但都体现了视频的主题。请在 DeepSeek 中生成一篇图文分享类短视频文案，相关案例如下。

以元宵节为主题，提供 10 条图文分享类短视频文案，要求：语句唯美，富含哲理，并提供配图建议。

元宵节图文分享类短视频文案（10 条）

1. 文案：月圆人团圆，灯火映笑颜。元宵佳节，愿每一个漂泊的心灵都能找到归宿。 配图建议：家人围坐在一起吃汤圆的场景，灯光温馨。
2. 文案：花灯照亮归途，元宵温暖心扉。在这团圆的时刻，愿幸福与你相伴。配图建议：五彩斑斓的花灯照亮街道，行人络绎不绝。
3. 文案：一碗汤圆，甜蜜了岁月；一盏花灯，照亮了希望。元宵节，愿美好如期而至。配图建议：一碗热气腾腾的汤圆，旁边摆放着精致的花灯。
4. 文案：元宵之夜，月如盘，勾起心中无限思念；灯如星，点亮人间点点温情。 配图建议：夜空中的明月与地面上的花灯交相辉映。
5. 文案：灯火阑珊处，总有那么一份等待，为元宵节的团圆增添了一份期待。 配图建议：古街巷口，一人提着花灯等待亲人的归来。

6. 文案：元宵节，不仅是一场视觉的盛宴，更是一次心灵的洗礼。配图建议：大型花灯展览现场，人们驻足观赏。
7. 文案：团圆不是短暂的相聚，而是心灵的契合。元宵节，让我们用心感受家的温暖。配图建议：多代同堂的家庭合影，笑容满面。
8. 文案：元宵节，愿每一个梦想都能像花灯一样绽放，愿每一分努力都能收获甜蜜的果实。配图建议：天空中绽放的烟花与地面上的花灯相映成趣。
9. 文案：走过千山万水，只为这一刻的团圆。元宵节，愿所有的等待都不被辜负。配图建议：火车站或机场，人们提着行李匆匆赶路回家。
10. 文案：元宵节，让灯火代替所有语言，诉说心中的思念与祝福。配图建议：河边或湖畔，许愿灯在水面上缓缓漂动。

第 4 章　灵感枯竭破解：DeepSeek 智能生成吸睛剧本

随着 AI 技术在影视创作领域的日益渗透，众多创新工具应运而生，显著提升了创作效率与质量。其中，DeepSeek 作为一个前沿的 AI 脚本文案创作工具，凭借其强大的情节构思能力、人物设定及互动设计等功能，为用户提供了极大的便利。本章将深入阐述如何利用 DeepSeek 生成创意剧本文案，并挖掘其高级应用技巧与优化策略，旨在助力用户迅速构建出内容丰富、质量上乘的故事内容。

4.1 剧本创作：使用 DeepSeek 打造精彩故事

DeepSeek 提供了一个强大的平台，帮助用户通过简洁的操作流程生成高质量的故事情节。本节将详细介绍如何使用 DeepSeek 进行剧本创作，打造精彩故事。

4.1.1 用 DeepSeek 生成故事情节：快速入门

DeepSeek 的故事情节生成过程非常直观，用户只需输入一些简短的描述或关键词，DeepSeek 便能根据这些提示生成完整的情节框架，相关案例如下。

请生成一个故事情节，主要内容为“在一个小镇，藏着惊天秘密，这个秘密围绕一个老奶奶展开，故事结局要上升到一个新高度”。

故事情节：

标题：《岁月的秘密》

1. 背景：在一个宁静而古老的小镇上，生活着一位慈祥的老奶奶，她名叫林阿婆。林阿婆是镇上的传奇人物，关于她的传说无数，但没人知道她背后藏着一个惊天秘密。
2. 开端：故事从一位年轻的记者李晓梅来到小镇开始。李晓梅听闻林阿婆的故事，决定深入挖掘，揭开这位老奶奶的神秘面纱。
3. 发展：李晓梅通过与镇上居民的交谈，逐渐了解到林阿婆的过去。她曾是抗日战争时期的地下工作者，为抗战胜利立下了赫赫功劳。然而，林阿婆始终守口如瓶，不愿提及那段往事。
4. 转折：在一次偶然的机会中，李晓梅在林阿婆的家中发现了一本泛黄的日记。日记中记录了一个惊天的秘密：林阿婆曾保管着一封至关重要的密信，这封信关系到一场重要战役的胜负。
5. 高潮：李晓梅决定揭开这个秘密，她带着日记找到了历史专家进行鉴定。结果证实，这封密信确实存在，并且改变了历史的走向。林阿婆的英勇事迹逐渐浮出水面。
6. 结局：故事以一场盛大的纪念活动结束。小镇为林阿婆举办了隆重的表彰仪式，她的英勇事迹得到了世人的认可和尊敬。林阿婆的秘密不再是秘密，而成为一段激励后人的传奇。
7. 新高度：在故事结局，李晓梅深刻体会到历史的重量和英雄的伟大。她决定将林阿婆的故事写成书，让更多人了解那段峥嵘岁月。小镇也因此成为一个爱国主义教育基地，吸引了无数游客前来参观学习。林阿婆的秘密不仅揭开了一段历史，更升华为对民族精神的传承和弘扬。

4.1.2 用 DeepSeek 定制情节内容：精准定位

在使用 DeepSeek 之前，用户可以根据项目需求定义目标受众。DeepSeek 会根据目标受众的年龄、兴趣和文化背景调整故事内容。不同的受众群体对故事内容有着不同的需求和偏好，DeepSeek 能够根据受众的特征定制故事情节，满足不同观众的需求，相关案例如下。

为年轻观众创作一部古装轻喜剧，情节围绕一家客栈展开，主角是一个老板娘和一个店小二，他们在一起创业时逐渐产生感情。情节需要包含幽默日常，并且要有轻松的氛围。

古装轻喜剧《悦来客栈风云录》

第一幕：悦来客栈初开张

背景：在繁华的京城一隅，新开了一家名为“悦来客栈”的小店。这家客栈由聪明伶俐的老板娘柳如烟和憨厚可掬的店小二李大壮共同经营。柳如烟出身于商贾之家，却因家族变故流落至此；李大壮则是从乡下来的青年，怀揣着对京城的憧憬和对美食的热爱。

情节：

开张大吉：悦来客栈在鞭炮声中开业，却因一场意外的小火灾（其实是柳如烟试图用火药制作特色烟花庆祝）导致开业典礼一片狼藉，却意外吸引了众多好奇的目光。

幽默日常：柳如烟与李大壮在日常经营中发生了一系列啼笑皆非的故事，如误将客人预定的“珍珠翡翠白玉汤”做成“珍珠翡翠大白菜汤”，或是为了招揽生意，想出“最美老板娘评选”等活动，结果引来一群“托儿”。

……

4.1.3 用 DeepSeek 设计人物关系：丰富剧情

在故事创作中，人物关系的设计至关重要。复杂的人物关系不仅能够为情节增添层次感，还能推动故事的发展，使观众更有代入感。在 DeepSeek 中，用户可以设计并生成具有深度的人物关系网和互动场景，还能设计出多维度的人物角色，包括性格、背景、动机等，通过输入简短的角色描述，DeepSeek 能够生成该角色的背景故事、行为模式和性格特点，相关案例如下。

请设计一些剧情，主要展现一位才华横溢的年轻企业家与同父异母的弟弟，还有企业家的青梅竹马，三人之间的复杂关系，突出爱情、友情、家族恩怨与个人成长之间的纠葛与冲突。

标题：《交织的命运》

主要角色：

林晨：才华横溢的年轻企业家，冷静、果断，但内心深处有着不为人知的柔软。

林逸：林晨同父异母的弟弟，性格叛逆，对家族和林晨抱有复杂情感。

苏晴：林晨的青梅竹马，温柔、聪明，对林晨有着深厚的感情，但也因林逸的出现而陷入纠结。

剧情梗概：

第一幕：重逢与冲突

林晨成功收购一家大型企业，成为商界瞩目的焦点。在庆祝酒会上，他意外重逢了多年未见的弟弟林逸。

林逸对林晨的成功心生嫉妒，同时对自己在家族中的地位感到不满，两人之间产生了激烈的冲突。

苏晴作为林晨的助理出席酒会，她努力调解两人关系，但内心却对林逸产生了莫名的同情。

第二幕：爱情与友情的纠葛

林晨和苏晴的感情逐渐升温，但林逸的出现让苏晴陷入了纠结。她开始怀疑自己对林晨的感情是否只是出于多年的习惯。

林逸故意接近苏晴，试图通过她了解林晨的弱点。但在相处过程中，林逸逐渐被苏晴的真诚和善良所打动。

……

4.1.4 用 DeepSeek 生成多个情节：高效创作

在分镜头创作中，情节场景的设计需要耗费大量的时间和精力，每一个场景都需要考虑人物位置、对话、情感变化以及场景等多种因素。在传统的创作流程中，设计多个情节场景往往需要反复修改、调整，甚至会导致灵感枯竭。

DeepSeek 作为一个强大的 AI 脚本创作工具，能够在短时间内帮助用户生成多个情节场景，提升创作效率和灵感输出，相关案例如下。

生成 2 个不同的情节场景：❶ 男主在餐厅偶遇讨债的，十分慌张；❷ 男主在公司遭遇职场压力，与上司发生争执。

情节场景一：餐厅偶遇讨债

场景设定：一家高档餐厅，刘强与客户正在用餐。

情节发展：

刘强与客户交谈甚欢，突然，一名面带凶相的男子走向他们的餐桌。

男子大声喊道："刘强，你欠我的钱什么时候还？"

刘强脸色骤变，慌张地环顾四周，试图压低声音解释："这里不是说话的地方，我们出去说。"

客户露出疑惑的表情，刘强尴尬地道歉："对不起，这是我的一位旧友，有些误会。"

男子不依不饶，继续大声催债，刘强无奈，只能匆匆结账，带着男子离开餐厅。

情节场景二：公司职场压力

场景设定：刘强的办公室，上司正在审阅文件。

……

4.2 高级技巧：优化情节，提升剧本质量

在使用 DeepSeek 进行故事情节创作时，除了生成基础情节框架外，用户还需要对剧本的细节、情感波动和节奏等进行精细化调整。DeepSeek 的高级功能可以帮助用户实现这些目标，从而提升剧本的整体质量和叙事深度。本节将详细介绍如何使用 DeepSeek 细化角色和其背景信息、设计情节节奏与情感曲线、优化情节中的关键转折点以及设计故事情节的高潮部分。

4.2.1 用 DeepSeek 细化角色：丰富人物形象

在任何一个故事中，角色是情节发展的核心，人物的动机、性格、背景以及与其他角色的关系都会影响整个剧情走向。DeepSeek 能够帮助用户深入挖掘角色细节，并通过对角色和背景的精细化描写，使每个角色的行动和情感变化更加立体和真实，相关案例如下。

设计一位 28 岁的单亲妈妈的故事：主角叫张秀，有一个 6 岁的女儿，张秀的职业是出租车司机，每天早出晚归，非常辛苦，她的女儿突然患上重病，她该如何继续坚强地生活下去？

故事设计：《坚强之光：张秀的故事》

背景概述：

张秀，一位 28 岁的单亲妈妈，独自抚养着 6 岁的女儿小雨。她是一名出租车司机，每天早出晚归，用瘦弱的肩膀扛起生活的重担。尽管生活艰辛，但张秀从未放弃过对女儿的爱和对生活的希望。然而，当小雨突然患上重病，这个原本就摇摇欲坠的家庭面临着前所未有的挑战。

第一幕：生活的重压

日常：张秀每天早晨 5 点起床，准备早餐，吃完早餐送小雨去幼儿园，然后开始一天的工作。晚上，她拖着疲惫的身体回家，给小雨做饭、讲故事，直到她入睡。

困境：小雨突然开始出现持续的高烧和咳嗽，经过初步检查，医生怀疑她患有严重的呼吸道感染，需进一步诊治。

抉择：面对高昂的医疗费用和可能的长期治疗，张秀陷入了深深的困境。她不得不更加努力地工作，同时寻找各种途径筹集资金。

……

4.2.2 用 DeepSeek 设计节奏：打造精彩剧情

情节的节奏和情感的波动对于一个故事的吸引力至关重要。在编写分镜头脚本时，用户需要确保情节的推进既紧凑又不失层次感，情感的波动则要与情节的起伏相呼应，形成合适的节奏和情感曲线。在 DeepSeek 中，通过输入特定的指令，可以帮助用户精确地设计情节节奏与情感曲线，相关案例如下。

设计一个寻宝解谜的场景。开头节奏明快，主角在古老的图书馆内迅速翻阅书籍，背景音乐充满神秘感。中段节奏逐渐沉稳，主角停下脚步，仔细研究古籍中的隐藏信息。高潮部分节奏再次提升，主角终于破解谜题，发现宝藏线索，情绪激动，迎来重大发现。

寻宝解谜场景设计

开头：

场景设定：一座古老而庞大的图书馆，书架高耸，书籍密布，尘埃在光线中飞舞。

画面描述：主角（一位聪明绝顶的考古学家）手持手电筒，眼神锐利，在书架间快速穿梭，手不断拂过书脊，迅速抽出一本本古籍翻阅。

背景音乐：神秘的音乐逐渐响起，伴随着轻微的翻书声和心跳声，营造出紧张而神秘的氛围。

字幕或旁白：“时间紧迫，线索就藏在这无尽的书籍中……”

……

4.2.3 用 DeepSeek 优化转折点：增强戏剧性

情节的转折点通常是故事中最为关键的部分，这些转折点不仅决定了故事走向，还影响观众的情感投入。DeepSeek 能够帮助用户识别和优化这些转折点，确保每个关键节点都具有足够的戏剧性和情感冲击力，相关案例如下。

在一个悬疑剧本里，转折剧情如下：杀害主角妹妹的凶手竟然是主角身边最亲密的人，但是所有人都没有想到是她，请优化这个转折点。

优化后的剧情转折点设计

1. 前期铺垫：

暗示与伏笔：

在剧情初期，通过一些细微的线索暗示这个亲密人物与妹妹的死有关。例如，她偶尔表现出对妹妹的嫉妒、对某些事件的过度关心或紧张等。

描述这个亲密人物与妹妹之间的复杂关系，可能有过节、误解或秘密。

人物塑造：

突出这个亲密人物的善良、体贴和不可或缺，让她在主角和观众心中建立深厚的信任感。

同时，偶尔展现她不为人知的一面，如独自一人时候的表情、行为变化等。

2. 转折点构建：

意外发现：

主角在调查过程中，无意中发现了一个只有凶手才知道的秘密（例如，妹妹死前留下的暗示、凶案现场的独特痕迹等）。

这个秘密与亲密人物有着直接或间接的联系，让主角开始产生怀疑。

……

4.2.4 用 DeepSeek 设计高潮部分：引人入胜

在短时间内经历深刻的情感波动，会给观众留下难以磨灭的印象。为了设计出一个引人入胜的高潮，用户可以借助 DeepSeek 这一智能辅助工具。

DeepSeek 能够根据用户的指令生成符合剧情发展的高潮部分，并深度优化人物的情感变化和故事的主题。例如，用户可以指定一个情节背景：“在一场财产争夺大战里，家族里的每个人都在互相较劲，最后被主角‘扮猪吃老虎’赢得了胜利。”同时，还可以明确人物互动的关键点：“家族里的每个人都在互相较劲”。

基于这些输入，DeepSeek 能够生成详细的场景描述，包括家族场景。同时，DeepSeek 还会深入挖掘人物的内心活动，展现角色的性格，主角是如何“扮猪吃老虎”的。这些细腻的描写将使高潮部分更加紧张、戏剧化，相关案例如下。

请设计故事情节中的高潮部分：在一场财产争夺大战里，家族里的每个人都在互相较劲，最后被主角“扮猪吃老虎”赢得了胜利。

故事情节高潮设计：《家族风云》

背景设定：

故事发生在一个豪门家族，老爷子突然离世，留下巨额遗产。家族成员为了争夺遗产，各怀鬼胎，明争暗斗。

主要人物：

主角：陈默，老爷子最小的孙子，表面玩世不恭，实则聪明睿智、深藏不露。

大伯：陈建国，老爷子的长子，野心勃勃，心狠手辣，一心想要独占遗产。

二伯：陈建军，老爷子的次子，贪婪自私，阴险狡诈，与大伯明争暗斗。

姑姑：陈美玲，老爷子的女儿，精明能干，善于算计，暗中操控着家族企业。

高潮部分：

1. 遗嘱公布，众人哗然：

家族律师宣读老爷子遗嘱，出乎所有人意料，老爷子将大部分遗产留给了陈默，只给其他子女留下了少量财产。

大伯、二伯和姑姑震惊不已，纷纷表示质疑，认为遗嘱是伪造的。

2. 陈默“扮猪吃老虎”，揭露真相：

陈默一改往日玩世不恭的形象，冷静地拿出证据，证明遗嘱的真实性。

……

本章小结

本章首先介绍了使用 DeepSeek 进行剧本创作的技巧，包括用 DeepSeek 生成故事情节、定制情节内容、设计人物关系和生成多个情节。接着介绍了使用 DeepSeek 优化情节，提升剧本质量的技巧，包括用 DeepSeek 细化角色、设计节奏、优化转折点和设计高潮部分。通过本章的学习，读者可以用 DeepSeek 进行剧本设计，并增加创意。

课后实训

使用 DeepSeek 构建一个短剧开场的故事情节，描述一个女保姆在菜市场买菜，快切镜头，突显主角雷厉风行的性格特点，相关案例如下。

构建一个短剧开场的故事情节：一个女保姆在菜市场买菜，快切镜头，突显主角雷厉风行的性格特点。

1. 场景设定：

繁忙的菜市场，人声鼎沸，各种摊位琳琅满目，买菜的市民络绎不绝。

2. 角色介绍：

主角——女保姆，中年女性，外表朴素但眼神锐利，动作麻利，展现出雷厉风行的性格特点。

3. 开场情节：

镜头一：菜市场全景

镜头从高空俯瞰菜市场，逐渐聚焦到熙熙攘攘的人群中。

镜头二：女保姆进入菜市场

女保姆手提环保购物袋，快步走入菜市场，目光坚定，直奔目标摊位。

镜头三：快速选菜

女保姆在蔬菜摊前，迅速扫视各种蔬菜，手法娴熟地挑选新鲜食材，动作干净利落。

镜头四：与摊主交流

女保姆与摊主快速交流，询问价格、确认品质，语气果断，不拖泥带水。

镜头五：付款、离开

女保姆迅速掏出钱包，付款后立即转身离开，整个过程不超过一分钟。

镜头六：快切镜头突显性格

镜头快速切换，展现女保姆在菜市场中的各个动作：挑选蔬菜、与摊主交流、付款、离开，每个动作都紧凑而有力，突显其雷厉风行的性格特点。

镜头七：女保姆背影

镜头拉远，展现女保姆提着满满一袋食材，快步走出菜市场的背影，周围的人群仿佛都被她的气场所带动。

图片创作篇

第 5 章 文生图黑科技：即梦 AI 实现脑洞视觉化

即梦 AI 是字节跳动推出的一个强大的人工智能创作工具。即梦 AI 拥有电脑网页版和手机版，两个版本的功能基本一致，便于用户在不同设备上随时进行创作。目前，即梦 AI 的生图模型已升级到 2.1 版本，在保持结构稳定性的同时强化了影视级质量表现。即梦 AI 不仅支持文生图功能，还整合了智能画布、局部重绘、一键扩图和智能抠图等专业功能。本章将为大家介绍如何使用即梦 AI 将文字描述转化为高质量的视觉图像，以适应多元化创作需求。

5.1 以文生图：即梦 AI 创作奇幻世界

即梦 AI 的文生图功能为创意从业者和普通用户提供了高效的创作支持，能快速将文字描述转化为视觉图像，满足多元化创作需求。本节将为大家介绍相关的创作技巧。

5.1.1 即梦 AI 的安装与登录：即刻造梦

即梦 AI 是字节跳动公司抖音旗下的剪映团队推出的一个 AI 图片与视频创作工具，用户只需输入简短的文本描述，即梦 AI 就能快速根据这些描述将创意和想法转化为图像或视频内容。下面介绍安装即梦 AI 手机版以及注册与登录即梦 AI 网页版的操作步骤。

1. 安装即梦 AI 手机版

即梦 AI 基于先进的人工智能技术，帮助用户将创意和想法转化为视觉作品。这种方式极大地简化了视觉内容的制作过程，使用户能够将更多的精力投入创意和故事的构思中。下面介绍安装即梦 AI 手机版的操作步骤。

步骤 01 打开手机“应用商店”App，❶在搜索栏中输入并搜索“即梦”；❷在搜索结果中点击“即梦 AI- 即刻造梦”右侧的“安装”按钮，如图 5-1 所示，下载并安装即梦 AI 手机版。

步骤 02 稍等片刻，等即梦 AI 手机版安装完成后，点击“即梦 AI － 即刻造梦”右侧的“打开”按钮，如图 5-2 所示。

步骤 03 打开即梦 AI 手机版，在弹出的“个人信息保护指引”面板中，点击“同意”按钮，如图 5-3 所示。

图5-1　图5-2　图5-3

除了可以用剪映账号登录即梦，还可以用抖音账号进行登录。登录即梦 AI 手机版需要用户在手机中安装并登录抖音 App，如果用户的手机中没有安装抖音 App，则在登录时需要使用抖音账号绑定的手机号和验证码进行授权。

步骤 04　点击“我”标签，在弹出的界面中点击“剪映账号一键登录”按钮，如图 5-4 所示。

步骤 05　执行操作后，即可使用剪映账号登录即梦 AI 手机版，并进入账号界面，如图 5-5 所示。

步骤 06　点击“想象”按钮，即可切换至“想象”界面，如图 5-6 所示。

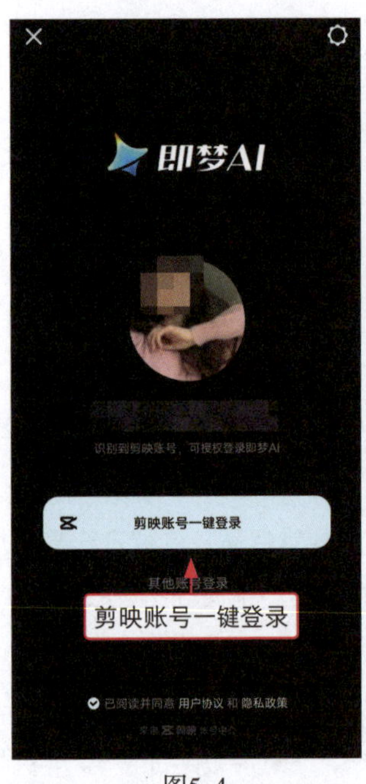

图5-4

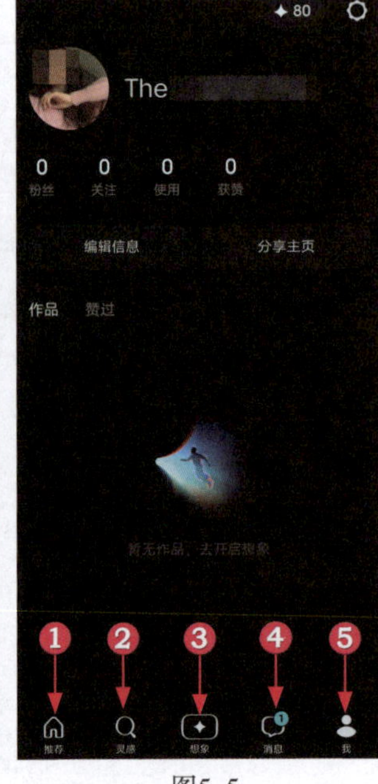

图5-5

图5-6

下面对即梦 AI 手机版中界面的各主要部分进行讲解。

❶ 推荐：点击该按钮，即可查看其他人发布的视频作品。

❷ 灵感：点击该按钮，即可查看其他人发布的图片和视频作品，有“写真”“海报”“萌宠”等类型。

❸ 想象：点击该按钮，进入创作界面，点击“▣”按钮，可以选择“图片生成”“视频生成”“数字人”“动作模仿”“AI 特效”等功能；在文本框中可以输入描述词；点击“+”按钮，可以导入手机中的图片，进行参考。

❹ 消息：点击该按钮，即可查看相应的消息。

❺ 我：点击该按钮，即可进入账号界面，查看账号发布和赞过的作品。

2．注册与登录即梦 AI 网页版

即梦 AI 为用户提供了一个一站式的 AI 创作平台，旨在降低用户的创作门槛，激发无限创意。下面介绍注册与登录即梦 AI 网页版的操作步骤。

步骤 01　在浏览器（如 QQ 浏览器）中搜索“即梦 AI”，单击对应的官网链接，进入其官网，单击页面右上角的“登录”按钮，进入即梦 AI 的登录页面，❶选中相应复选框；❷单击“登录”按钮，如图 5-7 所示。

步骤 02　在“扫码授权”界面中使用抖音 App 的“扫一扫”功能进行扫码登录，如图 5-8 所示，用户还可以使用手机号和验证码进行登录。

步骤 03 登录完成后，即可进入即梦 AI 的“首页”页面，单击“AI 作图”选项区中的“图片生成”按钮，如图 5-9 所示。

步骤 04 即可进入“图片生成”页面，如图 5-10 所示。

下面对“图片生成”页面中的各主要部分进行讲解。

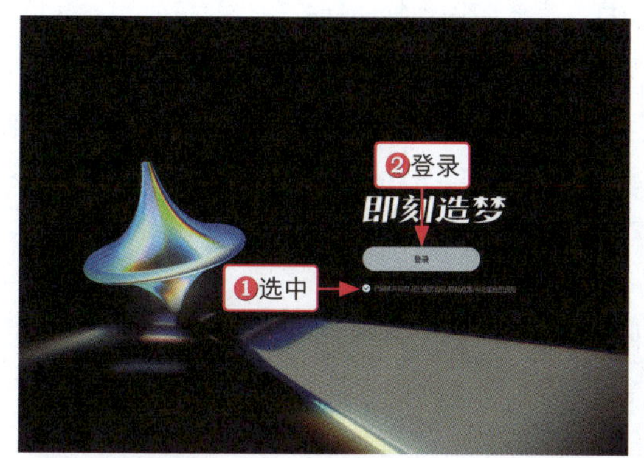

图5-7

图5-8

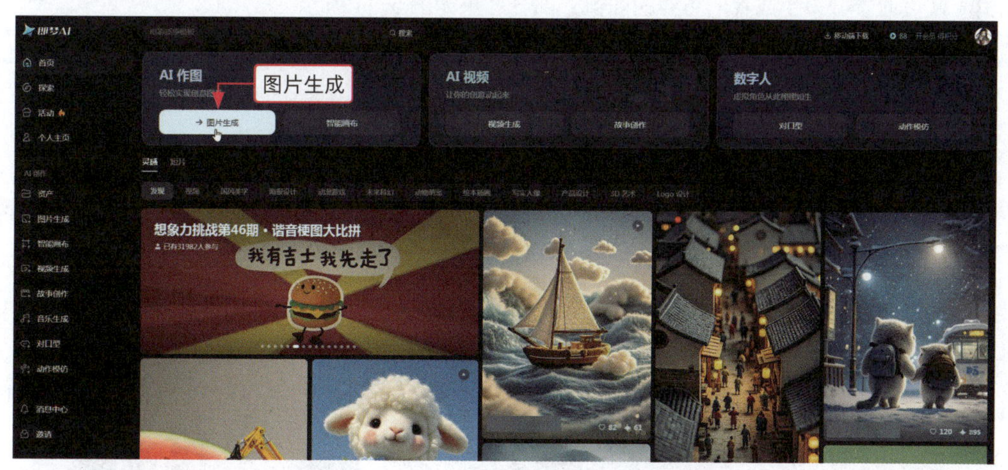

图5-9

图5-10

❶ 输入区：该区域包括文本框和“导入参考图”按钮，用户可以在文本框中输入绘画指令，进行以文生图操作；也可以单击“导入参考图”按钮，上传参考图进行以图生图。

❷ 设置区：在该区域中，用户可以对生图模型、精细度和图片比例进行设置，让生成的图片更满足用户的需求。

❸ 立即生成：单击该按钮，即可让 AI 根据输入的内容和设置的参数进行绘画。将鼠标移至“立即生成”按钮上方的“积分消耗明细”上，会弹出相应面板，显示不同功能消耗的积分情况。

❹ 效果展示：在该区域中，会显示用户生成的所有 AI 绘画作品，包括图片、视频和音乐作品。在“图片生成”页面中，用户每次单击“立即生成”按钮，即梦 AI 会同时生成 4 张图片，用户可以单击任意图片将其放大查看；也可以将鼠标移至对应的图片上，在下方显示的工具栏中单击对应的按钮，对生成的图片进行编辑和优化。

5.1.2 输入描述词生成图像：轻松创作图像

文生图是即梦“AI 作图”功能中的一种绘图模式，它可以通过选择不同的模型、填写描述词（也称为提示词）和设置参数来生成我们想要的图像，部分效果如图 5-11 所示。

图5-11

下面介绍在即梦 AI 手机版中输入描述词生成图像的操作步骤。

步骤 01 打开即梦 AI 手机版，❶点击“想象”按钮，进入相应的界面；❷点击文本框，如图 5-12 所示。

步骤 02 ❶输入相应的描述词；❷设置“选择模型”为“图片 2.1”；❸设置“选择比例”为“1：1”；❹点击“生成”按钮，如图 5-13 所示。

步骤 03 即可生成 4 张图片，选择相应的图片，如图 5-14 所示。

图5-12

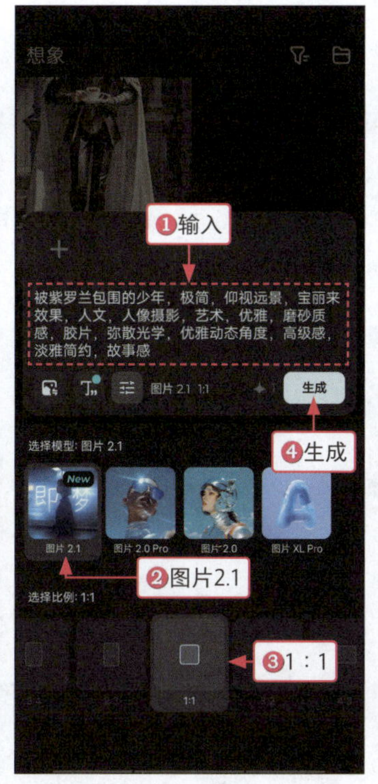

图5-13

图5-14

步骤 04 进入相应的界面，点击“超清”按钮，如图 5-15 所示，提升照片画质，选择超清处理后的图片。

步骤 05 点击“[下载图标]”按钮，在弹出的面板中点击“保存到本地”按钮，保存图片，如图 5-16 所示。

图5-15

图5-16

5.1.3 设置 AI 出图精细度：控制图片质量

在“图片生成”功能中，精细度是一个关键的生成参数，它直接影响输出图像的清晰度和细节表现。通过增加精细度数值，即梦 AI 可以生成细节更丰富、更清晰的图像，从而获得更逼真和细致的视觉效果。但这种高质量图片的生成过程需要更多的计算资源和时间。图 5-17 所示为使用高精细度参数生成的部分图像效果。

图5-17

下面介绍在即梦 AI 网页版中设置精细度的操作步骤。

步骤 01 在即梦 AI 网页版的“首页”页面中，单击“AI 作图”选项区中的“图片生成”按钮，如图 5-18 所示。

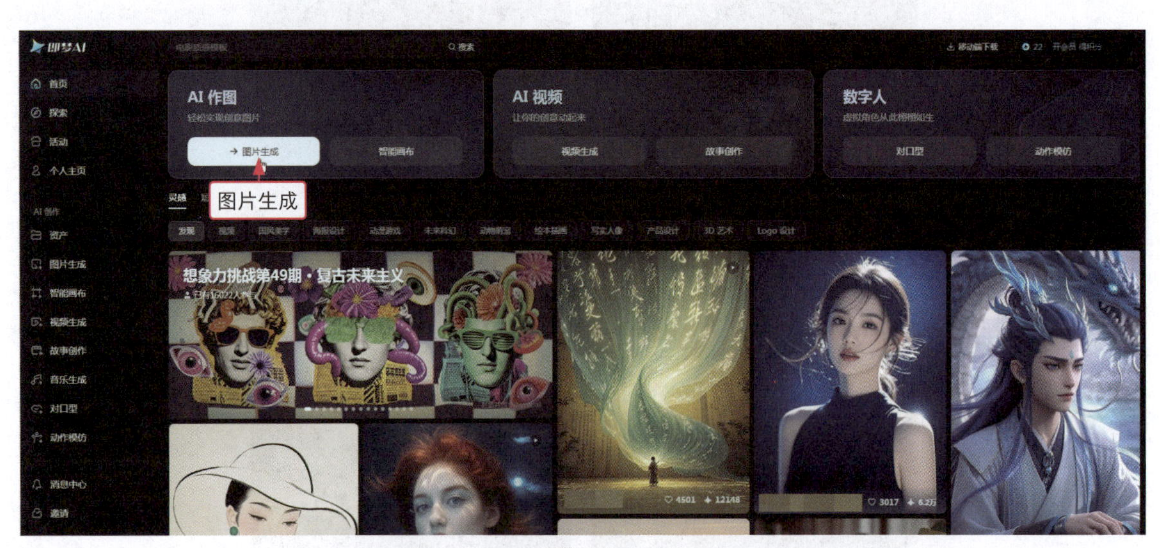

图5-18

步骤 02 ❶输入相应的描述词；❷设置“生图模型”为“图片 2.1”；❸设置“精细度”参数为“10”；❹设置“图片比例”为“2：3”；❺单击“立即生成”按钮，稍等片刻，即可生成 4 张图片，如图 5-19 所示。

图5-19

5.1.4 再次生成新的图像：探索更多可能性

即梦 AI 提供了对用户友好的操作选项，允许用户对生成的图像效果进行多次尝试和调整。若用户对 AI 初始生成的图像效果不满意，可以单击“再次生成”按钮，以重新创建另一组图像效果，部分效果如图 5-20 所示。

图5-20

下面介绍在即梦 AI 网页版中再次生成新的图像的操作步骤。

步骤 01 进入即梦 AI 的“图片生成”页面，❶输入相应的描述词；❷设置“生图模型”为“图片 2.1”；❸设置“精细度”参数为“10”；❹设置“图片比例”为“9：16”；❺单击“立即生成”按钮，即可生成 4 张图片；❻单击图片下方的再次生成按钮“⇄”，如图 5-21 所示。

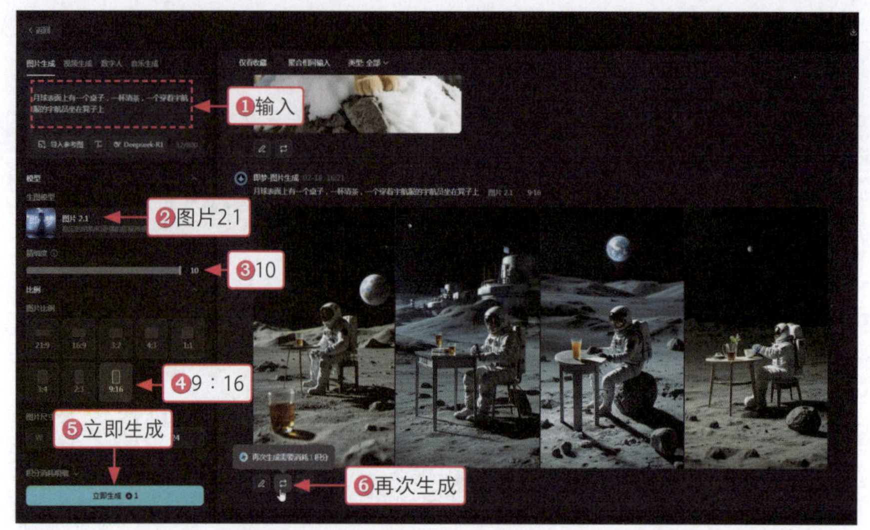

图5-21

步骤 02 执行操作后，即可重新生成一组图像，如图 5-22 所示。

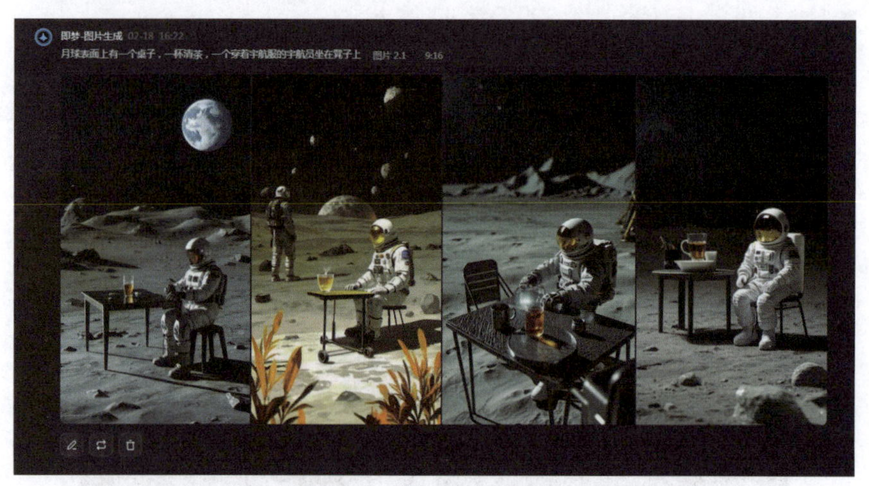

图5-22

5.1.5 一键生成同款图像：快速复制效果

即梦 AI 平台的首页不仅是一个展示区，更是一个互动和灵感激发的空间，这里汇集了其他用户创作的多样化艺术作品，每件作品都详细列出了创作时所用的描述词和生成参数，为其他用户提供了透明度和可学习性。当用户发现自己喜爱的作品时，只需单击“做同款”按钮，便能迅速制作出风格相似的图像，部分效果如图 5-23 所示。

图5-23

下面介绍在即梦 AI 网页版中一键生成同款图像的操作步骤。

步骤 01 进入即梦 AI 的“首页”页面，❶在“灵感”选项卡中切换至“写实人像”选项卡；❷在相应的 AI 绘画作品中单击“做同款”按钮，如图 5-24 所示。

图5-24

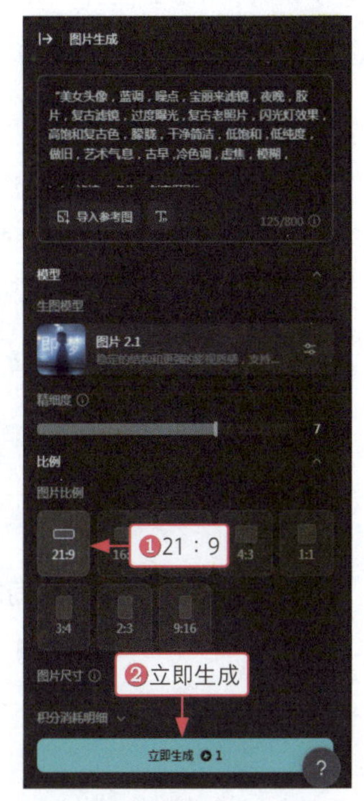

图5-25

步骤 02 执行操作后，页面右侧会弹出“图片生成”面板，❶设置“图片比例”为“21：9”；❷单击“立即生成”按钮，如图 5-25 所示。

步骤 03 稍等片刻，即可生成 4 张图片，如图 5-26 所示。

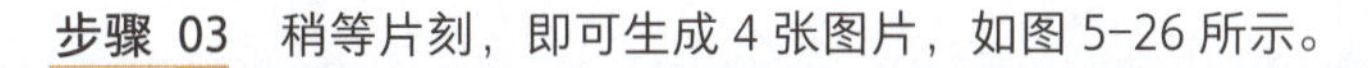

图5-26

5.2 描述词技巧：精准描绘，激发 AI 创意

在使用即梦 AI 的文生图功能时，描述词是激发创造力和引导艺术创作的关键。编写有效的描述词需要技巧和策略，这不仅关乎语言的选择，还涉及如何与 AI 算法进行有效沟通。

本节将探讨 AI 绘画描述词的编写技巧，揭示如何通过简洁而精确的语言，引导 AI 创作出符合我们想象中的画作。

5.2.1 使用 DeepSeek 生成描述词：激发灵感

在进行创作的时候，使用 DeepSeek 可以帮助用户优化和丰富描述词，使得即梦 AI 能够更好地理解用户的意图，从而生成更高质量和更符合预期的图像，相关案例如下。

我要用 AI 工具创作一张摄影照片，主体是猫，背景是街道，请帮我组织一下描述词，可以适当加一些内容。

描述词模板：

主体：

一只可爱的猫，毛发细腻，眼神灵动，姿态自然（可以是坐姿、行走或回头张望），品种可选（如橘猫、英短、布偶等），表情生动（好奇、慵懒、警觉等）。

……

示例描述词：

“一只橘猫坐在街道中央，毛发细腻，眼神好奇，背景是充满生活气息的老式街道，两旁有复古商店招牌和路灯，黄昏时分的暖色调光线洒在猫身上，背景虚化但保留细节，写实风格，高清晰度，光影自然，画面温馨宁静。”

DeepSeek 在生成描述词的时候，除了根据要求生成相应的主体和背景内容，还添加了风格、光线、色彩、构图和附加氛围等内容。如果用户不知道如何修改描述词，就可以使用 DeepSeek 优化和丰富描述词。

5.2.2 主体描述：明确主体和导出超清图片

画面主体是构成图像的重要组成部分，是引导观众视线和表现画面主题的关键元素。主体可以是人物、风景、物体等任何具有视觉吸引力的事物，同时需要在构图中得到突出，与背景形成明显的对比，使其更加凸显。例如，本案例中的画面主体就是金毛小狗，它可爱、乖巧的样子可以立即吸引观众的目光，部分效果如图 5-27 所示。

图5-27

下面介绍在即梦 AI 网页版中明确主体和导出超清图片的操作步骤。

步骤 01 进入即梦 AI 的“图片生成”页面，❶输入相应的描述词；❷设置“图片比例”为“16：9”；❸单击“立即生成”按钮，稍等片刻，即可生成 4 张小狗图片；❹单击所选图片下方的超清按钮“HD”，如图 5-28 所示。

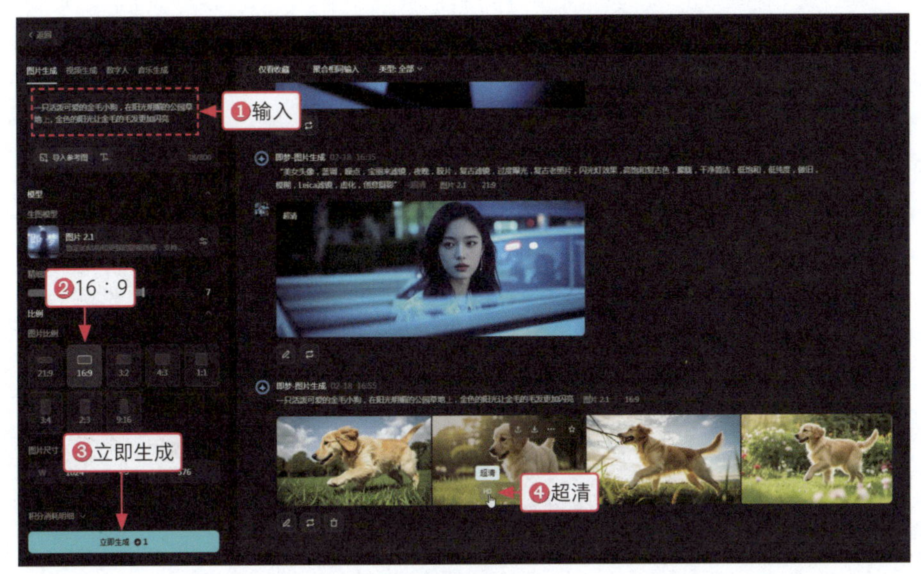

图5-28

步骤 02　提升照片画质，选择超清处理后的图片，如图 5-29 所示。

步骤 03　进入相应的页面，单击“去画布进行编辑”按钮，如图 5-30 所示。

图5-29

图5-30

步骤 04　进入相应的页面，❶单击“导出”按钮；❷在弹出的“导出设置”面板中单击“下载”按钮，如图 5-31 所示，导出无水印超清图片。

图5-31

5.2.3 画面场景：构建场景和修复图片细节

在 AI 绘画中，精心构建的描述词对于生成高质量图像至关重要。其中，画面场景是描述词的核心组成部分，它不仅包括了环境的总体氛围，还涵盖了点缀元素和其他细节的描述。在生成图片之后，还可以修复图片的细节。例如，本案例中的画面场景为城市夜景，展现了现代都市的繁华，部分效果如图 5-32 所示。

图5-32

下面介绍在即梦 AI 网页版中构建场景和修复图片细节的操作步骤。

步骤 01 进入“图片生成”页面，❶输入相应的描述词；❷单击“立即生成”按钮，稍等片刻，即可生成 4 张图片；❸单击所选图片下方的细节修复按钮“ ”，如图 5-33 所示。

图5-33

步骤 02 执行操作后，即可对图片的细节进行修复，如图 5-34 所示。

图5-34

5.2.4 艺术风格：选择风格和消除图片瑕疵

在即梦 AI 中生成图像时，使用某些描述词可以帮助用户指导 AI 生成具有特定艺术风格的图像，满足用户对图像艺术性的要求。在生成图片后，还可以消除瑕疵。例如，下图是一幅极简主义风格的国画，其留白艺术体现了中式意境之美，部分效果如图 5-35 所示。

图5-35

下面介绍在即梦 AI 网页版中选择风格和消除图片瑕疵的操作步骤。

步骤 01 进入“图片生成”页面，❶输入相应的描述词；❷单击“立即生成”按钮，稍等片刻，即可生成 4 张国风图片；❸单击所选图片下方的消除笔按钮“🖉”，如图 5-36 所示。

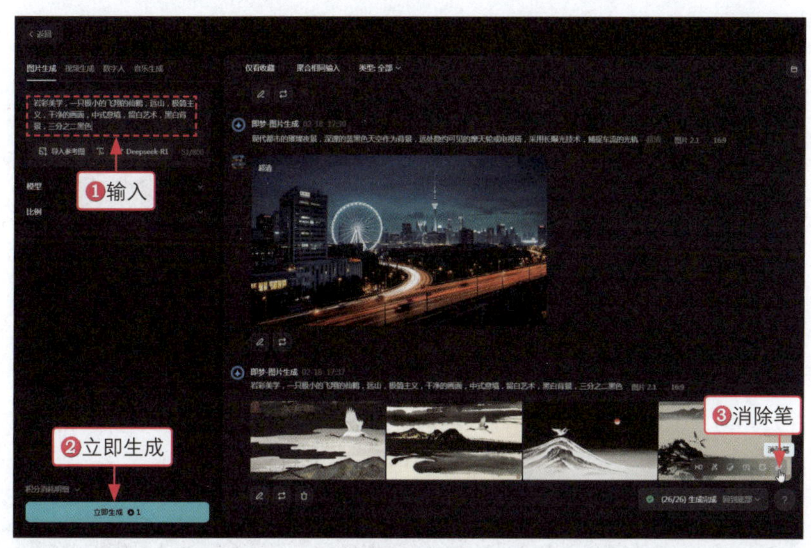

图5-36

步骤 02 设置画笔大小参数为 8，如图 5-37 所示。

步骤 03 ❶涂抹画面中的瑕疵；❷单击“立即生成”按钮，如图 5-38 所示。

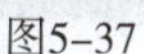

图5-37

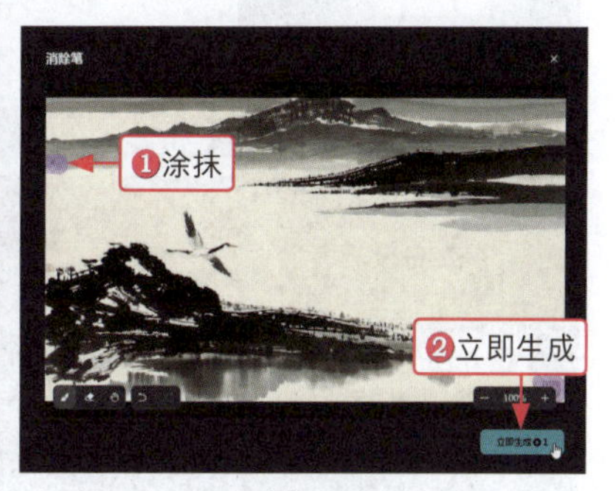

图5-38

步骤 04 稍等片刻，即可消除画面中的瑕疵，如图 5-39 所示。

图5-39

5.2.5 构图方式：控制构图和进行扩图处理

在 AI 绘画中，构图描述词是用来指导 AI 生成图像时遵循特定的视觉布局和结构的词汇或短语。例如，对称构图是指将主体对象被平分成两个或多个相等的部分，在画面中形成左右对称、上下对称或者对角线对称等不同形式，从而产生一种平衡和富有美感的画面效果。在即梦 AI 网页版中，还可以进行扩图处理，效果对比如图 5-40 所示。

图5-40

下面介绍在即梦 AI 网页版中控制构图和进行扩图处理的操作步骤。

步骤 01 进入“图片生成”页面，❶输入相应的描述词；❷单击“立即生成”按钮，稍等片刻，即可生成 4 张风景图片；❸单击所选图片下方的扩图按钮“[icon]”，如图 5-41 所示。

图5-41

步骤 02 ❶在文本框中输入“增加一些云彩”；❷单击“立即生成”按钮，如图 5-42 所示。

步骤 03 稍等片刻，即可生成 4 张经过扩图处理后的图片，用户可以根据需求选择合适的图片进行保存，如图 5-43 所示。

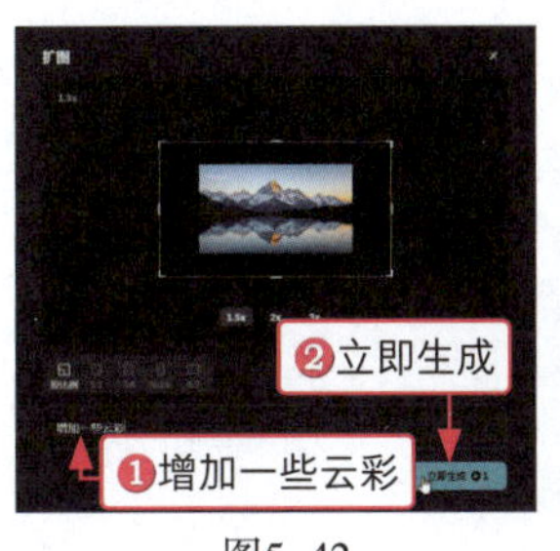

图5-42

图5-43

本章小结

本章首先介绍了文生图功能的创作技巧，包括即梦 AI 的安装与登录、输入描述词生成图像、设置 AI 出图精细度、再次生成新的图像与一键生成同款图像。接着介绍了描述词技巧，使用 DeepSeek 生成描述词、明确主体和导出超清图片、构建场景和修复图片细节、选择风格和消除图片瑕疵、控制构图和进行扩图处理。通过本章的学习，读者可以对即梦 AI 的文生图功能有一个深入地了解，掌握以文生图的创作技巧。

课后实训

在使用 AI 模型生成图像时，品质参数描述词可以帮助用户指导 AI 模型生成更高质量的图像，满足用户对图像质量的要求。以下是品质参数描述词的一些作用。

❶ 指定分辨率：如“4K 分辨率”“8K 分辨率”等描述词，可以引导 AI 生成高清晰度和细节丰富的图像效果。注意，AI 只是模拟类似的品质效果，实际分辨率通常是达不到的。

❷ 强调清晰度：如“高清”“超清”等描述词，可以指导 AI 生成图像时保持高清晰度，减少模糊或噪点。

❸ 优质色彩表现：如“鲜艳色彩”“色彩准确”等描述词，可增强色彩的鲜明度或真实感。

❹ 提升细节丰富度：如“细节丰富”“精致细节”等描述词，可以帮助 AI 在生成图像时保留或增强视觉细节。

❺ 保持风格一致性：如“统一风格”“风格一致”等描述词，可以确保图像整体风格协调，减少图像中元素的突兀感。

❻ 强化视觉效果：如“视觉冲击力”“吸引眼球”等描述词，可以引导 AI 生成更具戏剧性或艺术张力的构图。

❼ 技术标准参考：如“获奖作品风格”“专业摄影级”等描述词，能促使 AI 更贴近行业认可的审美或技术标准。

品质参数描述词在 AI 绘画中的作用是帮助用户传达他们对最终图像质量的具体要求，从而引导 AI 生成的图像在视觉上满足高标准，技术上达到专业水平，并符合用户的特定需求。通过品质参数描述词，用户可以更精确地控制 AI 绘画的结果，实现个性化和高质量的艺术创作，部分效果如图 5-44 所示。

图5-44

下面介绍在即梦 AI 网页版中设置品质参数的操作步骤。

进入即梦 AI 的“图片生成”页面，❶输入相应的品质参数描述词；❷设置“图片比例”为“9：16”；❸单击“立即生成”按钮，稍等片刻，即可生成 4 张人像图片，如图 5-45 所示。

图5-45

目前，即梦 AI 最新版本新增了 DeepSeek-R1“满血版”接入、AI 数字人生成和 AI 音乐生成功能。使用 DeepSeek-R1 功能，用户可以直接在即梦 AI 中与 DeepSeek 进行对话，让它帮忙生成相应的提示词。

第 6 章　图生图魔法：即梦 AI 让创意无限裂变

即梦 AI 的图生图功能支持用户上传参考图片并输入文字描述，生成新的图像。这一功能集成了局部重绘、一键扩图、图像消除和智能抠图等多种操作，能够在同一画布上实现多元素的无缝拼接，确保创作风格的统一和谐。即梦 AI 在特定风格的图片生成方面表现突出，如卡通、油画等风格效果显著。本章将为大家介绍如何使用即梦 AI 实现以图生图，以提供更加逼真、多样化的图像生成效果。

6.1 以图生图：即梦 AI 二次创作

即梦 AI 的图生图功能允许用户上传一张图片，并通过添加文字描述生成修改后的新图片。在使用即梦 AI 的图生图功能时，用户可以设置一定的参考要素，包括主体内容、人物长相、边缘轮廓、景深、人物姿势等，从而引导 AI 生成更符合预期的效果。

6.1.1 参考主体内容以图生图：更换场景

在艺术创作的世界里，灵感往往来源于已有的图像或概念。即梦 AI 的图生图功能正是基于这一创作理念，它允许用户以一个参考主体为基础，通过 AI 的想象力和创造力，衍生出全新的艺术作品，效果对比如图 6-1 所示。

图6-1

下面介绍在即梦 AI 网页版中参考主体内容以图生图的操作步骤。

步骤 01 在即梦 AI 网页版的“首页”页面中，单击“AI 作图”选项区中的“图片生成”按钮，如图 6-2 所示。

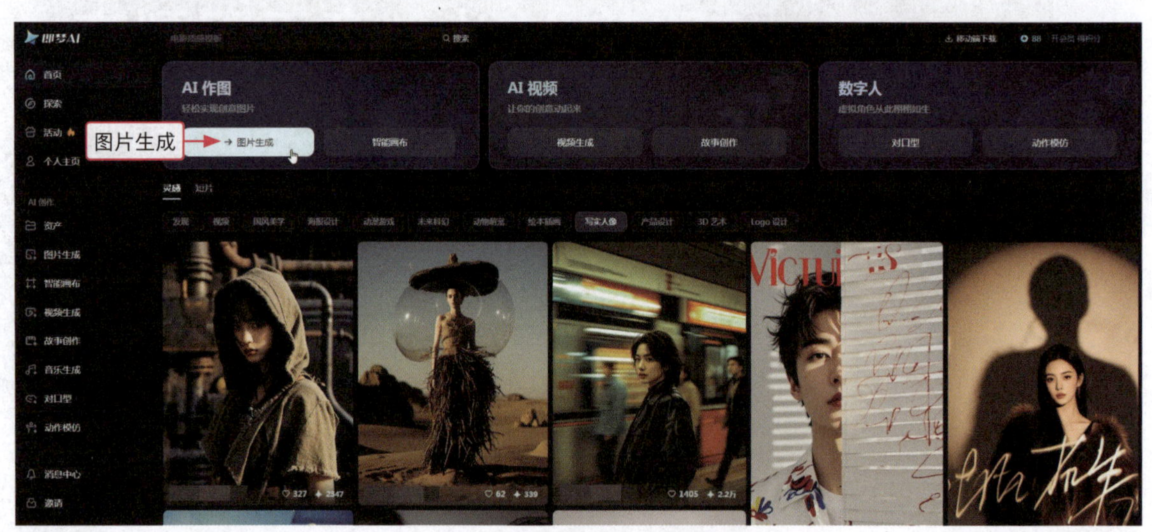

图6-2

步骤 02 进入即梦 AI 的“图片生成”页面，单击“导入参考图”按钮，如图 6-3 所示。

步骤 03 弹出“打开”对话框，❶在相应的文件夹中选择图片素材；❷单击“打开”按钮，如图 6-4 所示。

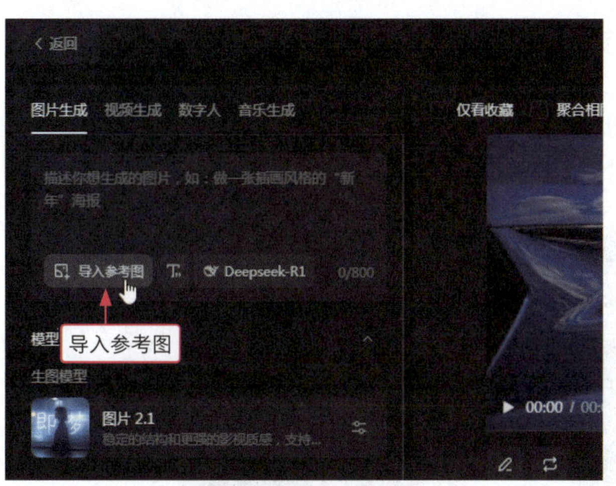

图6–3

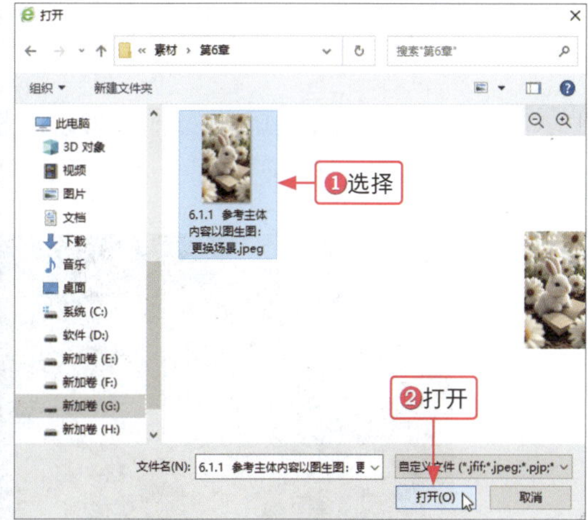

图6–4

步骤 04 弹出“参考图”面板，❶选中“主体”单选按钮；❷单击“保存”按钮，如图 6–5 所示。

步骤 05 导入参考图之后，输入相应的描述词，如图 6–6 所示。

图6–5

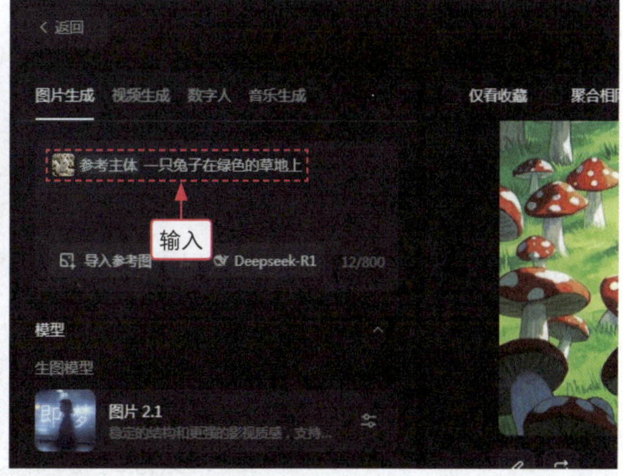

图6–6

步骤 06 ❶设置“图片比例”为“9：16”；❷单击“立即生成”按钮，如图 6–7 所示。

步骤 07 执行操作后，即可生成相应的图像，画面中的主体不变，但背景会根据描述词进行变化，如图 6–8 所示。

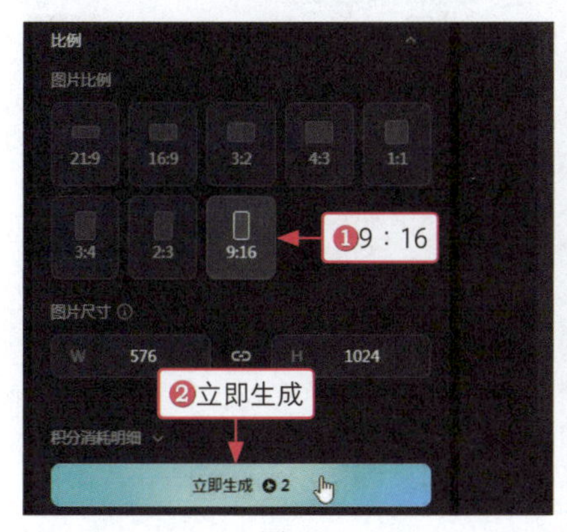

图6–7

图6–8

6.1.2 参考人物长相以图生图：换装游戏

借助即梦 AI 的图生图功能，我们能够以人物长相作为参考对象，根据人物的面部特征生成具有个性化和艺术性的视觉作品，效果对比如图 6-9 所示。

图6-9

下面介绍在即梦 AI 网页版中参考人物长相以图生图的操作步骤。

步骤 01 进入即梦 AI 的“图片生成”页面，单击“导入参考图”按钮，如图 6-10 所示。

步骤 02 弹出“打开”对话框，❶在相应的文件夹中选择图片素材；❷单击“打开”按钮，如图 6-11 所示。

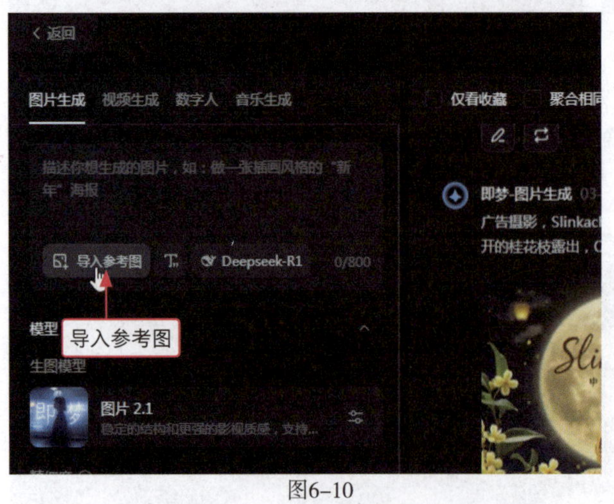

图6-10

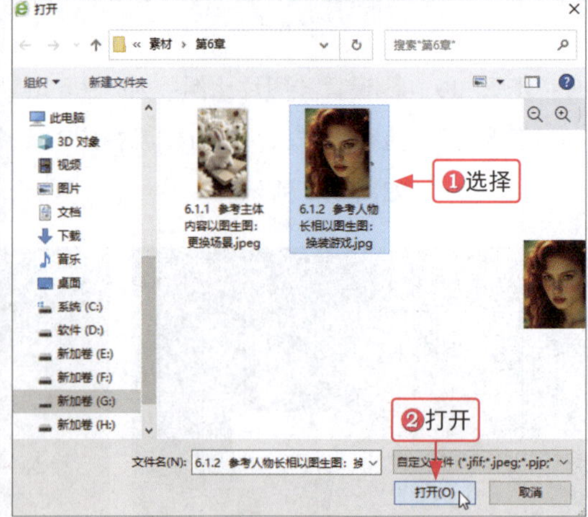

图6-11

步骤 03 弹出“参考图”面板，❶选中“人物长相”单选按钮；❷单击“保存”按钮，如图 6-12 所示。

步骤 04 导入参考图之后，输入相应的描述词，如图 6-13 所示。

图6-12

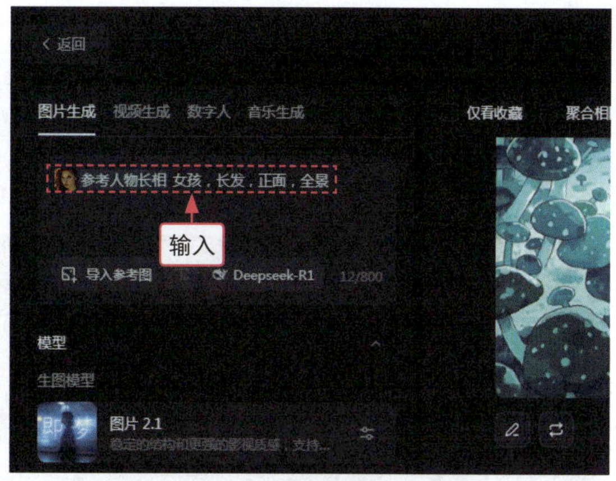

图6-13

步骤 05 ❶设置“图片比例”为“3：4”；❷单击“立即生成”按钮，即梦 AI 会根据参考图中的人物面部特征生成相应的图像，如图 6-14 所示。

图6-14

6.1.3 参考图片风格以图生图：统一类型

在即梦 AI 中，可以根据一张参考图片的风格或特征，生成一张具有相似风格或特征的新图片，效果对比如图 6-15 所示。

图6-15

下面介绍在即梦 AI 网页版中参考图片风格以图生图的操作步骤。

步骤 01 进入即梦 AI 的“图片生成”页面，单击“导入参考图”按钮，如图 6-16 所示。

步骤 02 弹出“打开”对话框，❶在相应的文件夹中选择图片素材；❷单击“打开”按钮，如图 6-17 所示。

图6-16

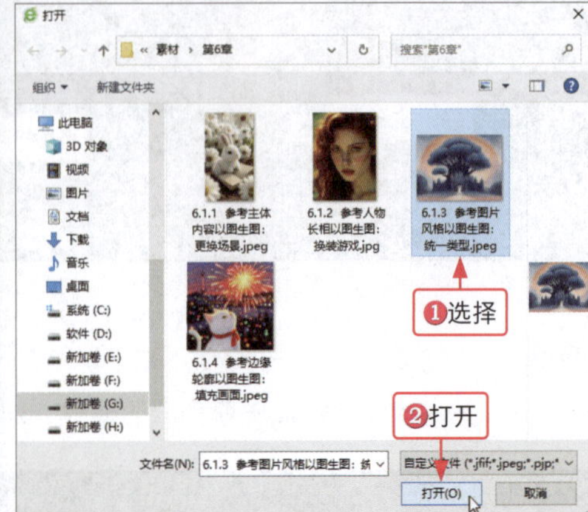

图6-17

步骤 03 弹出“参考图”面板，❶选中“风格”单选按钮；❷单击“保存”按钮，如图 6-18 所示。

步骤 04 导入参考图之后，输入相应的描述词，如图 6-19 所示。

图6-18

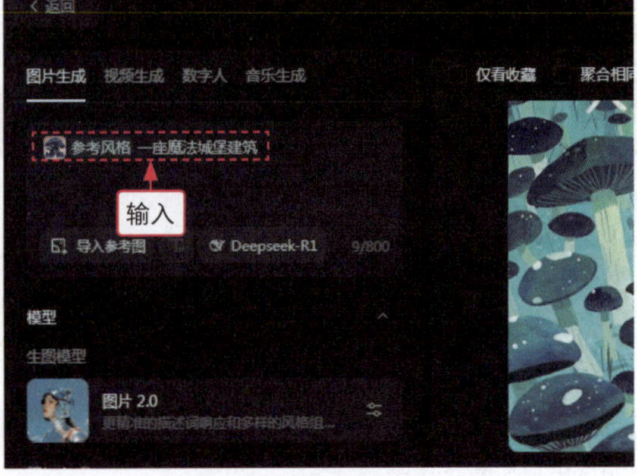

图6-19

步骤 05 ❶设置“图片比例”为“4：3”；❷单击“立即生成”按钮，即梦 AI 会根据参考图中的图片风格生成相应的图像，如图 6-20 所示。

图6-20

6.1.4　参考边缘轮廓以图生图：填充画面

借助即梦 AI 的图生图功能，用户可以指定图像中特定对象的边缘轮廓作为参考对象，然后 AI 会根据这些轮廓生成新的图像，效果对比如图 6-21 所示。

图6-21

下面介绍在即梦 AI 网页版中参考边缘轮廓以图生图的操作步骤。

步骤 01　进入即梦 AI 的“图片生成”页面，单击“导入参考图”按钮，弹出“打开”对话框，❶在相应的文件夹中选择图片素材；❷单击“打开”按钮，如图 6-22 所示。

步骤 02　弹出“参考图”面板，❶选中“边缘轮廓”单选按钮；❷设置“参考强度”参数为“77”；❸单击“保存”按钮，如图 6-23 所示。

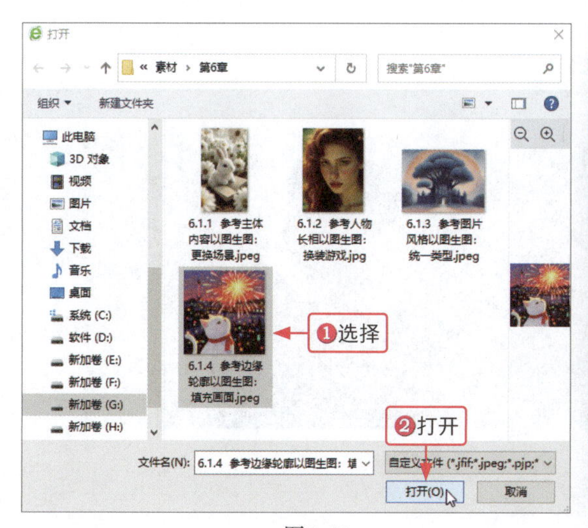

图6-22

图6-23

步骤 03　导入参考图之后，输入相应的描述词，如图 6-24 所示。

步骤 04　❶设置“图片比例”为“1∶1”；❷单击“立即生成”按钮，如图 6-25 所示。

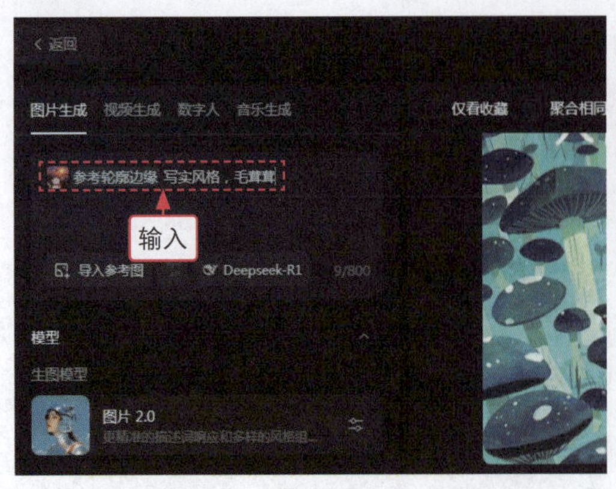

图6-24

图6-25

步骤 05 即梦 AI 会根据参考图中的边缘轮廓特征生成相应的图像，如图 6-26 所示。

图6-26

6.1.5 参考人物姿势以图生图：固定美姿

借助即梦 AI 的图生图功能，用户可以参考人物姿势，更好地控制人物的肢体动作和表情特征，效果对比如图 6-27 所示。

图6-27

下面介绍在即梦 AI 网页版中参考人物姿势以图生图的操作步骤。

步骤 01 进入即梦 AI 的“图片生成”页面，单击“导入参考图”按钮，如图 6-28 所示。

步骤 02 弹出“打开”对话框，❶在相应的文件夹中选择图片素材；❷单击“打开”按钮，如图 6-29 所示。

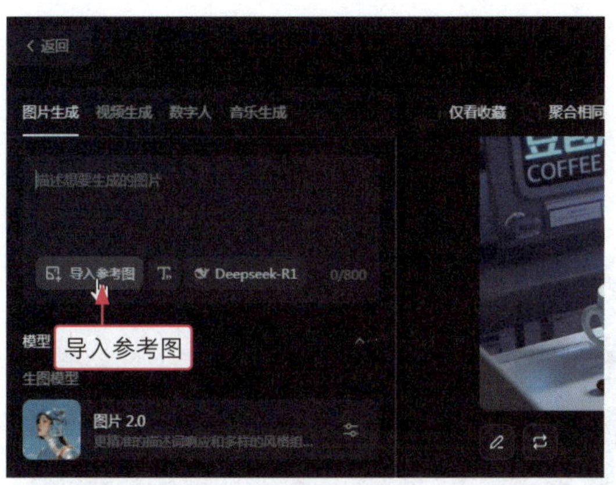

图6–28

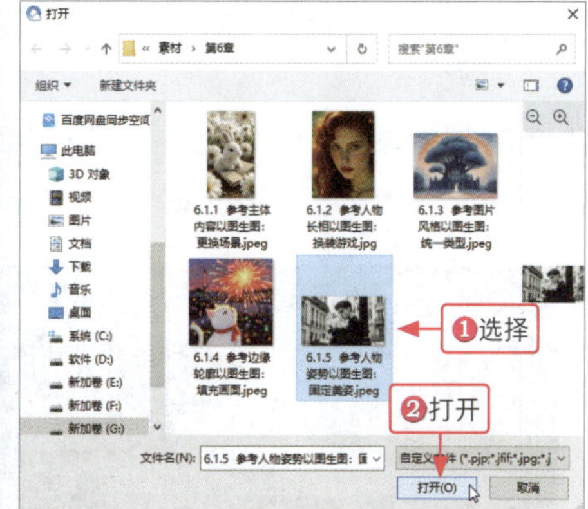

图6–29

步骤 03 弹出“参考图”面板，❶选中“人物姿势”单选按钮；❷单击“保存”按钮，如图 6–30 所示。

步骤 04 导入参考图之后，输入相应的描述词，如图 6–31 所示。

图6–30

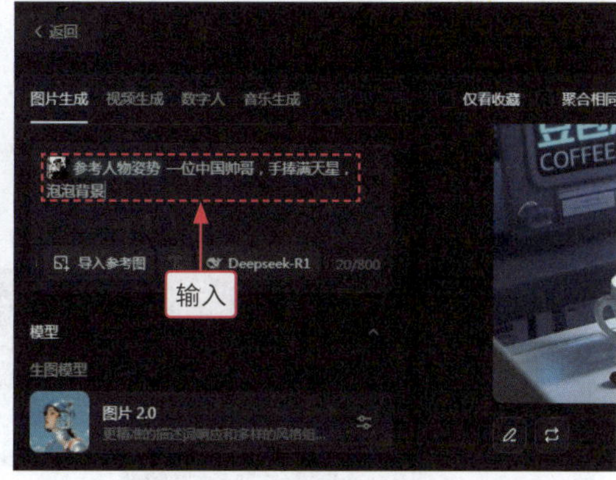

图6–31

步骤 05 ❶设置“图片比例”为“16：9”；❷单击“立即生成”按钮，即梦 AI 会根据参考图中的人物姿势生成相应的图像，如图 6–32 所示。

图6–32

6.2 效果控制：打造精美图片作品

在即梦 AI 的图生图创作过程中，用户不仅可以上传一张参考图像来奠定作品的基本框架，还能够通过一系列高级功能来精细控制生成的图像效果。本节将为大家介绍相应的技巧。

6.2.1 修改图生图参考项：调整参数

如果使用图生图功能生成的图像未完全达到预期效果，用户可以修改图生图参考项，AI 将根据新的参考内容重新生成图像，效果对比如图 6-33 所示。

图6-33

下面介绍在即梦 AI 网页版中修改图生图参考项的操作步骤。

步骤 01 进入即梦 AI 的"图片生成"页面，单击"导入参考图"按钮，如图 6-34 所示。

步骤 02 弹出"打开"对话框，❶在相应的文件夹中选择图片素材；❷单击"打开"按钮，如图 6-35 所示。

图6-34

图6-35

步骤 03 弹出"参考图"面板，❶选中"智能参考"单选按钮；❷单击"保存"按钮，如图 6-36 所示。

步骤 04 导入参考图之后，输入相应的描述词，如图 6-37 所示。

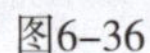

图6-36

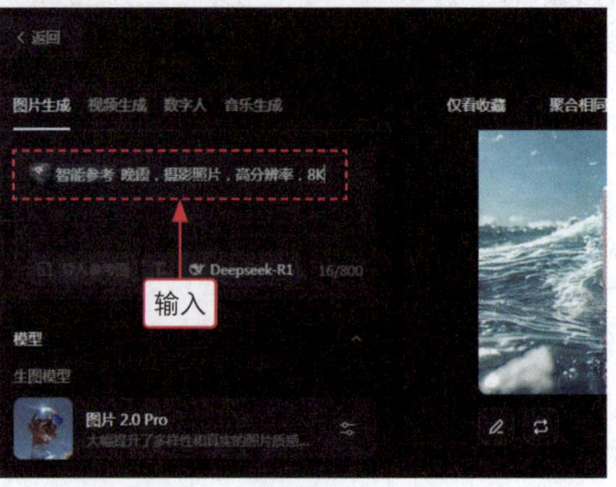

图6-37

步骤 05　单击“立即生成”按钮，即梦 AI 会根据参考图生成相应的图像，如图 6-38 所示。

图6-38

步骤 06　将鼠标指针移至描述词输入框中的“智能参考”选项上，在弹出的面板中单击“设置参考项”按钮，如图 6-39 所示。

步骤 07　弹出“参考图”面板，❶单击“参考强度”按钮；❷设置“参考强度”参数为“18”，降低参考图对 AI 生图结果的影响；❸单击“保存”按钮，如图 6-40 所示。

步骤 08　单击“立即生成”按钮，即梦 AI 会根据参考图生成相应的图像，如图 6-41 所示。

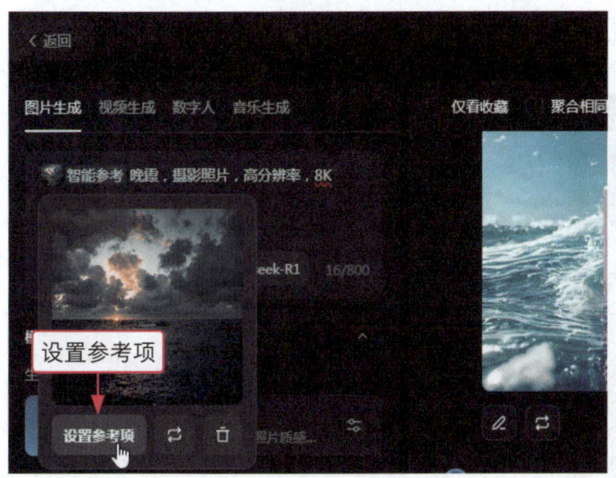

图6-39

图6-40

图6-41

6.2.2　设置生图比例：调整比例

在“参考图”对话框中，默认使用的是 1∶1 的方图比例，在生成图片的时候，用户可以更改图片的比例，效果对比如图 6-42 所示。

图6-42

下面介绍在即梦 AI 网页版中设置生图比例的操作步骤。

步骤 01 进入即梦 AI 的“图片生成”页面，单击“导入参考图”按钮，如图 6-43 所示。

步骤 02 弹出“打开”对话框，❶在相应的文件夹中选择图片素材；❷单击“打开”按钮，如图 6-44 所示。

图6-43

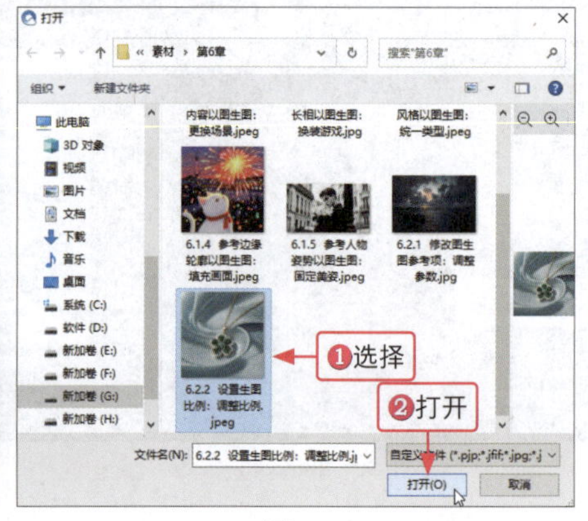

图6-44

步骤 03 弹出“参考图”面板，❶选中“主体”单选按钮；❷设置“生图比例”为“9：16”；❸单击“保存”按钮，如图 6-45 所示。

步骤 04 导入参考图之后，输入相应的描述词，如图 6-46 所示。

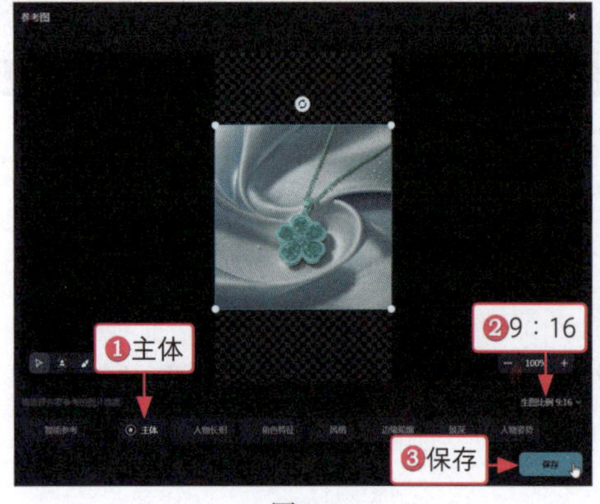

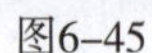
图6-45

图6-46

步骤 05 单击“立即生成”按钮，即梦 AI 会根据参考图和比例参数生成相应的图像，如图 6–47 所示。

图6–47

6.2.3 局部重绘画面：优化细节

局部重绘功能使用户能够根据需要修改图像的局部细节，而无需重新生成整个图像。这一功能特别适用于对图像进行微调或修复，以达到更理想的视觉效果，效果对比如图 6–48 所示。

图6–48

下面介绍在即梦 AI 网页版中局部重绘画面的操作步骤。

步骤 01 进入即梦 AI 的“图片生成”页面，单击“导入参考图”按钮，如图 6–49 所示。

步骤 02 弹出“打开”对话框，❶在相应的文件夹中选择图片素材；❷单击“打开”按钮，如图 6–50 所示。

图6–49

图6–50

步骤 03 弹出“参考图”面板，❶选中“风格”单选按钮；❷单击“保存”按钮，如图 6-51 所示。

步骤 04 导入参考图之后，输入相应的描述词，如图 6-52 所示。

图6-51

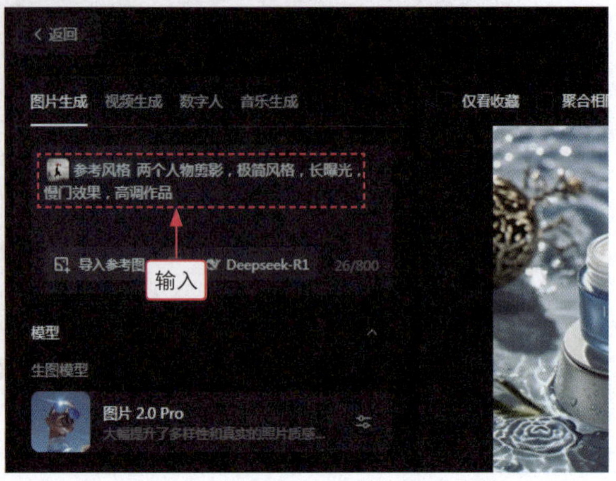

图6-52

步骤 05 ❶设置“图片比例”为“16：9”；❷单击“立即生成”按钮，即梦 AI 会根据参考图生成相应的图像；❸单击所选图片下方的局部重绘按钮“ ”，如图 6-53 所示。

步骤 06 弹出“局部重绘”面板，❶涂抹画面中需要重绘的部分；❷在输入框中输入“帽子变成红色”；❸单击“立即生成”按钮，如图 6-54 所示。

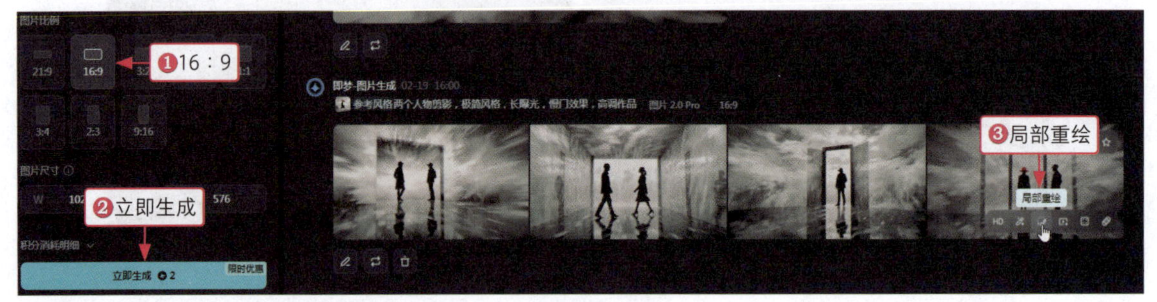

图6-53

步骤 07 即梦 AI 会生成相应的一组图像，如图 6-55 所示。

图6-54

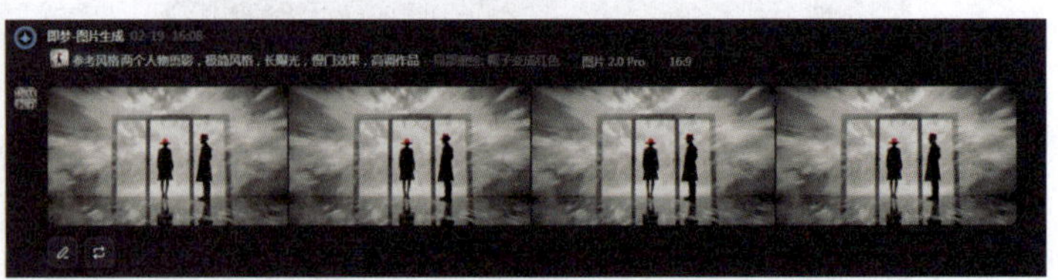

图6-55

本章小结

本章首先介绍了以图生图，包括参考主体内容以图生图、参考人物长相以图生图、参考图片风格以图生图、参考边缘轮廓以图生图、参考人物姿势以图生图。接着介绍了效果控制技巧，包括修改图生图参考项、设置生图比例和局部重绘画面。通过本章的学习，读者可以对即梦 AI 的图生图功能有一个深入地了解，掌握以图生图的操作技巧。

课后实训

景深是指被摄物体前后的清晰范围，能够营造出一种深度感，使图像具有三维空间的效果。借助图生图功能，用户可以利用景深关系来生成新的图像，效果对比如图 6-56 所示。

图6-56

下面介绍在即梦 AI 网页版中利用景深关系来生成新的图像的操作步骤。

步骤 01 进入即梦 AI 的“图片生成”页面，单击“导入参考图”按钮，如图 6-57 所示。

步骤 02 弹出“打开”对话框，❶在相应的文件夹中选择图片素材；❷单击“打开”按钮，如图 6-58 所示。

图6-57

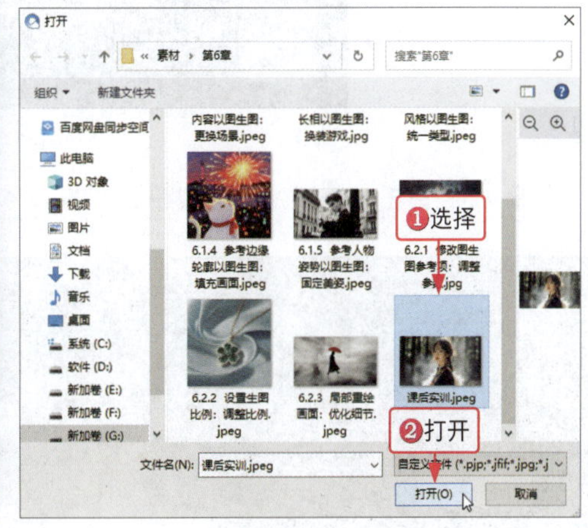

图6-58

步骤 03 弹出“参考图”面板，❶选中“景深”单选按钮；❷单击“保存”按钮，如图 6-59 所示。

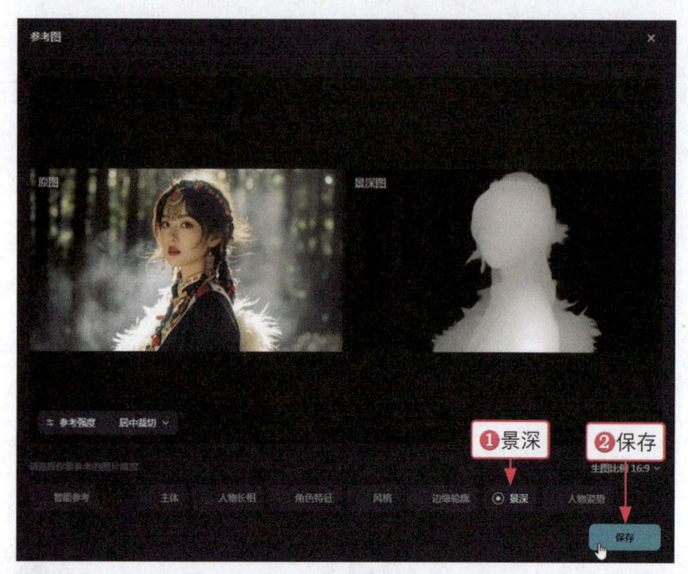

图6-59

步骤 04 导入参考图之后，输入相应的描述词，如图 6-60 所示。

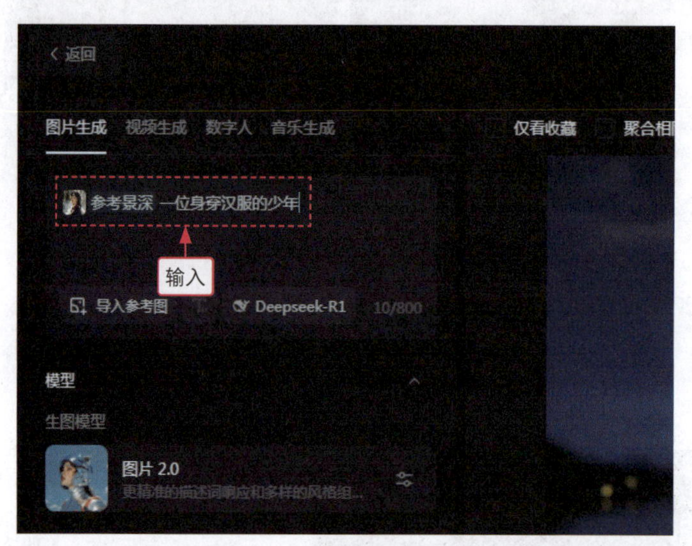

图6-60

步骤 05 单击“立即生成”按钮，即梦 AI 会根据参考图的景深生成相应的图像，如图 6-61 所示。

图6-61

第 7 章 小白秒出片：剪映 AI 图片生成实战手册

剪映手机版作为一款功能全面的视频剪辑软件，近年来不断引入新技术，以满足用户多样化的创作需求。其中，“AI 作图”便是其新增的一项亮点功能，基于先进的深度学习算法，为用户提供了生成绘画作品的便捷途径。本章主要介绍使用剪映手机版进行 AI 绘画的操作方法，通过输入简单的描述和设置参数，即可快速生成符合期望的绘画作品。这一功能不仅丰富了用户的创作形式，还提高了创作效率和质量。

7.1 剪映 AI：超多功能，生成精美图片

剪映手机版主要用于视频编辑，但也具备一些 AI 绘画功能，比如 AI 作图、AI 商品图、AI 特效等，可以帮助用户生成满意的 AI 绘画作品。本节主要介绍使用剪映手机版生成 AI 图片的操作步骤。

7.1.1 输入提示词进行 AI 绘画：轻松创作

使用剪映的 AI 作图功能，只需要在文本框中输入相应的提示词内容，即可进行 AI 绘画，部分效果如图 7-1 所示。

图7-1

下面介绍在剪映手机版中输入提示词进行 AI 绘画的操作步骤。

步骤 01 打开手机“应用商店”App，❶在搜索栏中输入并搜索“剪映”；❷在搜索结果中点击剪映右侧的“安装”按钮，如图 7-2 所示，下载并安装剪映手机版。

图7-2

步骤 02 稍等片刻，等剪映手机版安装完成后，点击剪映右侧的“打开”按钮，如图 7-3 所示。

步骤 03 打开剪映手机版，进入“剪辑”界面，点击“更多工具”按钮，如图 7-4 所示。

步骤 04 进入“更多工具”界面，可以看到里面有很多的功能，在其中点击“AI 作图”按钮，如图 7-5 所示。

步骤 05 ❶在文本框中输入相应的提示词；❷点击“立即生成”按钮，如图 7-6 所示。需要注意的是，只有开通剪映会员才能使用该功能。

步骤 06 稍等片刻，剪映即可生成 4 张图片，❶选择一张图片；❷点击“超清图”按钮，如图 7-7 所示，即可提升图片的画质。

步骤 07 点击“导出”按钮，如图 7-8 所示，保存图片。

图7-3　图7-4　图7-5

图7-6　图7-7　图7-8

7.1.2　使用模板作品进行 AI 绘画：快速生成

在“AI 作图”工具中，“灵感”页面为用户提供了大量优秀作品及其对应的提示词。这一功能对用户有多方面的帮助，通过浏览和分析别人的优秀作品，用户可以学习不同的艺术风格、构图技巧，并掌握如何利用提示词有效引导 AI 生成期望的图像，部分效果如图 7-9 所示。

下面介绍在剪映手机版中使用模板作品进行 AI 绘画的操作步骤。

步骤 01 打开剪映手机版，在“更多工具”界面中点击“AI 作图”按钮，如图 7-10 所示。

步骤 02 进入“创作”界面，点击“灵感”按钮，如图 7-11 所示。

步骤 03 进入“灵感”界面，❶切换至“插画”选项卡；❷点击所选模板下方的“做同款”按钮，如图 7-12 所示。

步骤 04 在文本框中即可自动输入提示词，点击“立即生成”按钮，如图 7-13 所示。

步骤 05 稍等片刻，即可生成 4 张插画图片，如图 7-14 所示。

图7-9

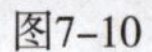

图7-10

图7-11

图7-12

图7-13

图7-14

7.1.3 使用 AI 商品图进行 AI 创作：制作海报

使用剪映的“AI 商品图”功能，用户可以轻松实现一键抠图并更换背景，从而快速制作出各种引人注目的商品图片效果。

例如，使用“AI 商品图”功能可以非常方便地制作商品主图，这对于提升电商平台上的商品展示效果至关重要。商品主图通常是潜在买家看到的第一张图片，因此它需要足够吸引人，同时清晰展示商品特点，效果对比如图 7-15 所示。

图7-15

下面介绍在剪映手机版中使用 AI 商品图进行 AI 创作的操作步骤。

步骤 01 打开剪映手机版，在“更多工具”界面中点击“AI 商品图”按钮，如图 7-16 所示。

步骤 02 进入“照片视频”界面，❶选择鞋子照片；❷点击“添加”按钮，如图 7-17 所示。

步骤 03 系统会自动进行抠图处理，去除商品背景，适当调整鞋子的大小，并移至合适的位置，如图 7-18 所示。

图7-16

图7-17

步骤 04 ❶切换至“室外”选项卡；❷选择“山崖之上”选项，设置合适的背景效果；❸点击“导出”按钮，如图 7-19 所示。

步骤 05 导出完成后，点击“完成”按钮，如图 7-20 所示。

图7-18

图7-19

图7-20

7.1.4 使用 AI 特效进行绘画创作：创意无限

剪映的“AI 特效”功能与即梦 AI 的图生图功能类似，都利用了人工智能技术来增强和简化图像的编辑过程，用户只需上传一张参考图，即可用 AI 做出各种图片效果，帮助用户轻松实现创意构想，效果对比如图 7-21 所示。

图7-21

下面介绍在剪映手机版中使用 AI 特效进行绘画创作的操作步骤。

步骤 01 打开剪映手机版，在“剪辑”界面中点击“开始创作”按钮，如图 7-22 所示。

步骤 02 进入“照片视频”界面，❶在“照片”选项卡中选择一张照片；❷选中“高清”复选框；❸点击“添加”按钮，如图 7-23 所示。

步骤 03 导入照片素材，在一级工具栏中点击“特效”按钮，如图 7-24 所示。

图7-22

图7-23

图7-24

步骤 04 在弹出的二级工具栏中点击“AI 特效”按钮，如图 7-25 所示。

步骤 05 进入“灵感”界面，❶切换至“艺术绘画”选项卡；❷选择“莫奈花园”选项；❸点击“生成”按钮，如图 7-26 所示。

步骤 06 弹出生成效果进度提示，稍等片刻，如图 7-27 所示。

步骤 07 即可生成相应的效果，❶在“效果预览”界面中选择想要的结果；❷点击“应用”按钮，如图 7-28 所示。

步骤 08 点击“导出”按钮，如图 7-29 所示，导出作品。

图7-25　图7-26　图7-27

图7-28　图7-29

7.1.5　轻松生成超清晰的 AI 图片：提升质量

剪映的“超清图片”功能可以提升图片的清晰度和质量，该功能能够对图片进行增强处理，使其看起来更加清晰和细腻，效果对比如图 7-30 所示。

图7-30

下面介绍在剪映手机版中对图片进行清晰处理的操作步骤。

步骤 01 打开剪映手机版，在“更多工具”界面中点击“超清图片”按钮，如图 7-31 所示。

步骤 02 进入“照片视频”界面，❶选择人物照片；❷点击“添加”按钮，如图 7-32 所示。

步骤 03 进入“画质提升”界面，❶选择“无损超清”选项；❷点击“导出”按钮，如图 7-33 所示，导出超清图片。

图7-31

图7-32

图7-33

7.2 二次创作：轻松修改，打造个性作品

在剪映手机版中，无论是通过输入提示词生成图像，还是基于模板作品进行 AI 绘画创作，如果对生成的图像效果不满意，均可进行修改和二次创作。

本节将介绍 AI 图片的优化技巧，包括更换人物衣服的颜色、调整 AI 图片的精细度、扩展 AI 图片四周的区域等，通过这些功能，您可以将 AI 生成的图片进一步个性化，打造独具特色的作品。

7.2.1 更换人物衣服的颜色：个性化定制

在剪映中生成 AI 图像后，可以对图片进行微调，修改相应的提示词，从而生成更符合需求的画面，效果对比如图 7-34 所示。

图7-34

下面介绍在剪映手机版中更换人物衣服的颜色的操作步骤。

步骤 01 打开剪映手机版，在“更多工具”界面中点击“AI 作图”按钮，进入“创作”界面，❶在文本框中输入相应的提示词；❷点击参数调整按钮“☰”，如图 7-35 所示。

步骤 02 弹出“参数调整”面板，❶设置比例为“9：16”；❷点击“✓”按钮，如图 7-36 所示。

步骤 03 点击“立即生成”按钮，即可生成 4 张人物图片，❶选择相应的图片；❷点击“微调”按钮，如图 7-37 所示。

图7-35

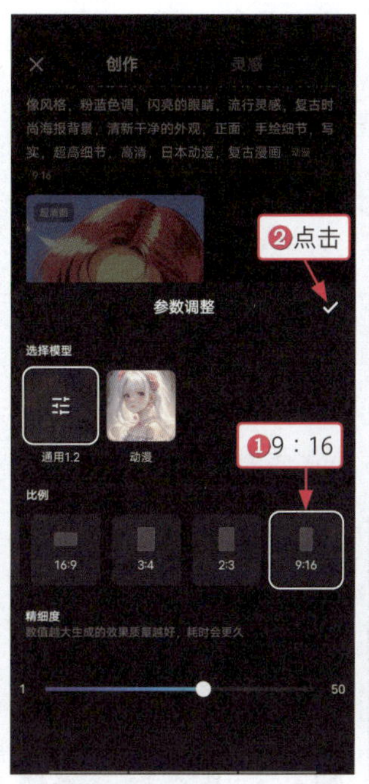

图7-36

图7-37

步骤 04 ❶在文本框中基于原提示词进行适当修改；❷点击“确认”按钮，如图 7-38 所示。

步骤 05 即可重新生成相应的 AI 图片，可以看到人物的衣服已经变为红色，如图 7-39 所示。

图7-38

图7-39

7.2.2 调整 AI 图片的精细度：优化细节

图7-40

在剪映手机版中，“精细度”参数主要用于控制生成图像的质量和精细程度。一般而言，精细度比较低的图像，细节不怎么好。所以，如果用户想提升作品的质量，可以使用高精细度参数进行创作，优化画面，部分效果如图 7-40 所示。

下面介绍在剪映手机版中调整 AI 图片的精细度的操作步骤。

步骤 01 打开剪映手机版，在“更多工具”界面中点击“AI 作图”按钮，进入“创作”界面，①在文本框中输入相应的提示词；②点击参数调整按钮“ ”，如图 7-41 所示。

步骤 02 弹出“参数调整”面板，①选择“动漫”模型；②设置比例为“3：2”；③设置“精细度”参数为“50”；④点击“ ”按钮，如图 7-42 所示。

步骤 03 点击“立即生成”按钮，即可生成 4 张猫咪图片，①选择相应的图片；②点击“超清图”按钮，如图 7-43 所示，导出超清图片。

图7-41

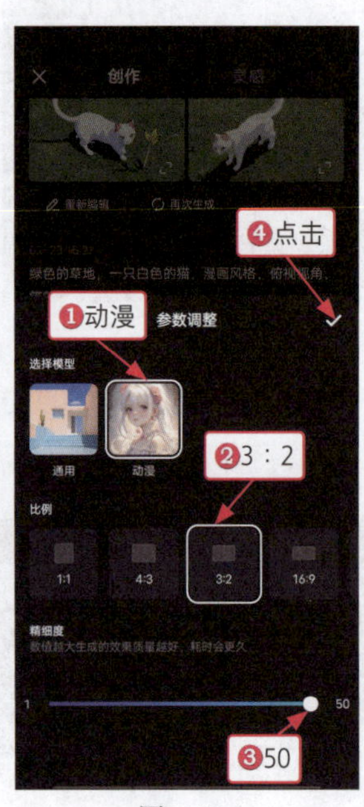

图7-42

图7-43

7.2.3 扩展 AI 图片四周的区域：扩展画面

在剪映手机版中，“扩图”功能可以基于现有图片生成更多的内容，这项技术通过深度学习算法分析理解原图的视觉风格、内容构图和色彩结构，并在此基础上创造性地扩展图片，使其包含更多的场景或细节，使图片更加丰富和吸引人，增强观赏性和沉浸感，效果对比如图 7-44 所示。

图7-44

下面介绍在剪映手机版中扩展 AI 图片四周的区域的操作步骤。

步骤 01 打开剪映手机版，在“更多工具”界面中点击“AI 作图”按钮，进入“创作”界面，在文本框中输入相应的提示词，点击“立即生成”按钮，生成图片，❶选择相应的图片；❷点击“超清图”按钮，如图 7-45 所示。

步骤 02 对图片进行超清处理，选择超清图，如图 7-46 所示。

步骤 03 进入相应的界面，点击“扩图”按钮，如图 7-47 所示。

图7-45

图7-46

图7-47

步骤 04 设置默认的扩图参数，点击文本框，如图 7-48 所示。

步骤 05 弹出“输入描述”面板，❶修改提示词；❷点击“确认”按钮，如图 7-49 所示。

步骤 06 点击“立即生成”按钮，即可生成 4 张扩图后的图片，❶选择相应的图片；❷点击“超清图”按钮，如图 7-50 所示，导出图片。

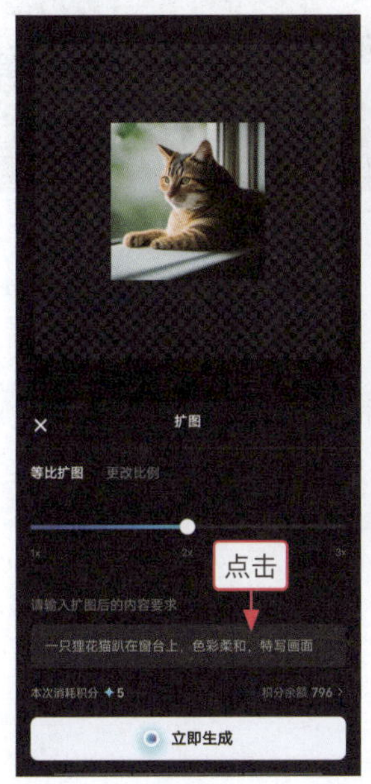

图7-48

图7-49

图7-50

在“扩图”面板中，如果将“等比扩图”参数调整为 3x，可以将原有的图片扩大 3 倍。

本章小结

本章首先介绍了剪映 AI 生成图片的技巧，包括输入提示词进行 AI 绘画、使用模板作品进行 AI 绘画、使用 AI 商品图进行 AI 创作、使用 AI 特效进行绘画创作和轻松生成超清晰的 AI 图片。接着介绍了二次创作的技巧，包括更换人物衣服的颜色、调整 AI 图片的精细度、扩展 AI 图片四周的区域。通过本章的学习，读者可以对剪映 AI 图片生成有一个深入了解，掌握更多的 AI 生成图片的操作技巧。

课后实训

滤镜效果可以为图像增添艺术感和独特风格，使其更具视觉吸引力和表现力。剪映中的一些滤镜效果会模拟如油画、水彩画等经典艺术效果，或者模拟特殊的摄影技法，从而为图像赋予新的视觉风格。在生成 AI 图片后，用户可以编辑图片，为图片添加合适的滤镜，调整色彩，使图片更好看，效果对比如图 7-51 所示。

图7-51

下面介绍在剪映手机版中扩展 AI 图片四周的区域的操作步骤。

步骤 01 打开剪映手机版，在“更多工具”界面中点击“AI 作图”按钮，进入“创作”界面，❶在文本框中输入相应的提示词；❷点击“立即生成”按钮，如图 7-52 所示，生成图片。

步骤 02 ❶选择相应的图片；❷点击“超清图”按钮，对图片进行超清处理，如图 7-53 所示。

步骤 03 进入相应的界面，点击“编辑更多”按钮，如图 7-54 所示。

图7-52

图7-53

图7-54

步骤 04 进入相应的界面，点击“滤镜”按钮，如图 7-55 所示。

步骤 05 ❶切换至“复古”选项卡；❷选择“金喜”滤镜，对图片进行调色处理；❸点击“✓”按钮，如图 7-56 所示。

步骤 06 进入相应的界面，点击“导出”按钮，如图 7-57 所示，导出图片。

图7-55

图7-56

图7-57

第 8 章　废片变大片：剪映 AI 特效拯救低质素材

剪映电脑版中的 AI 特效功能，可以实现以图生图或者以图生视频，能够对画面进行风格化处理或内容扩展，为用户提供了更多创意玩法。需要注意的是，这个功能需要开通剪映会员才能使用。使用剪映中的AI玩法功能，可以把图片进行“变身”，尤其对于人像图片，玩法更丰富。本章将为大家介绍如何使用剪映中的 AI 特效功能来美化图片，主要在剪映电脑版进行操作。

8.1 AI 特效：一键美化，打造艺术风格

剪映的 AI 特效包含多种风格玩法，本节将为大家介绍 AI 特效功能的玩法，帮助大家掌握剪映电脑版中的图生图玩法。

8.1.1 下载和安装剪映电脑版：了解界面

剪映作为一个功能全面的视频编辑工具，具有多种 AI 绘画与视频创作功能，它不仅支持手机端操作，还推出了电脑端版本，以满足用户在不同场景下的视频编辑需求。下面详细介绍下载和安装剪映电脑版的操作步骤。

步骤 01 在电脑自带的浏览器中搜索并打开剪映官网，在页面中单击“立即下载”按钮，如图 8-1 所示，按照一般的软件下载流程，下载并安装剪映电脑版。

图8-1

步骤 02 安装成功后，进入首页，单击“开始创作”按钮，如图 8-2 所示。

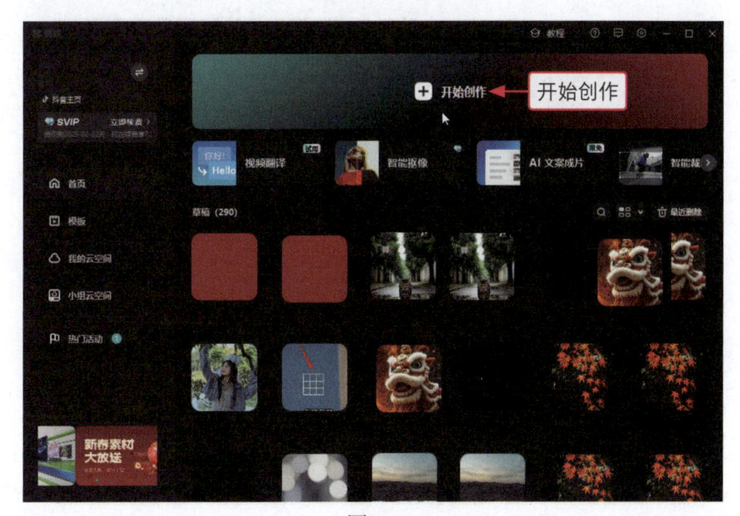

图8-2

步骤 03 即可进入剪映电脑版剪辑界面，在其中导入相应的素材，如图 8-3 所示。

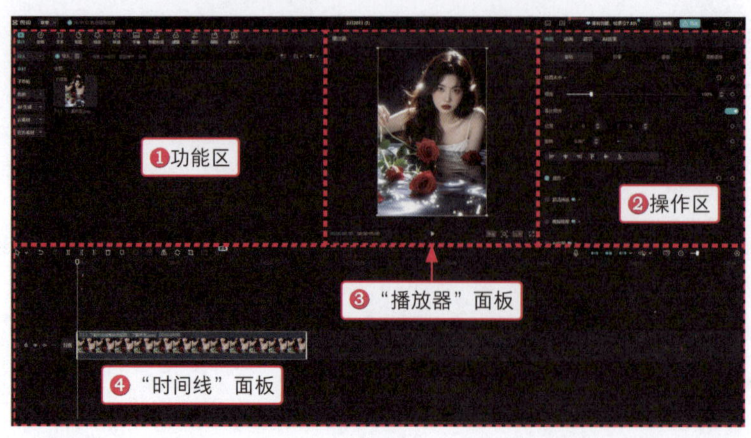

图8-3

下面对剪映电脑版的界面组成进行讲解。

❶ 功能区：功能区中包括剪映的素材、音频、文本、贴纸、特效、转场、字幕、智能包装、滤镜、调节、模板以及数字人等功能模块。

❷ 操作区：操作区中提供了画面、动画、调节以及 AI 效果等调整功能，当用户选择轨道上的素材后，操作区就会显示各调整功能。

❸ “播放器”面板：在“播放器”面板中，单击“播放”按钮▶，即可在预览窗口中播放视频效果；单击“比例”按钮，即可在弹出的列表框中选择相应的画布尺寸比例，可以调整视频的画面尺寸大小。

❹ “时间线”面板：该面板提供了选择、撤销、恢复、分割、删除、添加标记、定格、倒放、镜像、旋转以及调整大小等常用剪辑功能。

8.1.2 生成油画风格图像：增添艺术感

在剪映电脑版的“AI 特效”功能模块中，有很多特效风格可以进行以图生图。油画风格图像的色彩通常较为鲜艳且对比强烈，能够为画面带来强烈的视觉冲击力，效果对比如图 8-4 所示。

图8-4

下面介绍在剪映电脑版中生成油画风格图像的操作步骤。

步骤 01 打开剪映电脑版，在“素材”功能区中单击“导入”按钮，如图 8-5 所示。

步骤 02 弹出“请选择媒体资源”对话框，❶在相应的文件夹中选择素材；❷单击“打开”按钮，如图 8-6 所示，导入素材。

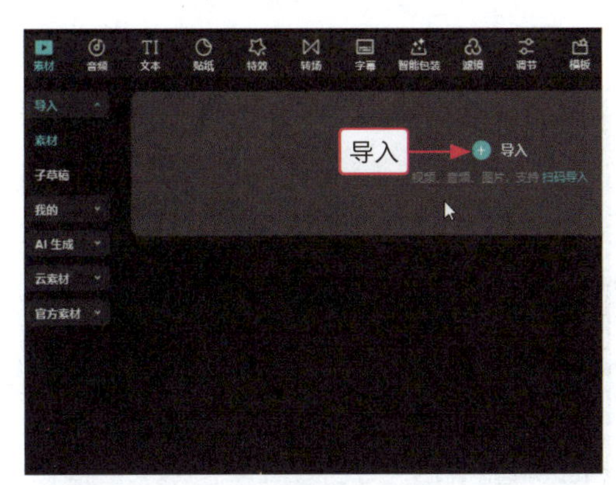

图8-5

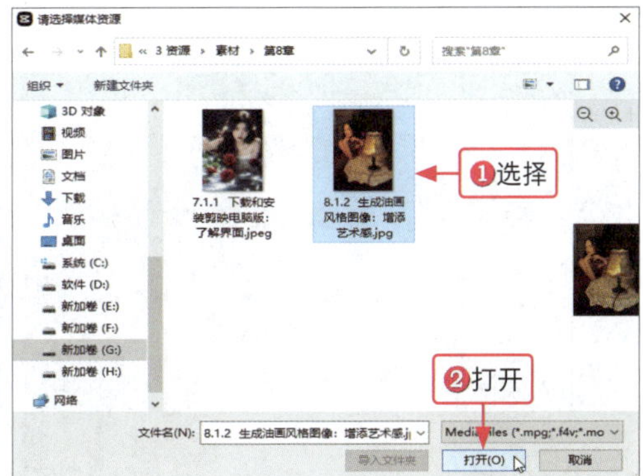

图8-6

步骤 03 单击素材右下角的添加到轨道按钮“⊕”，如图 8-7 所示。

步骤 04 把素材添加到视频轨道中，❶单击“AI 效果”按钮，进入“AI 效果”操作区；❷选中“AI 特效”复选框；❸选择“油画”选项；❹在“风格描述词”文本框中输入提示词；❺单击“生成”按钮，如图 8-8 所示。

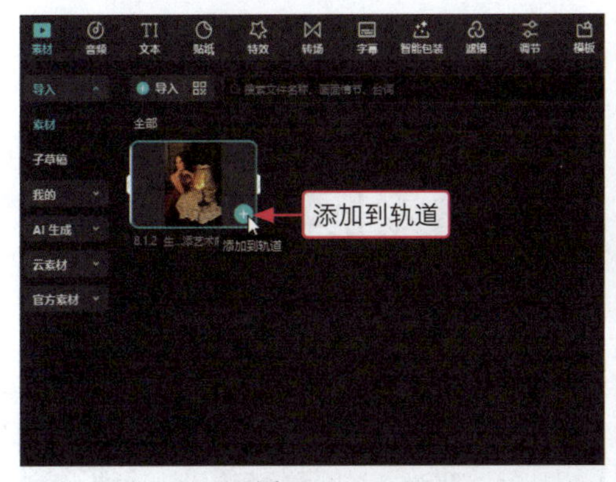

图8-7

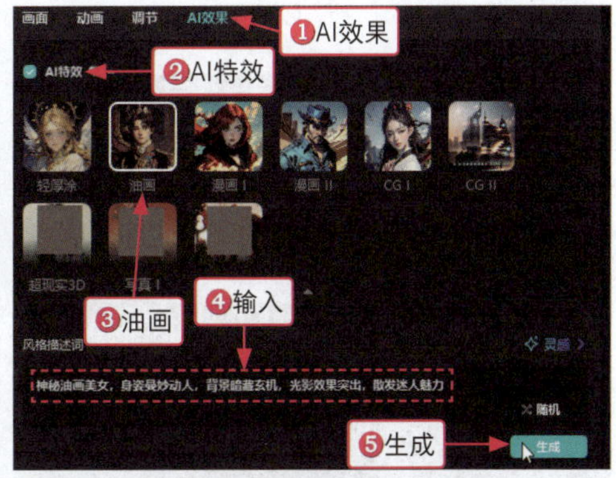

图8-8

步骤 05 生成相应的效果，❶选择相应的选项；❷单击“应用效果”按钮，如图 8-9 所示。

图8-9

8.1.3 生成漫画风格图像：让画面更有趣

漫画风格的特效往往具有夸张、生动等特点，能够更好地表现出人物的情感和动作。通过应用漫画 AI 特效，可以将原本普通的视频或图片转化为具有漫画风格的作品，从而增强其艺术感和观赏性，效果对比如图 8-10 所示。

图8-10

下面介绍在剪映电脑版中生成漫画风格图像的操作步骤。

步骤 01 在剪映电脑版中导入一段素材，单击素材右下角的添加到轨道按钮“+”，如图 8-11 所示。

步骤 02 把素材添加到视频轨道中，❶单击“AI 效果”按钮，进入“AI 效果”操作区；❷选中“AI 特效”复选框；❸选择“漫画 I”选项；❹在“风格描述词”文本框中输入提示词；❺单击“生成”按钮，如图 8-12 所示。

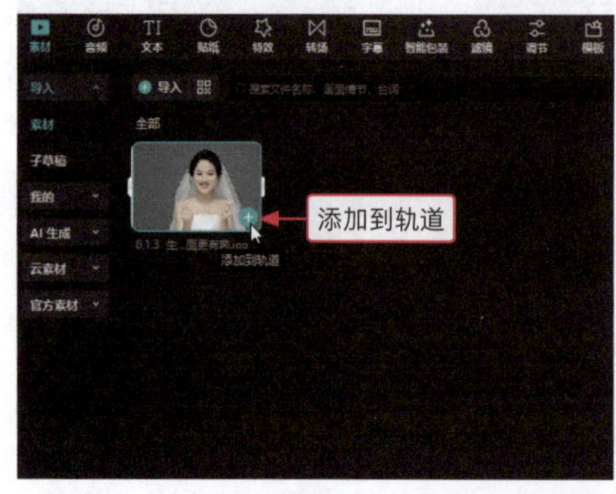

图8-11

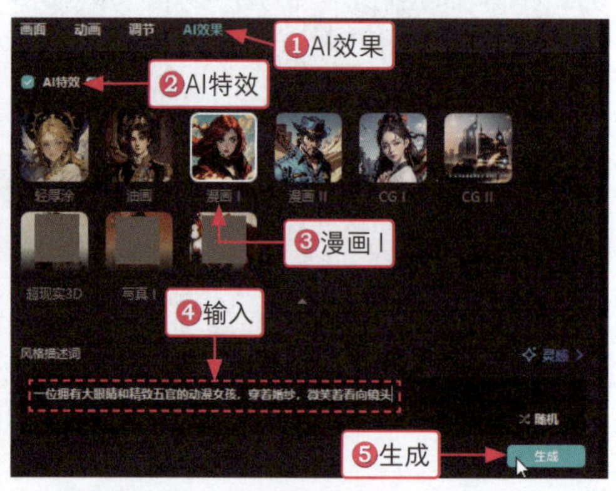

图8-12

步骤 03 生成相应的效果，❶选择相应的选项；❷单击“应用效果”按钮，如图 8-13 所示，应用特效。

图8-13

8.1.4 生成 CG 风格图像：展现大片感

计算机图形学（Computer Graphics，CG）是研究如何在计算机中生成、处理和显示图形的学科。在影视和视频制作领域，CG 技术广泛应用于视觉特效制作，包括三维建模、动画制作、场景合成和光影渲染等核心流程。剪映的 AI 特效功能可以基于用户上传的图片，智能生成具有 CG 风格化效果的图片。通过算法模拟专业 CG 渲染技术，能够为普通图片赋予科技感十足的视觉效果，效果对比如图 8-14 所示。

图8-14

下面介绍在剪映电脑版中生成 CG 风格图像的操作步骤。

步骤 01 在剪映电脑版中导入一段素材，单击素材右下角的添加到轨道按钮“+”，如图 8-15 所示。

步骤 02 把素材添加到视频轨道中，①单击“AI 效果”按钮，进入“AI 效果”操作区；②选中“AI 特效”复选框；③选择“CG Ⅱ”选项；④在“风格描述词”文本框中输入提示词；⑤单击“生成”按钮，如图 8-16 所示。

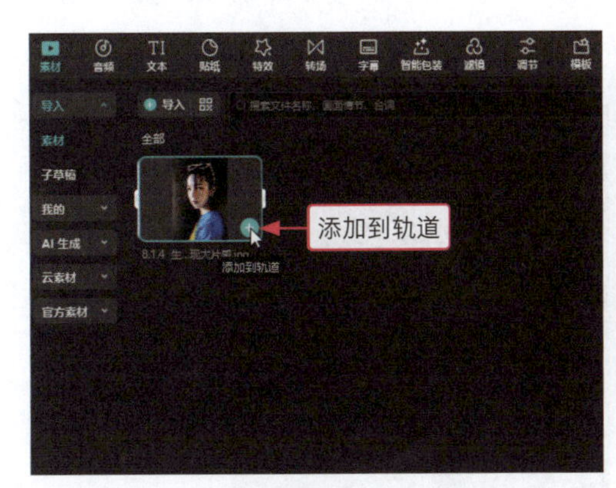

图8-15

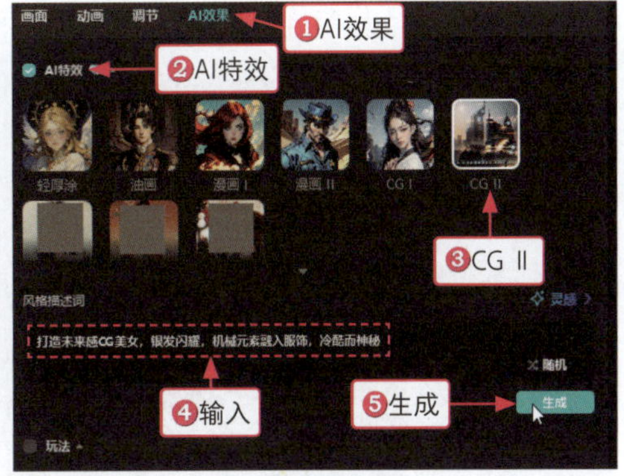

图8-16

在生成 AI 特效图片时，可能会遇到生成失败的情况，一般是提示词不够准确，或者是原图太复杂。所以，尽量选择高清且简洁的图片，并使用准确的提示词。

步骤 03　生成相应的效果，❶选择相应的选项；❷单击“应用效果”按钮，如图 8-17 所示，应用特效。

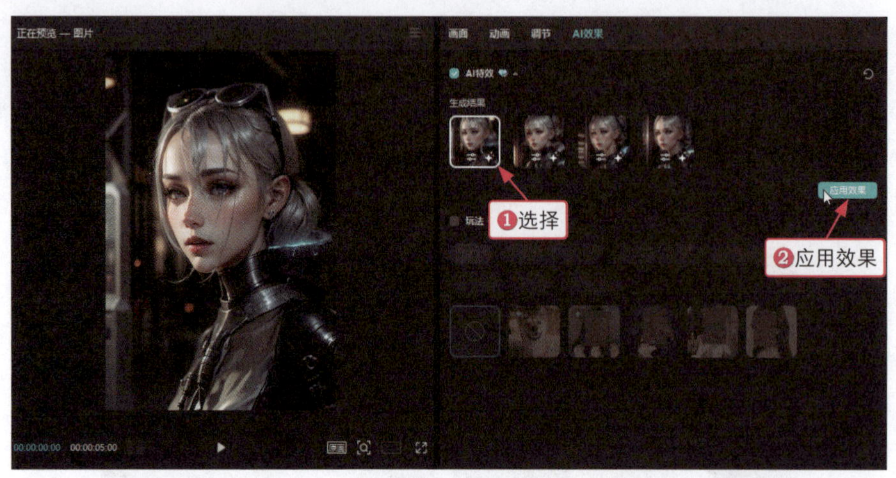

图8-17

8.2 AI 玩法：风格转换，增添视觉效果

剪映电脑版中的 AI 玩法功能可以使图片转换风格，有些还可以使图片变成动态的视频，极大地丰富了图片和视频创作的内容和形式。本节将介绍 AI 玩法功能的使用技巧，提升画面的整体效果。

8.2.1　生成 AI 写真照片：完美证件照

在“AI 写真”选项卡中，有簪花写真、婚纱照、健美写真等类型的写真照片风格可选，用户可以根据图片风格进行选择，生成相应的写真照片。例如，一键生成证件照片，效果对比如图 8-18 所示。

图8-18

下面介绍在剪映电脑版中生成 AI 写真照片的操作步骤。

步骤 01 在剪映电脑版中导入一段素材，单击素材右下角的添加到轨道按钮“![+]”，如图 8-19 所示。

步骤 02 把素材添加到视频轨道中，❶单击“AI 效果”按钮，进入“AI 效果”操作区；❷选中“玩法”复选框；❸切换至“AI 写真”选项卡；❹选择“美式证件照 II”选项，如图 8-20 所示。

图8-19

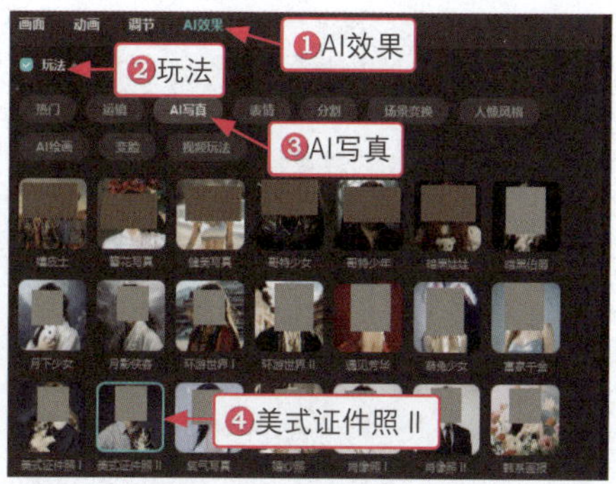

图8-20

步骤 03 稍等片刻，即可生成相应的效果，生成证件照，如图 8-21 所示。

图8-21

8.2.2 用 AI 改变人物表情：管理表情

在剪映中使用 AI 玩法功能，可以让人物微笑或者难过，改变人物的表情，效果对比如图 8-22 所示。

图8-22

下面介绍在剪映电脑版中用 AI 改变人物表情的操作步骤。

步骤 01 在剪映电脑版中导入一段素材，单击素材右下角的添加到轨道按钮“ ”，如图 8-23 所示。

步骤 02 把素材添加到视频轨道中，①单击“AI 效果”按钮，进入“AI 效果”操作区；②选中“玩法”复选框；③切换至“表情”选项卡；④选择“梨涡笑”选项，如图 8-24 所示。

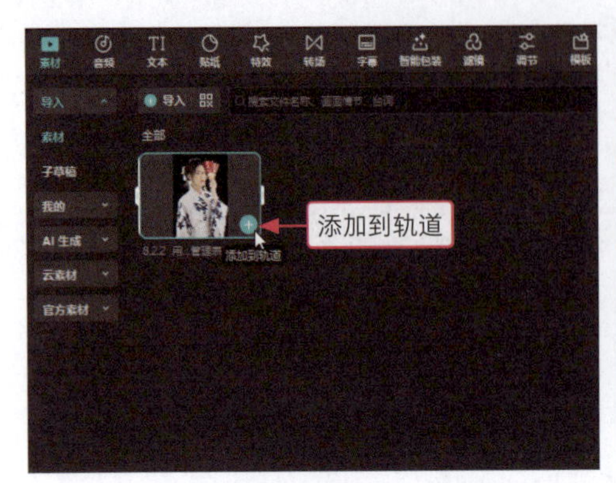

图8-23

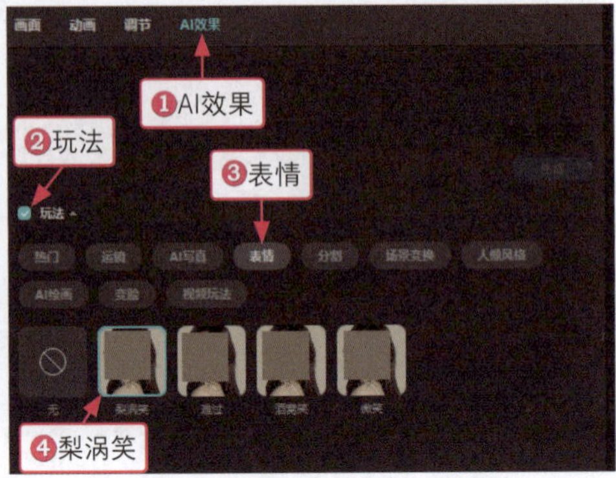

图8-24

步骤 03 稍等片刻，即可生成相应的效果，改变人物的表情，如图 8-25 所示。

图8-25

8.2.3 用 AI 给人物换脸：返老还童

剪映中的 AI 换脸功能，可以为人物进行换脸，比如把成人变成小孩儿的样子，效果对比如图 8-26 所示。

图8-26

下面介绍在剪映电脑版中用 AI 给人物换脸的操作步骤。

步骤 01 在剪映电脑版中导入一段素材，单击素材右下角的添加到轨道按钮“⊕”，如图 8-27 所示。

步骤 02 把素材添加到视频轨道中，❶单击“AI 效果”按钮，进入“AI 效果”操作区；❷选中“玩法”复选框；❸切换至“变脸”选项卡；❹选择“变宝宝”选项，如图 8-28 所示。

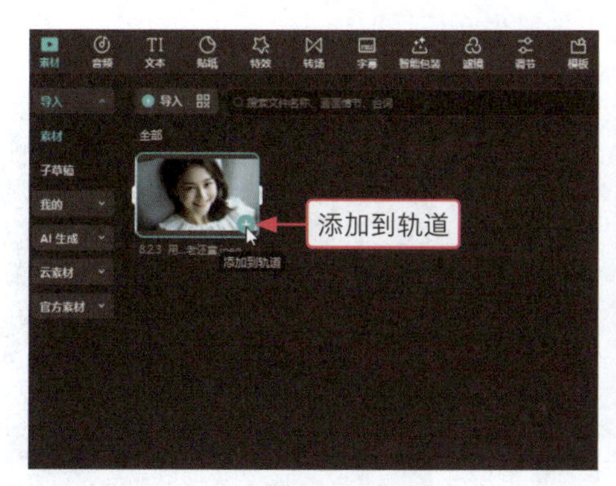

图8-27

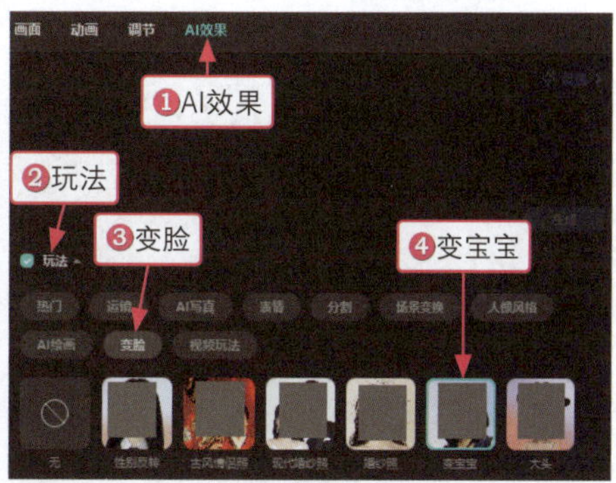

图8-28

步骤 03 稍等片刻，即可生成相应的效果，让成人变成小孩儿的样子，如图 8-29 所示。

图8-29

8.2.4 用 AI 让图片变动感：3D 运镜效果

3D 运镜效果主要是把人物抠出来进行放大或者缩小，这种效果具有立体感和现场感，效果如图 8-30 所示。

图8-30

下面介绍在剪映电脑版中用 AI 让图片变动感的操作步骤。

步骤 01 在剪映电脑版中导入两段素材，同时选中两段素材并单击素材右下角的添加到轨道按钮“⊕”，如图 8-31 所示。

步骤 02 把素材添加到视频轨道中，❶在背景音乐素材上单击鼠标右键；❷在弹出的快捷菜单中选择“分离音频”选项，如图 8-32 所示，把背景音乐提取出来。

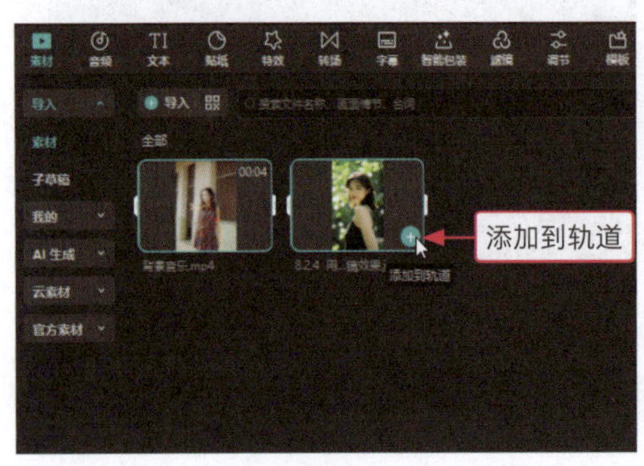

图8-31

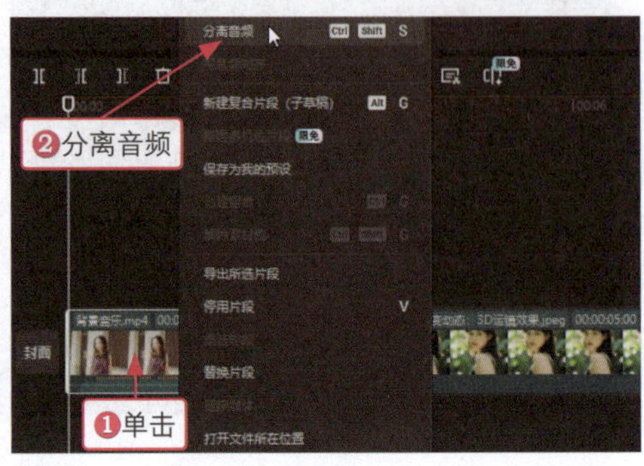

图8-32

步骤 03 ❶选择背景音乐视频素材；❷单击删除按钮“🗑”，如图 8-33 所示，删除视频。

步骤 04 选择图片素材，❶拖曳时间指示器至音频素材的末尾位置；❷单击向右裁剪按钮“][”，如图 8-34 所示，分割和删除多余的片段。

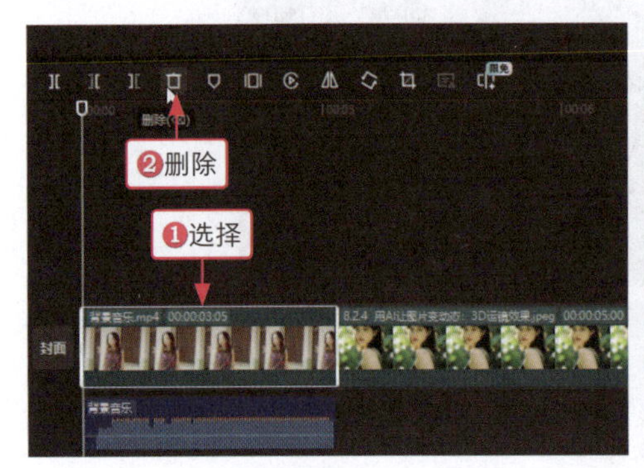

图8-33

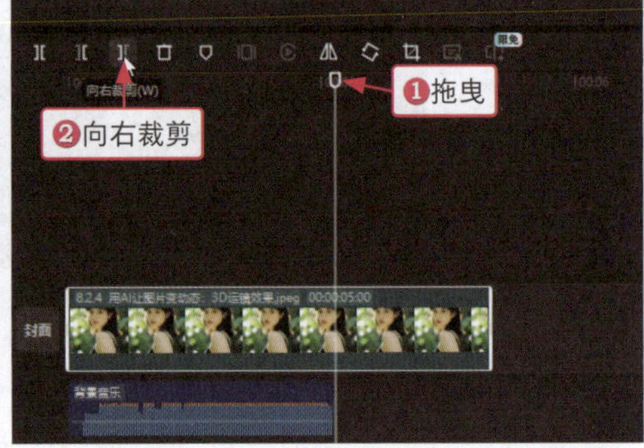

图8-34

步骤 05 ❶设置视频比例为“9：16”；❷单击“AI 效果”按钮，进入“AI 效果”操作区；❸选中“玩法”复选框；❹切换至“运镜”选项卡；❺选择“3D 运镜”选项，如图 8-35 所示，稍等片刻，即可生成相应的效果，把图片变成动态视频。

图8-35

本章小结

本章首先介绍了 AI 特效的使用技巧，包括下载和安装剪映电脑版、生成油画风格图像、生成漫画风格图像、生成 CG 风格图像。接着介绍了 AI 玩法功能，包括生成 AI 写真照片、用 AI 改变人物表情、用 AI 给人物换脸、用 AI 让图片变动感。通过本章的学习，读者可以对剪映 AI 特效和玩法功能有一个深入了解，掌握更多的图片美化的操作技巧。

课后实训

在剪映 AI 玩法功能的“场景变换”选项卡中，有多张变换图片场景的玩法。例如，为夜景图片添加一轮大月亮，同时改变画面的色彩和色调，效果对比如图 8-36 所示。

图8-36

下面介绍相应的操作步骤。

在剪映电脑版中把素材添加到视频轨道中，❶单击“AI 效果”按钮，进入“AI 效果”操作区；❷选中“玩法”复选框；❸切换至“场景变换”选项卡；❹选择“魔法换天 II”选项，如图 8-37 所示，稍等片刻，即可生成相应的效果，实现一键换天。

图8-37

视频创作篇

第 9 章　文字转视频：即梦 AI 实现 0 成本影视创作

即梦 AI 是一个基于深度学习的智能创作平台，能够将文字描述转换为视频内容，为用户提供便捷的视频生成服务。在即梦 AI 的文生视频功能中，文字不仅仅是叙述的工具，更是创作的起点，是激发 AI 想象力的“催化剂”。用户只需输入简短的文字描述，即可借助 AI 技术将文字描述转换成媲美影视作品的视频画面，实现从文字到视频的直接转换。本章将为大家介绍相应的以文生视频的创作技巧。

9.1 文生视频：用 DeepSeek 辅助创作

即梦平台的文生视频功能凭借简洁直观的操作界面和强大的 AI 算法，为用户提供了一种全新的视频创作体验。与传统的视频制作流程不同，用户无需精通视频编辑软件或拥有专业的视频制作技能，只需通过简单的文字描述，即可激发 AI 的创造力，生成引人入胜的视频内容。

在这个创新的过程中，文字描述起着至关重要的作用。用户的文字不仅是视频内容的蓝图，更是 AI 理解用户意图和创作方向的核心依据。文字描述的准确性、创造性和情感表达，直接影响最终视频的质量和表现力。

本节主要介绍用 DeepSeek 辅助创作，提升文生视频的描述技巧。用户在输入描述词时，应该尽量清晰、具体，同时富有想象力，以引导 AI 创造出符合预期的视频效果。

9.1.1 主体部分：明确重点

在视频创作的世界里，每个场景都是一个独立的故事，由一个或多个核心元素——即主体来驱动。主体和主题是相互依存的，一个有力的主体可以帮助表达和强化主题，而一个深刻的主题可以提升主体的表现力。

主体不仅能够为视频注入灵魂，还能为观众提供视觉焦点和情感共鸣的源泉。表 9-1 所示为 DeepSeek 总结的常见的视频主体（或主题）示例。

表9-1 常见的视频主体（或主题）示例

类别	视频主体（或主题）示例
人物	名人、模特、演员
动物	宠物（猫、狗）、野生动物、地区标志性动物
自然景观	山脉、海滩、森林、瀑布
城市风光	城市天际线、地标建筑、街道、广场
交通工具	汽车、飞机、火车、船舶、自行车
食物和饮料	美食制作过程、餐厅美食、饮料制作
产品展示	电子产品、时尚服饰、化妆品、家居用品
教育内容	教学视频、讲座、实验演示、技能培训
娱乐和幽默	搞笑短片、喜剧表演、魔术表演
运动和健身	体育赛事、健身教程、运动员训练
音乐和舞蹈	音乐视频、现场演出、舞蹈表演
艺术和文化	艺术作品展示、文化节庆、历史遗迹介绍
电子竞技	电竞赛事直播、战队训练纪实

续表

类别	视频主体（或主题）示例
抽象和概念	时间流逝动画、数据可视化图表、哲学思想隐喻
商业和广告	商业宣传、广告、品牌推广
幕后制作	电影特效制作流程、综艺节目剪辑花絮、游戏引擎实时渲染演示
旅行和探险	旅行日志、探险活动、文化体验

上述这些主体（或主题）不仅丰富了视频的内容，也为用户提供了广阔的创作空间。通过巧妙地结合这些主体（或主题），用户可以构建出多样化的视频场景，讲述各种引人入胜的故事，满足不同观众的期待和喜好。

例如，下面这段 AI 视频的主体是一只豹子，并展现出非洲大草原的壮丽景色，以及豹子的外观和所处的环境氛围，效果如图 9-1 所示。

图9-1

下面介绍通过描述主体部分来生成视频的操作步骤。

步骤 01 进入即梦 AI 的官网首页，在“AI 视频”选项区中，单击“视频生成”按钮，如图 9-2 所示。

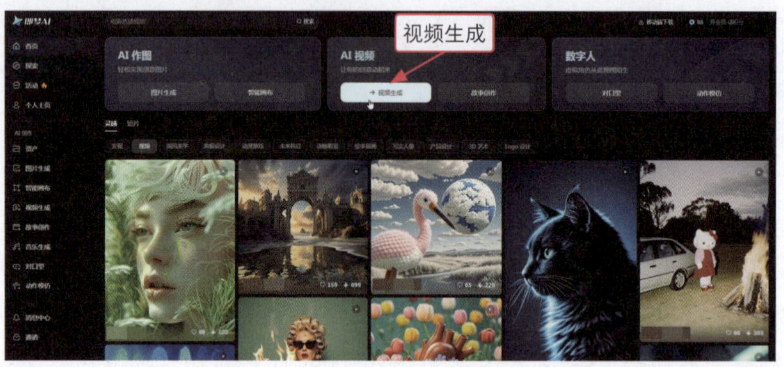

图9-2

步骤 02 执行操作后，进入“视频生成”页面，❶切换至“文本生视频”选项卡；❷输入相应的描述词，用于指导 AI 生成特定的视频；❸单击“生成视频”按钮，如图 9-3 所示。

图9-3

步骤 03 稍等片刻，即可生成相应的视频效果，单击视频预览窗口右上角的收藏按钮“☆”，如图 9-4 所示，即可收藏视频。

图9-4

步骤 04 单击视频预览窗口右上角的下载按钮“[下载图标]”，如图 9-5 所示，即可下载视频。

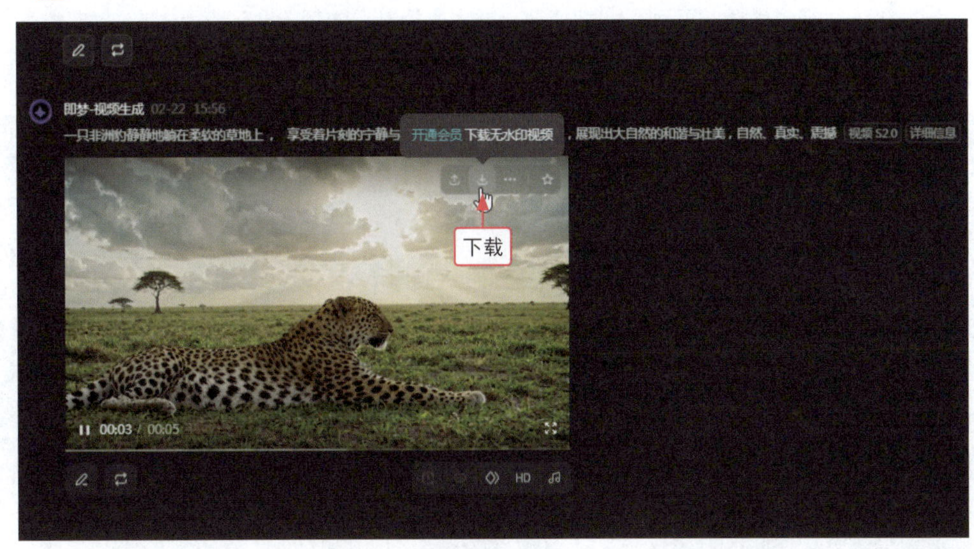

图9-5

9.1.2 场景设置：构建环境

在 AI 视频的描述词中，用户可以使用 DeepSeek 详细地描绘一个特定的场景，这不仅包括场景的物理环境，还涵盖了情感氛围、色彩调性、光线效果以及动态元素。通过精心设计的描述词，AI 能够生成与用户构想相匹配的视频内容。

例如，在下面这段 AI 视频中，主体是“金色的向日葵”，同时还用到了很多有关场景设置的描述词，如“一望无际的田野”“远处的山峰”“耀眼的阳光”，效果如图 9-6 所示。

图9-6

下面介绍通过描述场景来生成视频的操作步骤。

步骤 01 进入“视频生成”页面，❶切换至“文本生视频”选项卡；❷输入相应的描述词，用于指导 AI 生成特定的视频；❸单击“生成视频”按钮，如图 9-7 所示。

图9-7

根据这段描述词，生成的 AI 视频效果可能会包含以下元素。

❶ 金色的向日葵：视频以金色的向日葵作为主要的视觉焦点，展示其色彩和细节。

❷ 特写：镜头将紧密捕捉向日葵的特写镜头，突出向日葵的质感、层次和活力。

❸ 一望无际的田野：展现开阔的田野景观，传达出一种广阔和宁静的感觉。

❹ 浅景深：通过模拟相机的光圈设置，创造出浅景深效果，使向日葵清晰突出，而背景则柔和、模糊，增强视觉焦点。

❺ 远处的山峰：在画面的远处，可以隐约看到山峰的轮廓，增添了深度和层次。

❻ 摄影风格：摄影风格可能倾向于自然和真实，强调自然光线和色彩的运用，以及田野和山峰的自然美。

❼ 耀眼的阳光：阳光将是视频中的一个重要元素，形成光影对比，增加视觉冲击力。

步骤 02 开始生成视频，并显示生成进度，如图 9-8 所示。

步骤 03 稍等片刻，即可生成相应的视频效果，如果对视频效果不满意，可以单击视频下面的再次生成按钮“⇄”，如图 9-9 所示，生成新的视频。

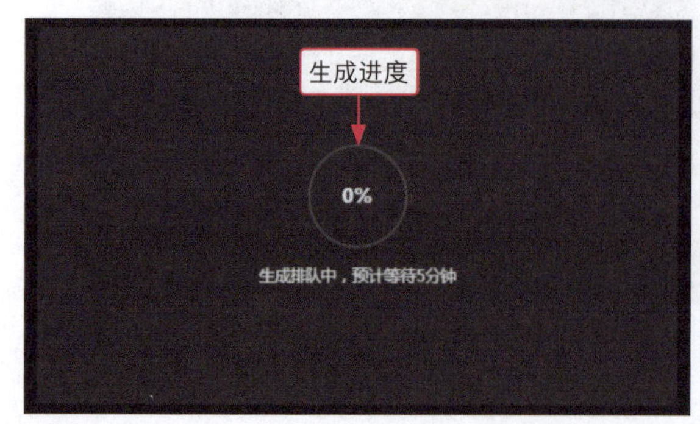

图9-8

图9-9

9.1.3 视觉细节：提升品质

在 AI 视频生成的过程中，描述词是引导 AI 理解和创作视频内容的关键。使用精心构建的描述词至关重要，它们能够为 AI 提供丰富的信息，帮助其精确捕捉并重现用户心中的场景、人物或物体。表 9-2 所示为 DeepSeek 总结的描述词中的视觉细节。

表9-2　描述词中的视觉细节

类别	视觉细节示例	
场景特征细节	环境背景	可以是宁静的海滩、繁忙的都市街道、古老的城堡内部或遥远的外星世界
	色彩氛围	描述场景的整体色彩，如温暖的日落色调、冷冽的冬季蓝或充满活力的春天绿
	光线条件	光线可以是柔和的晨光、刺眼的正午阳光或昏暗的室内灯光
人物特征细节	外观描述	包括人物的发型、服装风格、面部特征等
	表情细节	人物的表情可以是快乐、悲伤、惊讶或深思，这些表情将影响人物的情感传达
	动作特点	人物的动作可以是优雅的舞蹈、紧张的奔跑或平静地站立等
物体特征细节	形状和大小	物体可以是圆形、方形或不规则的形状，大小可以是小巧精致或庞大壮观
	颜色和纹理	物体的颜色可以是鲜艳夺目或柔和淡雅，纹理可以是光滑、粗糙或有特殊图案
	功能和用途	描述物体的功能，如一辆快速的赛车、一件实用的工具或一件装饰艺术品等
动态元素细节	运动轨迹	物体或人物的运动轨迹，如直线移动、曲线旋转或不规则跳跃
	速度变化	运动的速度可以是快速、缓慢或有节奏地加速和减速

通过这些详细的视觉细节描述词，AI 能够生成符合用户期望的视频内容，不仅在视觉上吸引人，而且在情感上与观众产生共鸣。这种高度定制化的视频创作方式，使得 AI 成为一个强大的创意工具，适用于各种视频制作需求。

例如，在下面这段 AI 视频中，展现了“雪山脚下”“宁静村落”“雪山”“湖泊”等大量视觉细节元素，呈现出一个和谐而生动的自然与人文景观效果，如图 9-10 所示。

图9-10

下面介绍通过描述视觉细节来生成视频的操作步骤。

步骤 01 进入“视频生成”页面，❶切换至“文本生视频”选项卡；❷输入相应的描述词，用于指导 AI 生成特定的视频；❸单击“生成视频”按钮，如图 9-11 所示。

图9–11

步骤 02 稍等片刻，即可生成相应的视频效果，单击视频下方的重新编辑按钮“✎”，如图 9-12 所示，可以修改描述词。

图9–12

9.1.4 动作与情感：表现状态

在 AI 视频生成的描述词中，详细描述人物、动物或物体的动作和活动是至关重要的，因为这些动态元素能够为视频场景注入生命力，创造出引人入胜的故事。

在 AI 视频创作的世界里，描述词的作用就像是一位导演，指导着场景中每一个动作和活动的展开。下面是 DeepSeek 总结的可以包含在描述词中的动作和情感描述，用于丰富视频内容并增强动态感，如表 9-3 所示。

表9-3 描述词中的动作和情感描述

类别	动作和情感描述示例	
人物动作	行走	人物在繁忙的街道上快步行走，或是在宁静的森林小径上悠闲漫步
	踏雪	在冬日的雪地中，人物的每一步都留下深深的足迹，呼出的气息在冷空气中凝结成白雾
	探索	人物以好奇的眼光观察周围环境，或是在未知的领域中小心翼翼地前行
动物活动	奔跑	野生动物在广阔的草原上自由奔跑，展示它们的速度和力量
	觅食	鸟类在森林中轻巧地跳跃，寻找食物，或是鱼儿在水中灵活地游动觅食
	嬉戏	海豚在海浪中欢快地跳跃，或是小狗在草地上追逐
物体动态	拍打海浪	海浪不断拍打着岸边的岩石，发出响亮而节奏感强烈的声响
	旋转	山顶的风车在微风中缓缓旋转，或是摩天轮在夜幕下闪烁着灯光
	飘动	旗帜在风中飘扬，或是落叶在秋风中缓缓飘落
特定活动	跳舞	人物在舞会上随着音乐的节奏优雅起舞，或是在街头伴着电子乐即兴起舞
	运动	运动员在赛场上挥洒汗水，进行激烈的比赛，或是在健身房中进行力量训练
	工作	工匠在工作室中精心制作艺术品，或是农民在田野里辛勤耕作
情感表达	欢笑	孩子们在游乐场上欢笑玩耍，或是朋友们在聚会中开心交谈
	沉思	人物在安静的图书馆内沉思阅读，或是在夜晚的阳台上凝望星空
情感氛围	情感基调	视频传达的情感可以是温馨、紧张、神秘或激励人心
	氛围营造	通过音乐、声音效果和视觉元素共同营造特定的氛围
环境互动	与自然互动	人物在花园中与蝴蝶共舞，或是在山涧中与溪水嬉戏
	与城市互动	人物在城市中穿梭，与不同的建筑和环境互动，体验城市的活力

通过这些详细的动作和活动描述，AI 能够生成具有丰富动态元素的视频，让观众感受到场景的活力和情感。这样的视频不仅是视觉上的享受，更能引起情感上的共鸣，能够讲述一个个生动而真实的故事。通过这种描述方式，AI 能够为用户提供一个高度动态和情感丰富的视频创作体验，无论是用于讲述故事、记录生活还是展示产品，都能够创造出具有吸引力和感染力的视频作品。

例如，在下面这段 AI 视频中，樱花随风飘动的动态场景，与日系色调的画面相结合，营造出了一种清新的氛围，如图 9-13 所示。

图9-13

下面介绍通过描述动作与情感来生成视频的操作步骤。

步骤 01 进入“视频生成”页面，❶切换至“文本生视频”选项卡；❷输入相应的描述词，用于指导 AI 生成特定的视频；❸单击“生成视频”按钮，如图 9-14 所示。

图9–14

步骤 02 稍等片刻，即可生成相应的视频效果，单击视频下方的 AI 配乐按钮“🎵”，如图 9-15 所示，可以给视频配乐。

图9–15

9.1.5 技术和风格：选择风格

在 AI 视频生成的过程中，描述词不仅定义了视频的内容和主题，还决定了视频的技术和风格，从而影响最终的视觉呈现和观众的感受。

在 AI 视频的描述词中，用户可以细致地指定各种摄影视角和技巧，这些选择将极大地增强场景的吸引力和视觉冲击力。下面是 DeepSeek 总结的可以用于增强视频吸引力的技术和风格描述词，如表 9-4 所示。

表9-4　技术和风格描述词

类别	技术和风格描述词示例	
摄影视角和技巧	低相机视角	通过将相机置于低处，创造出宏伟壮观的视觉效果，强调主体的高大和力量
	无人机拍摄	利用无人机从空中捕捉场景，提供宽阔的视角和令人震撼的航拍画面
	广角拍摄	使用广角镜头捕捉更广阔的视野，增加场景的深度和空间感
	高动态范围成像	通过高动态范围成像技术，增强画面的明暗细节，使色彩更加丰富，对比更加鲜明
分辨率和帧率	高分辨率	指定视频的分辨率，如 4K 或 8K，以确保图像的极致清晰度和细节表现力
	高帧率	设定视频的帧率，如 60 帧每秒或更高，以获得流畅的动态效果，特别适合动作场面和需要慢动作回放的场景
摄影技术	创意摄影	采用创意摄影技术，比如使用慢动作来强调情感瞬间，或延时摄影来展示时间的流逝
	全景拍摄	利用 360 度全景拍摄技术，为观众提供沉浸式的视频体验，尤其适用于自然景观和大型活动
	运动跟踪	使用运动跟踪摄影技术，捕捉快速移动物体的清晰画面，适用于体育赛事或动作场景
	景深控制	通过控制景深，创造出不同的视觉效果，如浅景深突出主体，或大景深展现环境
艺术风格	3D 与现实结合	融合 3D 动画和实景拍摄，创造出既真实又梦幻的视觉效果
	35 毫米胶片拍摄	模仿传统 35 毫米胶片的质感和色彩，为视频带来复古和文艺的气息
	动画	采用动画技术，如 2D 动画或 3D 动画，为视频增添无限的想象空间和创意表达
特效风格	电影风格	应用电影级别的色彩分级和调色，使视频具有专业和戏剧性的外观
	抽象艺术	使用抽象的视觉元素和动态效果，创造出引人入胜的艺术作品
	未来主义	通过特效和设计，展现未来世界的科技感和创新精神
后期处理	色彩校正	进行专业的色彩校正，以确保视频色彩的真实性和视觉冲击力，增强情感表达
	特效添加	根据视频内容和风格，添加适当的视觉特效，如粒子效果、镜头光晕或动态背景，以增强视觉效果
	节奏控制	根据视频的节奏和情感变化，运用剪辑技巧，如跳切、交叉剪辑或慢动作重放，以增强叙事动力

通过这些详细的技术和风格描述词，AI 能够生成具有高度创意和专业水准的视频内容，满足用户的艺术愿景，并为观众带来引人入胜的视觉体验。例如，在下面这段 AI 视频中，通过多种摄影技术和创意手法，如“广角拍摄”“全景拍摄”“镜头光晕”等，制作一段美丽的风光视频，效果如图 9-16 所示。

图9-16

下面介绍通过描述技术和风格来生成视频的操作步骤。

步骤 01 进入“视频生成”页面，❶切换至“文本生视频”选项卡；❷输入相应的描述词，用于指导 AI 生成特定的视频；❸单击“生成视频”按钮，如图 9-17 所示。

图9-17

步骤 02 稍等片刻，即可生成相应的视频效果，单击视频右上角的发布按钮“ ”，如图 9-18 所示，可以把视频发布至即梦 AI 平台上。

图9-18

9.2 设置比例：满足不同的场景需求

在“视频生成”页面的“文本生视频”选项卡中，用户可以根据自己的需求选择视频比例，这些参数是预先设定好的，目前主要有 6 种比例选项可选，本节主要介绍 3 种类型：横幅视频、方幅视频和竖幅视频。

用户在输入视频的文字描述后，可以根据视频内容和目标发布平台的特点，选择合适的视频比例。横幅视频适用于传统的宽屏观看场景，方幅视频更适合社交媒体平台的展示需求，而竖幅视频则迎合了用户在移动设备上的观看习惯。

9.2.1 生成横幅视频：适合网络平台

横幅视频通常是指具有横向宽屏比例的视频格式，这种格式的视频在视觉上能够提供更开阔的视野和更丰富的场景内容。常见的横幅视频比例包括 16：9 和 4：3，非常适合展示场景的深度和宽度，适用于叙事性内容，如电影、电视剧和纪录片。此外，横幅视频的比例更符合人眼的视觉习惯，观看时可以减少头部转动，提供更舒适的观看体验。

例如，16：9 是广泛接受的视频标准，这种比例的横幅视频在各种设备上的兼容性较好，包括电视、电脑、平板和智能手机。如果视频内容是风景或者需要展示宽广视野的场景，横幅视频可能是最佳选择，效果如图 9-19 所示。

图9-19

下面介绍生成横幅视频的操作步骤。

步骤 01 进入“视频生成”页面，❶切换至“文本生视频”选项卡；❷输入相应的描述词，如图 9-20 所示。

步骤 02 ❶设置“视频比例”为“16：9”；❷单击“生成视频”按钮，如图 9-21 所示。

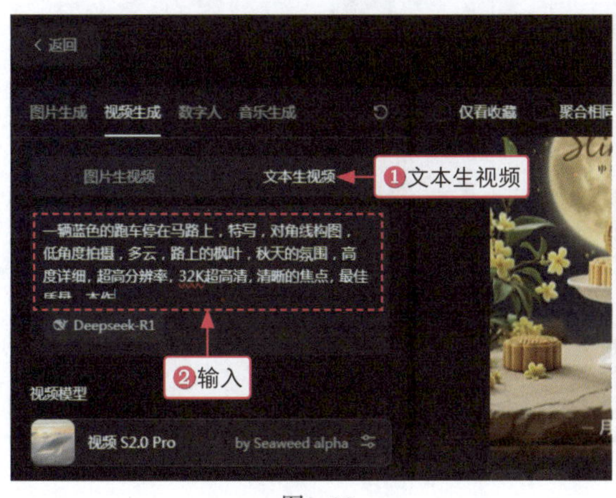

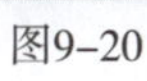
图9-20

图9-21

步骤 03　稍等片刻，即可生成相应的横幅视频效果，如图 9-22 所示。

图9-22

9.2.2　生成方幅视频：适合社交媒体

方幅视频的宽度和高度相等，比例为 1∶1，形成了一个完美的正方形，这种对称性在视觉上非常吸引人。方幅视频的框架限制了画面的宽度，迫使观众的注意力集中在画面中心，有助于突出主题和细节。

许多社交媒体平台，如 Instagram 和 TikTok，都支持方幅视频，并且这种格式的视频在这些平台上表现良好。由于观众的视角更接近画面中心，方幅视频可以创造出一种亲密和个人化的观看体验。

同时，方幅视频非常适合展示产品细节，常用于电子商务和产品营销。例如，使用方幅视频格式可以很好地展现产品的全貌，让潜在买家能够从各个角度清晰地看到产品的特点，效果如图 9-23 所示。

图9-23

下面介绍生成方幅视频的操作步骤。

步骤 01　进入“视频生成”页面，❶切换至“文本生视频”选项卡；❷输入相应的描述词，如图 9-24 所示。

步骤 02 ❶设置“视频比例”为“1：1”；❷单击“生成视频”按钮，如图 9–25 所示。

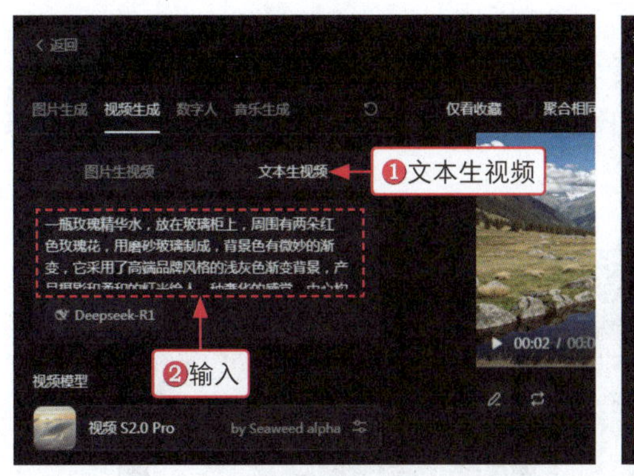

图9–24

图9–25

步骤 03 稍等片刻，即可生成相应的方幅视频效果，如图 9–26 所示。

图9–26

9.2.3 生成竖幅视频：适合手机观看

竖幅视频的高度大于宽度，常见的比例有 3：4、9：16 等，这与传统的横幅视频比例相反。竖幅视频在智能手机和移动设备上观看时更具优势，因为用户通常以竖屏模式持握和操作这些设备。以下是竖幅视频的主要特点。

❶ 集中的视觉焦点：由于屏幕较窄，竖幅视频能够将观众的注意力集中在画面的垂直中心线上，有助于突出主体和细节。

❷ 社交媒体友好：许多社交媒体平台，如抖音、快手、Snapchat、Instagram 和 TikTok 等，都支持竖幅视频，并会优先推荐这种格式的内容。

❸ 适合个性化内容：竖幅视频非常适合展示个性化的内容，如 Vlog、个人故事、教程分享和生活记录。

❹ 交互性强：由于竖屏模式下用户可以单手操作设备，竖幅视频可以提供更便捷的交互体验，适合快速浏览和切换内容。

❺ 垂直广告：作为移动端广告的理想格式，能在用户滚动浏览内容时更有效地捕获注意力。

❻ 沉浸式体验：在手机等移动设备上，竖幅视频提供了一种沉浸式的观看体验，观众可以更直接地与内容互动。

❼ 故事叙述：竖幅视频格式适合叙述故事，特别是当故事内容围绕个人或小规模场景展开时。

❽ 展示细节：竖幅视频能够突出展示垂直方向上的细节，如建筑物的高度、树木的挺拔或人物的全身造型。

❾ 创新构图：竖幅视频鼓励用户采用创新的构图技巧，以适应垂直的视觉空间。

例如，使用竖幅视频格式可以很好地展示猫咪的样子，突出猫咪主体，减少背景，很适合在手机中观看，效果如图 9-27 所示。

图9-27

下面介绍生成竖幅视频的操作步骤。

步骤 01 进入“视频生成”页面，❶切换至“文本生视频”选项卡；❷输入相应的描述词，如图 9-28 所示。

步骤 02 ❶设置“视频比例”为“9：16”；❷单击“生成视频”按钮，如图 9-29 所示。

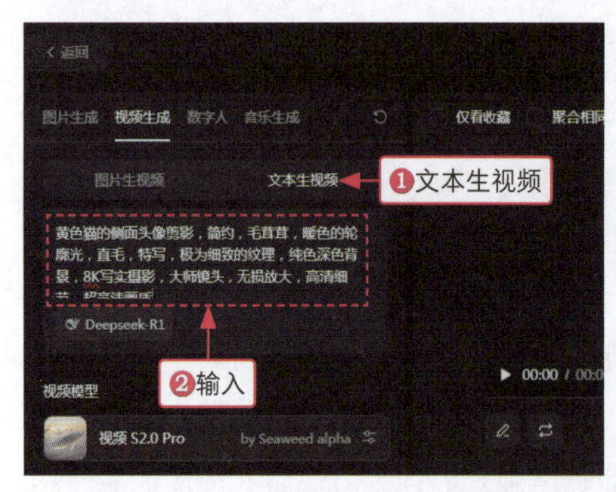

图9-28

图9-29

步骤 03 稍等片刻，即可生成相应的竖幅视频效果，如图 9-30 所示。

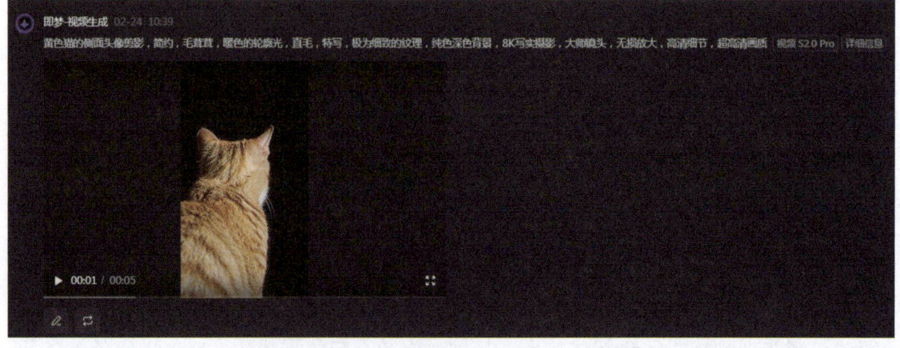

图9-30

本章小结

本章首先介绍了文生视频技巧，用 DeepSeek 辅助创作描述词，包括主体部分、场景设置、视觉细节、动作与情感、技术和风格。接着介绍了设置视频的比例，包括生成横幅视频、生成方幅视频和生成竖幅视频。通过本章的学习，读者可以对即梦 AI 以文生视频有一个深入了解，掌握以文生视频的操作技巧。

课后实训

请使用即梦 AI 的文生视频功能，生成一个横幅视频，描述词中要包含主体和场景，效果如图 9-31 所示。

图9-31

下面介绍相应的操作步骤。

进入“视频生成”页面，❶切换至“文本生视频”选项卡；❷输入相应的描述词；❸设置“视频比例”为“16：9”；❹单击“生成视频”按钮，稍等片刻，即可生成相应的横幅视频效果，主体是“一只白色的大胖猫”，场景是“在躺椅上戴着墨镜，背景是大海”，如图 9-32 所示。

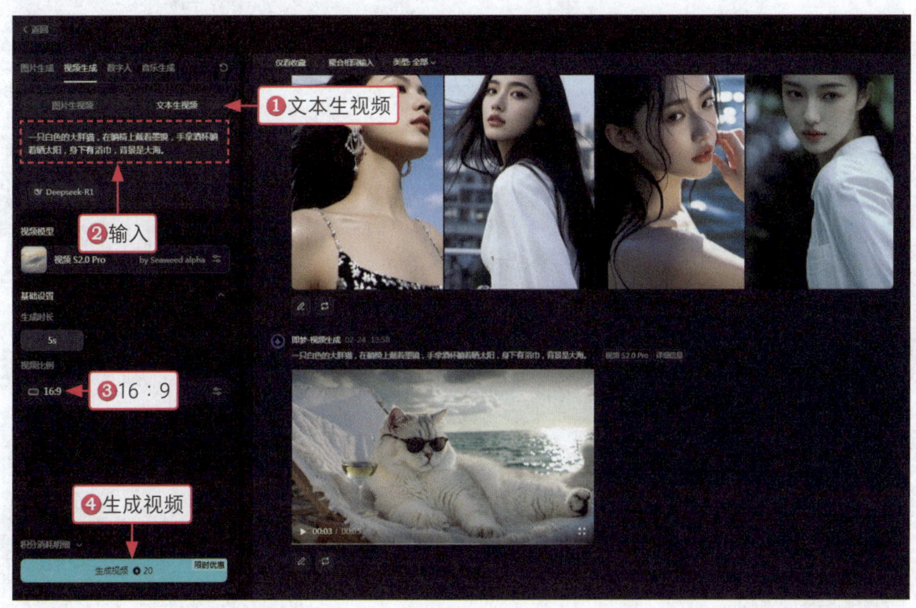

图9-32

第 10 章 图转视频革命：即梦 AI 让静态作品动起来

随着人工智能技术的飞速发展，静态图像与动态视频之间的界限变得越来越模糊。即梦 AI 的图生视频功能，作为这一领域的佼佼者，为我们提供了一个探索未来视觉表达形式的窗口。无论是人物的表情变化、场景的细节调整，还是光影的微妙变换，都能得到完美的呈现。本章将为大家介绍如何在即梦 AI 中使用图片生成视频。

10.1 图生视频：3 种方式，轻松制作

在 AI 图生视频的领域中，将静态图像转化为动态视频的创作过程正变得日益丰富且易用。随着人工智能技术的飞速发展，如今已有多种方法可以实现这一创造性的转换。本节主要介绍即梦 AI 平台上的 3 种图生视频方式：单图快速实现图生视频、图文结合实现图生视频以及使用尾帧实现图生视频。

10.1.1 单图快速实现图生视频：快速生成

单图快速实现图生视频是一种高效的 AI 视频生成技术，用户仅需提供一张静态图片即可快速生成动态视频内容。这种方法非常适合需要快速制作动态视觉效果的场景，无论是社交媒体的短视频，还是在线广告的即时展示需求，都能轻松实现。

例如，下面是根据一张小狗骑电动车的图片生成的一个流畅的 AI 视频，其中小狗骑着电动车，吐着舌头，非常可爱，效果如图 10-1 所示。

图10-1

下面介绍通过单图快速实现图生视频的操作步骤。

步骤 01 在即梦 AI 网页版的“首页”页面中，单击“AI 视频”选项区中的“视频生成”按钮，如图 10-2 所示。

图10-2

步骤 02　进入即梦 AI 的“视频生成”页面，❶切换至“图片生视频”选项卡；❷单击“上传图片”按钮，如图 10-3 所示。

步骤 03　弹出“打开”对话框，❶在相应的文件夹中选择图片素材；❷单击“打开”按钮，如图 10-4 所示。

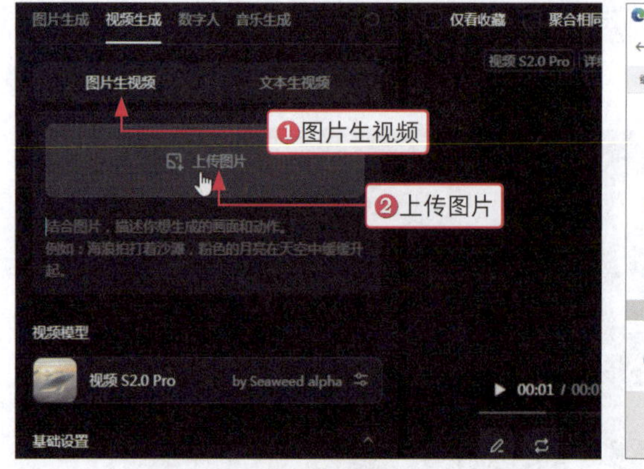

图10-3

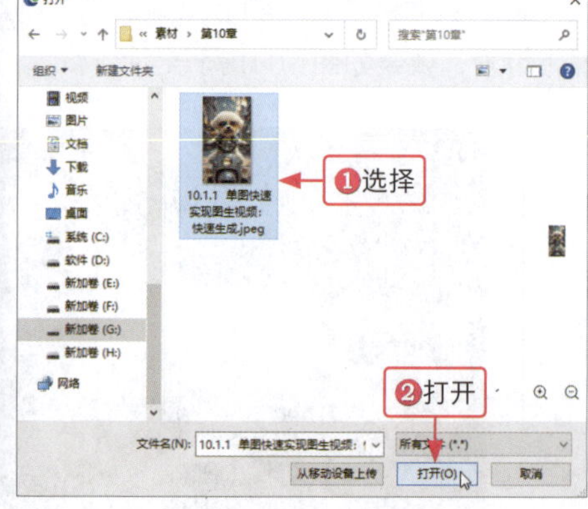

图10-4

步骤 04　即可上传图片，设置“视频模型”为“视频 1.2”，如图 10-5 所示。

步骤 05　❶设置“运动速度”为“慢速”；❷设置“生成时长”为“3s”；❸单击“生成视频”按钮，如图 10-6 所示。

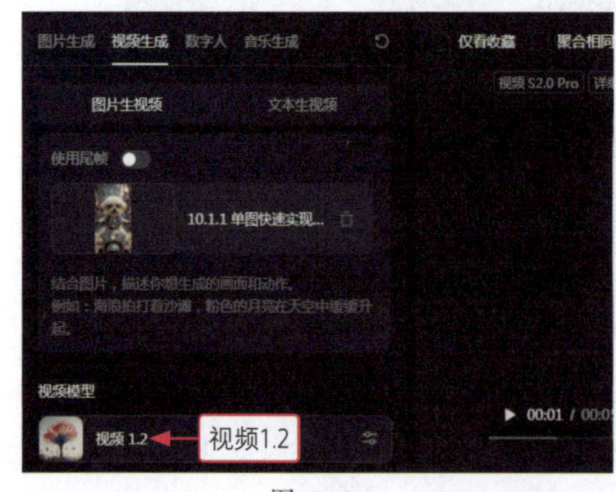

图10-5

图10-6

步骤 06　稍等片刻，即可生成一段视频，如图 10-7 所示。

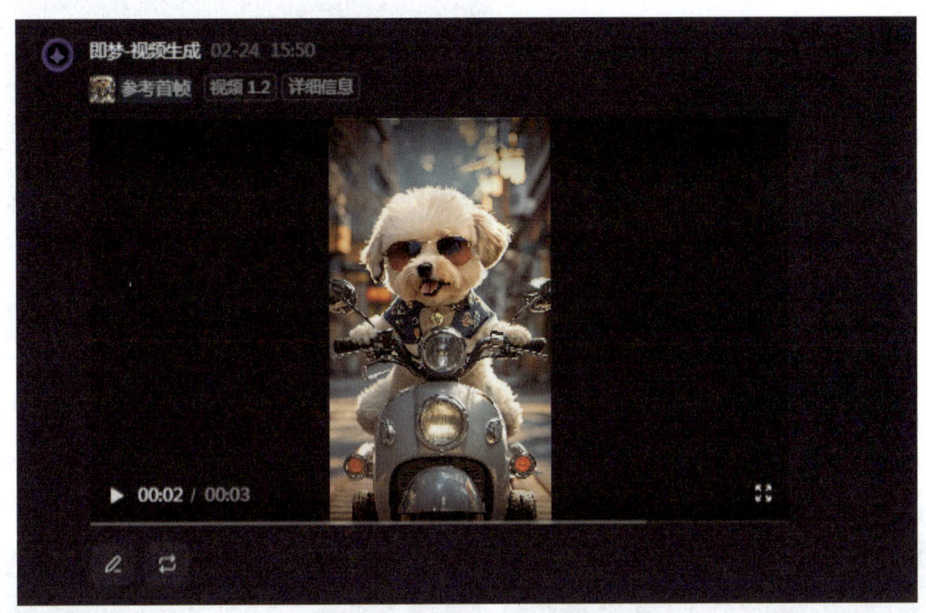

图10-7

10.1.2　图文结合实现图生视频：精准输出

图文结合实现图生视频是一种更为综合的创作方式，它不仅利用了图像的视觉元素，还结合了文字描述来增强视频的叙事性和表现力，效果如图 10-8 所示。

图10-8

下面介绍通过图文结合实现图生视频的操作步骤。

步骤 01　进入“视频生成”页面中的“图片生视频”选项卡，单击“上传图片”按钮，弹出“打开”对话框，❶选择相应的图片；❷单击“打开”按钮，如图 10-9 所示。

步骤 02　即可上传图片，输入相应的描述词，如图 10-10 所示。

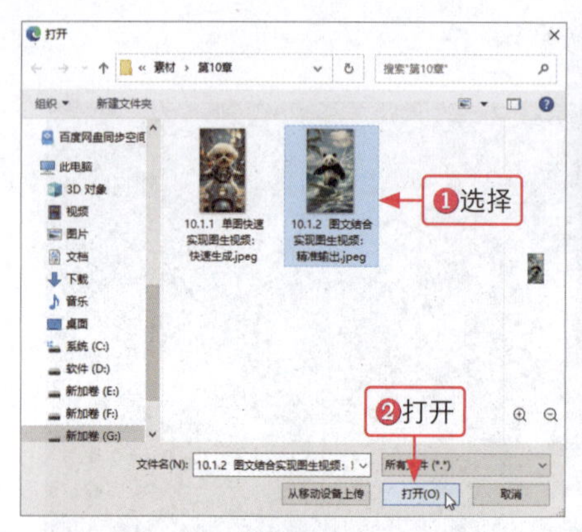

图10-9

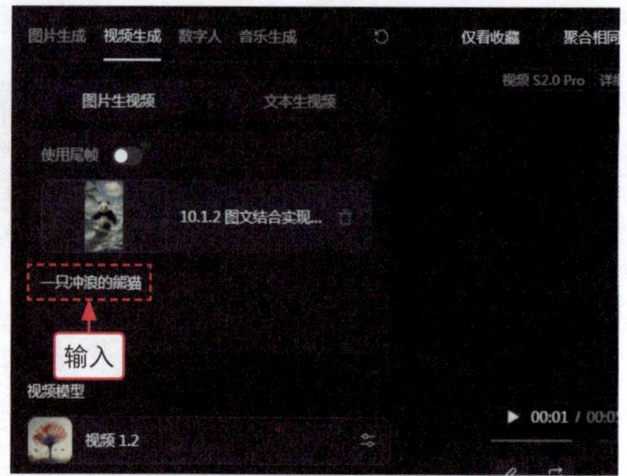

图10-10

步骤 03 ❶设置“生成时长”为“6s”；❷单击“生成视频”按钮，如图 10-11 所示。

步骤 04 稍等片刻，即可生成一段视频，单击下载按钮“ ”，如图 10-12 所示，即可下载视频。

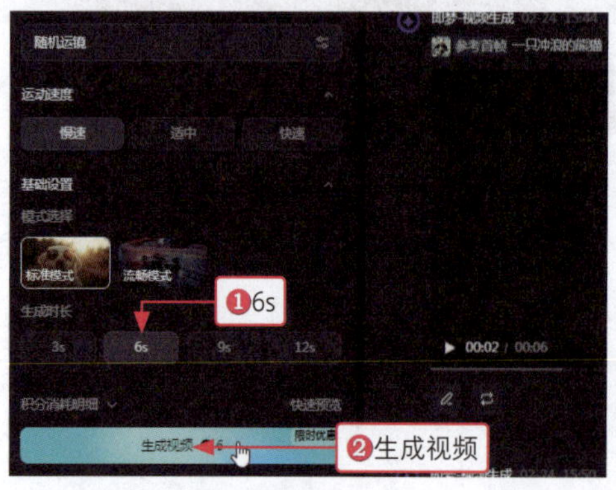

图10-11

图10-12

10.1.3 使用尾帧实现图生视频：自然流畅

使用尾帧实现图生视频是一种高级技术，它通过定义视频的起始帧（即首帧）和结束帧（即尾帧），让 AI 在两者之间生成平滑的过渡和动态效果。这种方法为用户提供了精细控制视频动态过程的能力，尤其适合制作复杂的视频，效果如图 10-13 所示。

图10-13

下面介绍通过使用尾帧实现图生视频的操作步骤。

步骤 01 进入“视频生成”页面中的“图片生视频”选项卡，单击“上传图片”按钮，弹出“打开”对话框，❶选择相应的图片；❷单击“打开”按钮，如图 10-14 所示。

步骤 02 即可上传图片，作为 AI 视频的首帧，❶设置“视频模型”为“视频 1.2”；❷开启“使用尾帧”功能；❸单击“上传尾帧图片”按钮，如图 10-15 所示。

步骤 03 弹出“打开”对话框，❶选择相应的图片；❷单击“打开”按钮，如图 10-16 所示。

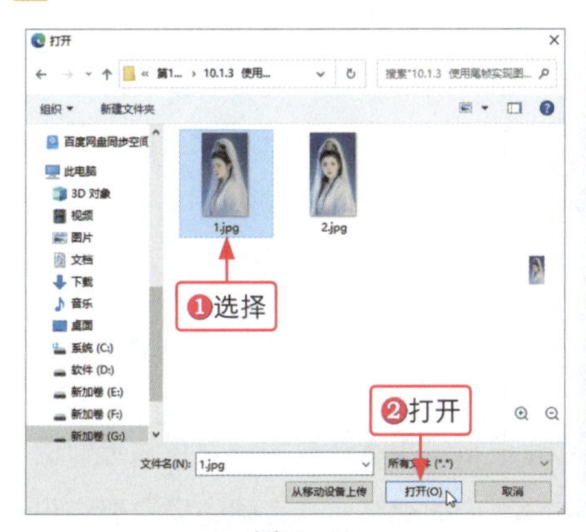

图10–14

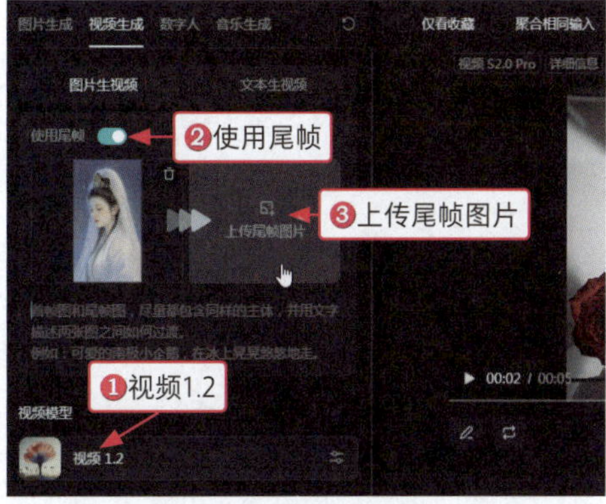

图10–15

步骤 04 即可上传图片，作为 AI 视频的尾帧，输入相应的描述词，如图 10-17 所示。

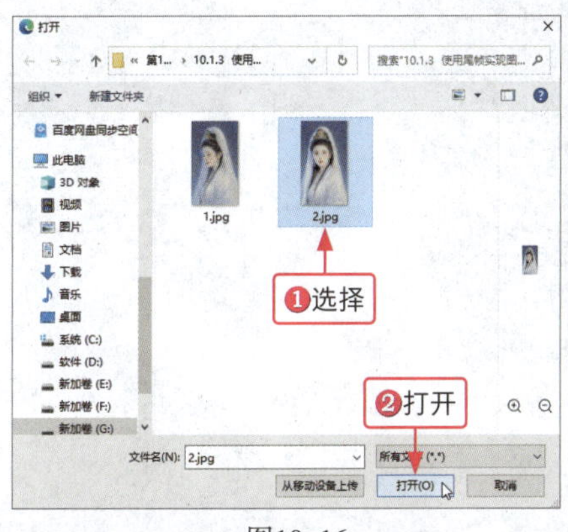

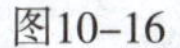

图10–16

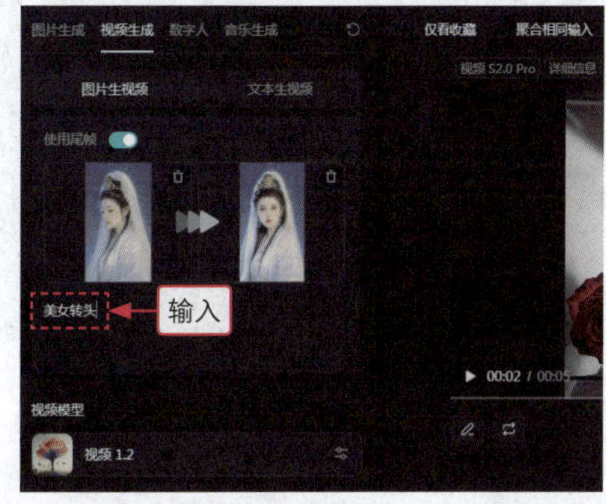

图10–17

步骤 05 ❶设置“运动速度”为“慢速”；❷单击“生成视频”按钮，如图 10-18 所示。

步骤 06 稍等片刻，即可生成一段视频，如图 10-19 所示。

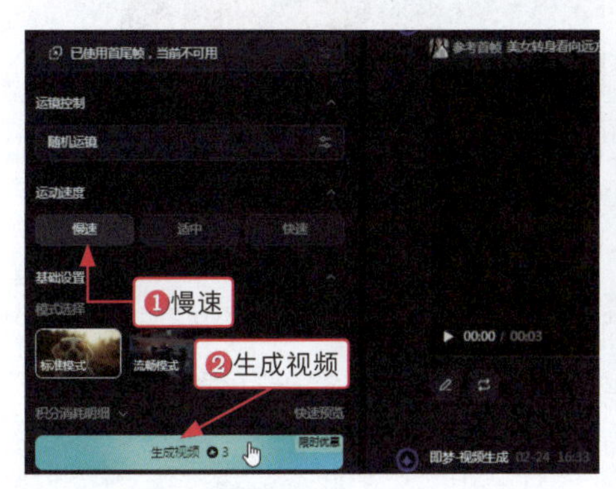

图10–18

图10–19

10.2 运镜类型：打造流畅视频体验

在影视制作艺术中，运镜技术是叙事表达和视觉引导的核心手段。运镜风格不仅决定了视频的视觉风格，还能显著影响观众的情感反应和对内容的理解。从平稳的推拉镜头到富有张力的环绕运镜，每一种运镜方式都能为视频注入独特的生命力。本节将深入介绍即梦 AI 平台中 AI 视频生成的运镜设置方法，主要介绍推近和拉远两种运镜技巧，以提升视频的叙事表现力。

10.2.1 推近运镜：突出重点

推近运镜是一种在视频制作中广泛使用的技巧，它通过将镜头逐渐向拍摄对象靠近，使得画面的取景范围逐渐缩小，画面主体逐渐放大。推近运镜能够引导观众的视线，从宽阔的场景聚焦到特定的细节或人物，让观众更深入地感受到角色的内心世界，同时增强情感氛围的表现力，效果如图 10-20 所示。

图10-20

下面介绍实现推近运镜的操作步骤。

步骤 01 进入“视频生成”页面中的“图片生视频”选项卡，单击“上传图片”按钮，弹出“打开”对话框，❶选择相应的图片；❷单击“打开”按钮，如图 10-21 所示。

步骤 02 即可上传图片，输入相应的描述词，如图 10-22 所示。

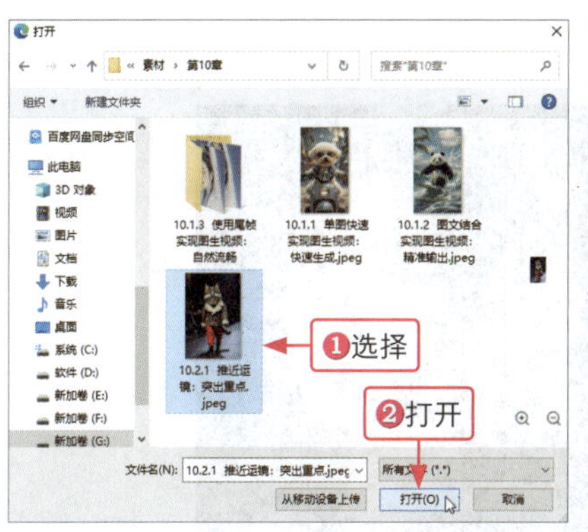

图10-21

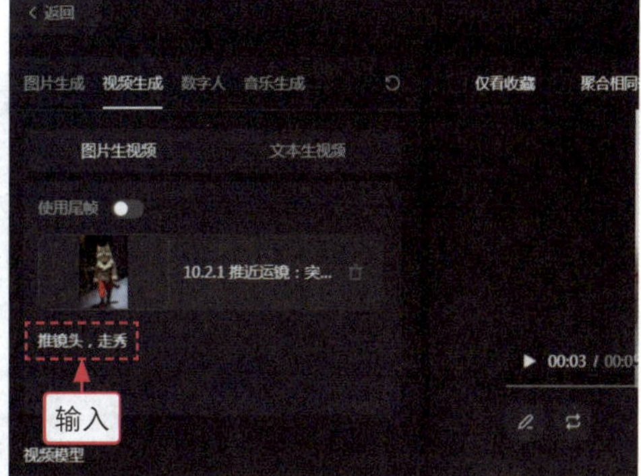

图10-22

步骤 03　单击“随机运镜”按钮，如图 10-23 所示。

步骤 04　弹出“运镜控制”面板，❶单击变焦推近按钮“ ”；❷设置“幅度”为“大”；❸单击“应用”按钮，如图 10-24 所示。

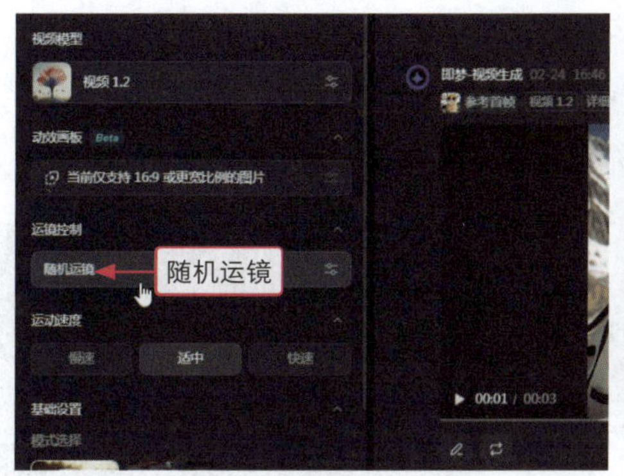

图10-23

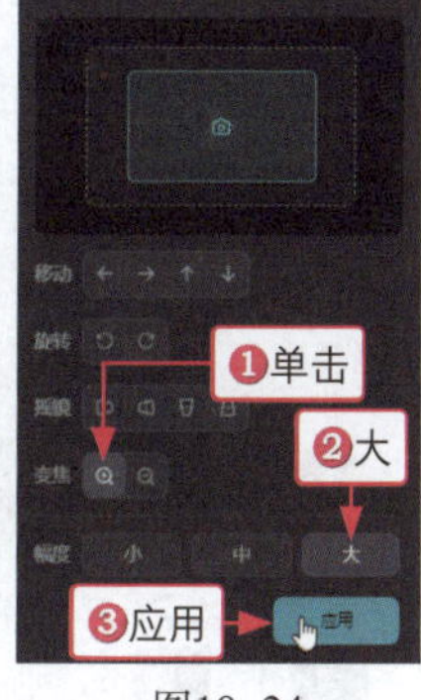

图10-24

步骤 05　❶设置“运动速度”为“适中”；❷单击“生成视频”按钮，如图 10-25 所示。

步骤 06　稍等片刻，即可生成一段视频，如图 10-26 所示。

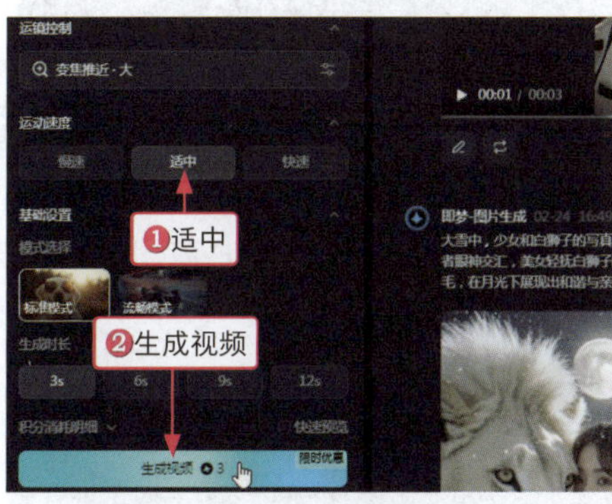

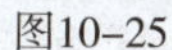
图10-25

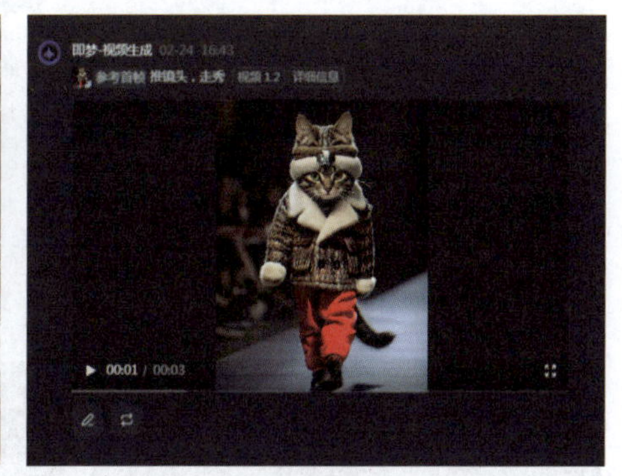

图10-26

10.2.2　拉远运镜：展现全局

拉远运镜是指镜头逐渐远离拍摄对象，或者通过改变镜头焦距来增加与拍摄对象的距离，从而在视觉上创造出一种从主体向背景或环境扩展的效果。拉远运镜可以让镜头形成视觉上的后移效果，帮助观众理解主体与环境之间的关系，效果如图 10-27 所示。

图10-27

下面介绍实现拉远运镜的操作步骤。

步骤 01 进入“视频生成”页面中的“图片生视频”选项卡，单击“上传图片”按钮，弹出“打开”对话框，❶选择相应的图片；❷单击“打开”按钮，如图 10-28 所示。

步骤 02 即可上传图片，输入相应的描述词，如图 10-29 所示。

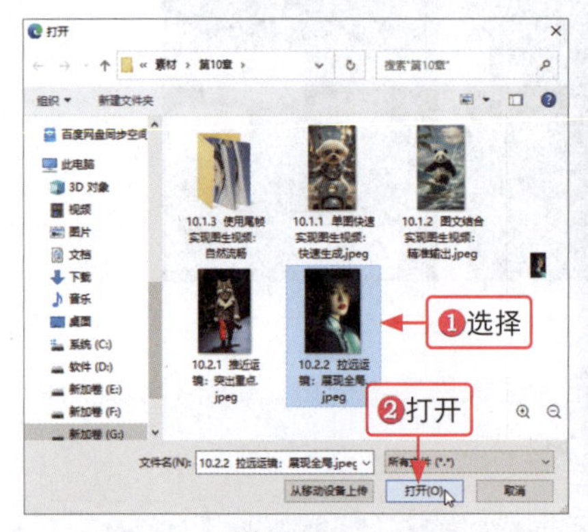

图10-28

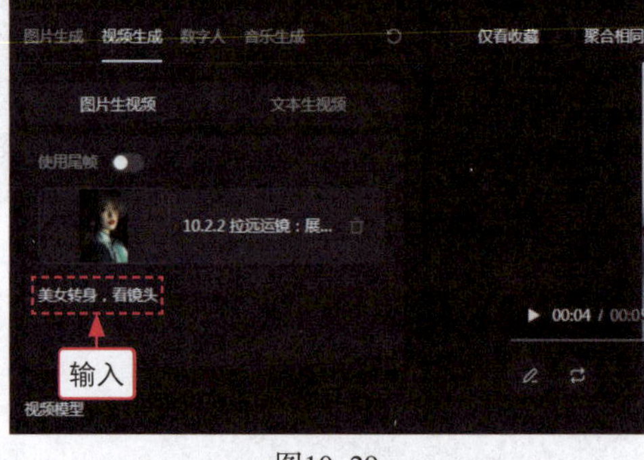

图10-29

步骤 03 ❶单击“随机运镜”按钮，弹出“运镜控制”面板；❷单击变焦拉远按钮“🔍”；❸设置“幅度”为“大”；❹单击“应用”按钮，如图 10-30 所示。

步骤 04 ❶设置“运动速度”为“适中”；❷单击“生成视频”按钮，稍等片刻，即可生成一段视频，如图 10-31 所示。

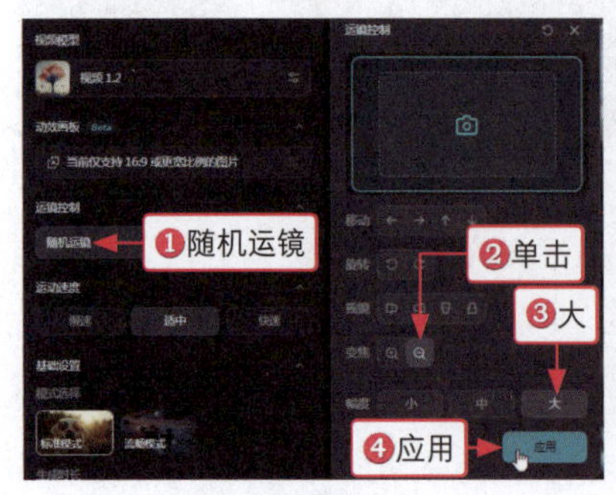

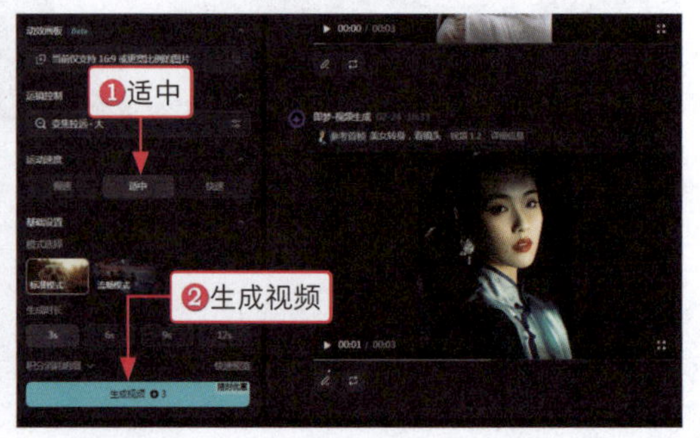

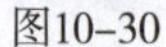

图10-30

图10-31

10.3 二次编辑：配乐与生成特殊视频

即梦 AI 平台提供了一系列的工具和功能，使用户能够轻松地编辑和生成专业级别的视频。本节主要介绍使用即梦 AI 编辑与生成特殊视频的方法，具体内容包括为视频添加 AI 配乐与生成对口型视频。

10.3.1 为视频添加音乐：AI 配乐

使用即梦的 AI 配乐功能，系统将自动为视频匹配合适的背景音乐。用户可以根据需要调整音乐的风格、情绪等参数，以获得更符合视频内容的配乐。生成配乐后，用户可以预览视频效果，如果配乐与视频内容不完全契合，可以返回并重新生成配乐，或者手动调整音乐的起始时间、播放时长和音量大小等，视频效果如图 10-32 所示。虽然 AI 配乐功能为用户提供了便捷的配乐方案，但用户仍需注意版权问题。

图10-32

下面介绍为视频添加音乐的操作步骤。

步骤 01 进入“视频生成”页面中的“图片生视频”选项卡，单击“上传图片”按钮，弹出“打开”对话框，❶选择相应的图片；❷单击“打开”按钮，如图 10-33 所示。

步骤 02 即可上传图片，❶单击“随机运镜”按钮，弹出“运镜控制”面板；❷单击逆时针旋转按钮“⟲”；❸设置“幅度”为“大”；❹单击“应用”按钮，如图 10-34 所示。

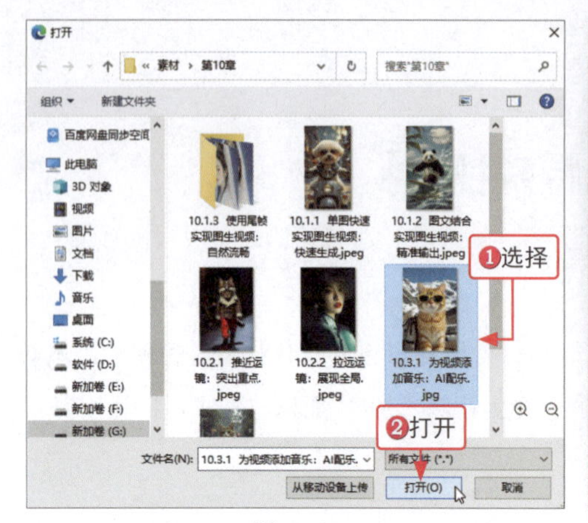

图10–33

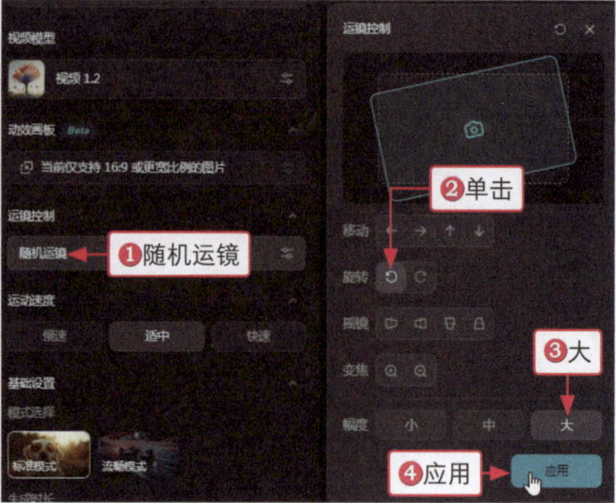

图10–34

步骤 03 ❶设置“运动速度”为“适中”；❷单击“生成视频”按钮，如图 10–35 所示。

图10–35

步骤 04 稍等片刻，即可生成一段视频，单击 AI 配乐按钮“ ”，如图 10–36 所示。

步骤 05 在“AI 配乐”面板中默认选中“根据画面配乐”单选按钮，如图 10–37 所示。

图10–36

图10–37

步骤 06 单击“生成 AI 配乐”按钮，如图 10–38 所示。

步骤 07 稍等片刻，即可生成一段有音乐的视频，单击下载按钮“ ”，如图 10–39 所示，即可下载视频。

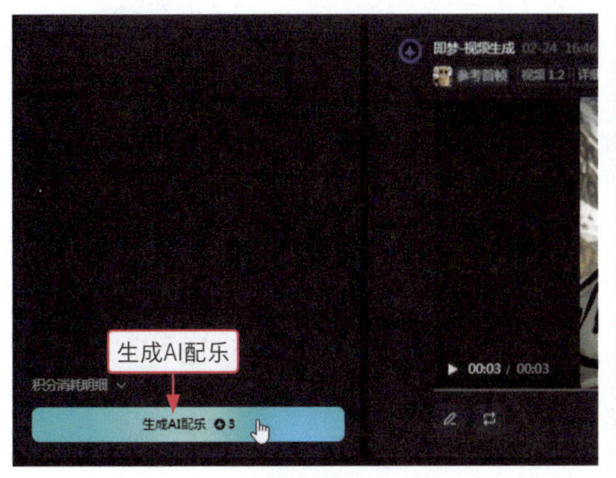

图10-38

图10-39

10.3.2 生成对口型视频：创意无限

生成对口型视频是即梦 AI 的一大亮点，该功能利用 AI 技术将音频与人物的口型完美同步，创造出既真实又具有吸引力的视频内容，在音乐视频、语言教学、广告宣传等多个领域都有广泛的应用，视频效果如图 10-40 所示。

图10-40

下面介绍生成对口型视频的操作步骤。

步骤 01 ❶切换至“数字人”|“对口型”选项卡；❷单击“导入角色图片 / 视频”按钮，如图 10-41 所示。

步骤 02 弹出相应列表框，选择“从本地上传”选项，如图 10-42 所示。

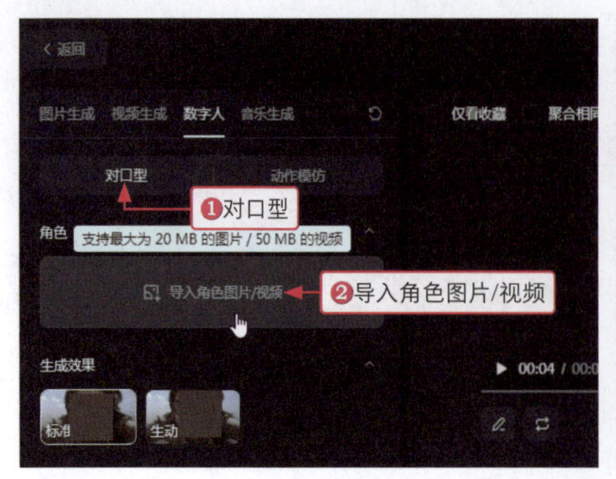

图10-41

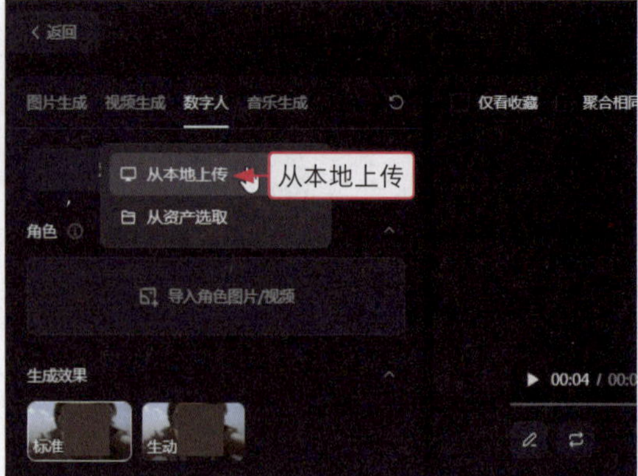

图10-42

步骤 03 弹出“打开”对话框，❶选择相应的图片；❷单击“打开”按钮，如图 10-43 所示。

步骤 04 导入图片后，默认选择“标准”生成效果，如图 10-44 所示。

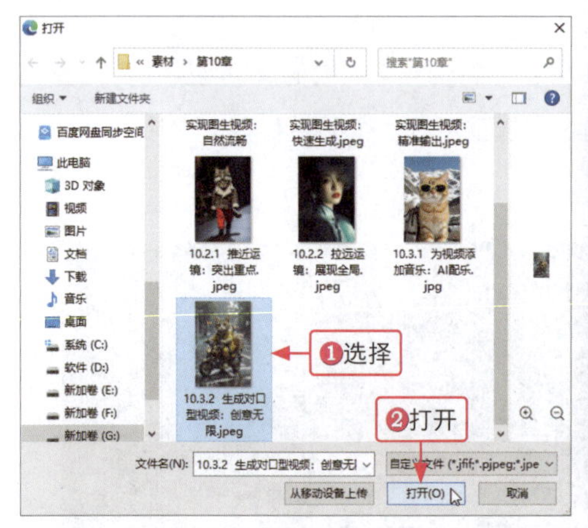

图10-43

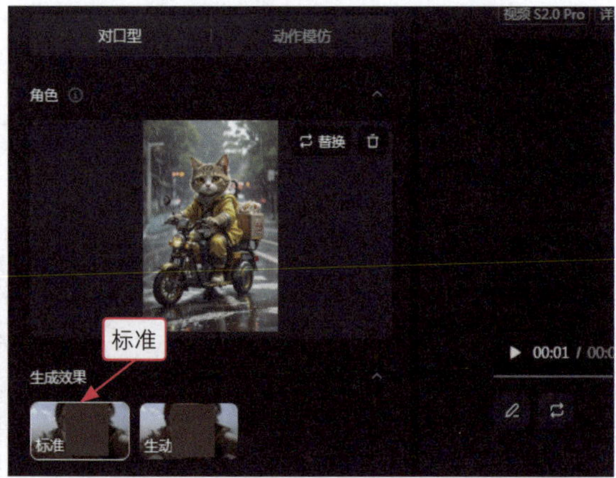

图10-44

步骤 05 ❶在“对口型”|“文本朗读”选项区中输入配音文字；❷设置“朗读音色”为“小男孩”；❸单击“生成视频”按钮，如图 10-45 所示。

步骤 06 稍等片刻，即可生成一段有配音的对口型视频，如图 10-46 所示。

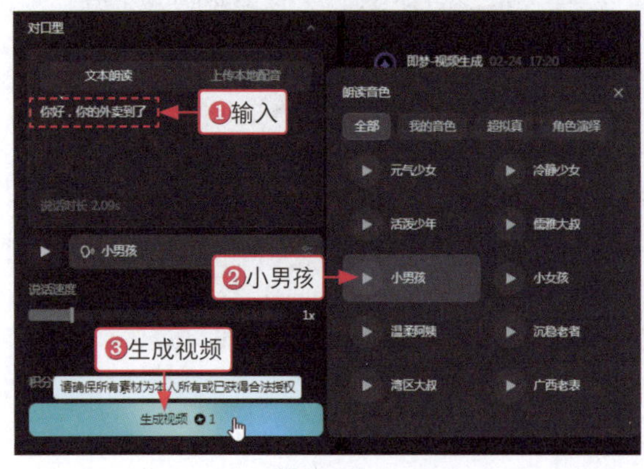

图10-45

图10-46

本章小结

本章首先介绍了图生视频，包括单图快速实现图生视频、图文结合实现图生视频和使用尾帧实现图生视频。接着介绍了运镜类型，包括推近运镜和拉远运镜。最后介绍了二次编辑视频，包括为视频添加音乐和生成对口型视频。通过本章的学习，读者可以对即梦 AI 以图生视频有一个深入了解，掌握以图生视频的操作技巧。

课后实训

在 AI 视频的创作和编辑过程中，我们时常会遇到需要对现有视频进行重新制作或调整的情况。无论是为了改进视频质量、修正错误，或是尝试新的创意方向，再次生成视频都成为一个不可或缺的过程。利用即梦 AI 的再次生成视频功能，可以满足用户对视频内容的高标准和个性化需求，效果如图 10-47 所示。

图10-47

下面介绍相应的操作步骤。

步骤 01 进入“视频生成”页面中的“图片生视频”选项卡，单击“上传图片”按钮，弹出“打开”对话框，❶选择相应的图片；❷单击“打开”按钮，如图 10-48 所示。

步骤 02 即可上传图片，输入相应的描述词，如图 10-49 所示。

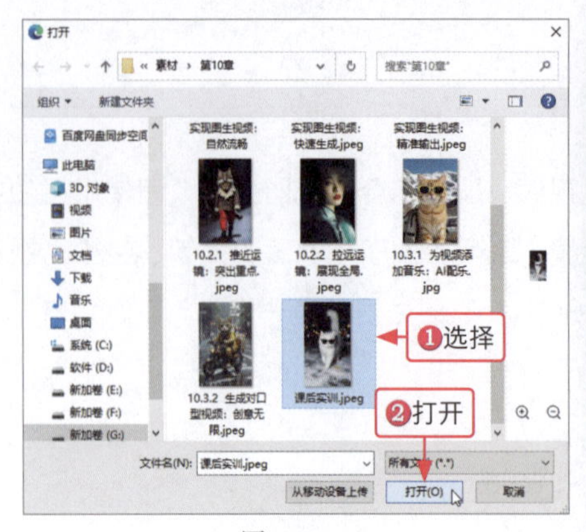

图10-48

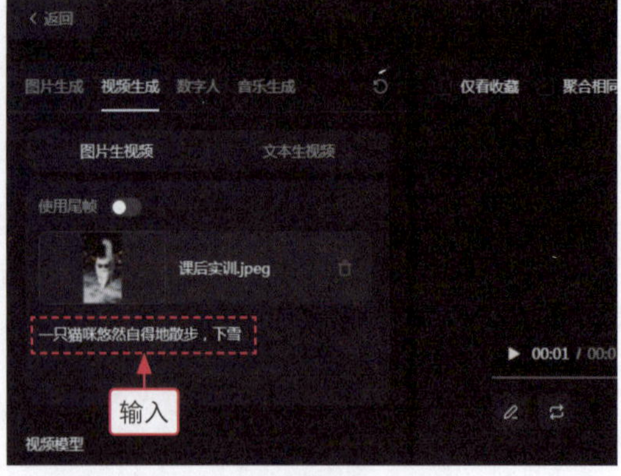

图10-49

步骤 03 ❶设置“运动速度”为“适中”；❷设置“生成时长”为“6s”；❸单击“生成视频”按钮，如图 10-50 所示。

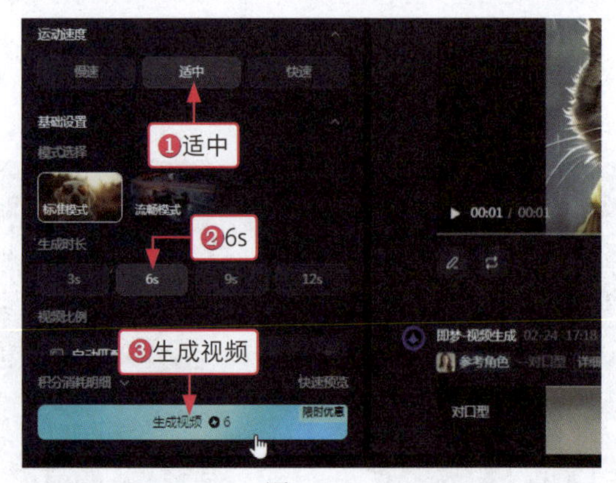

图10-50

步骤 04 稍等片刻，即可生成一段视频，单击视频下方的再次生成按钮“ ”，如图 10-51 所示。

步骤 05 稍等片刻，即可再次生成一段视频，单击下载按钮“ ”，如图 10-52 所示，即可下载视频。

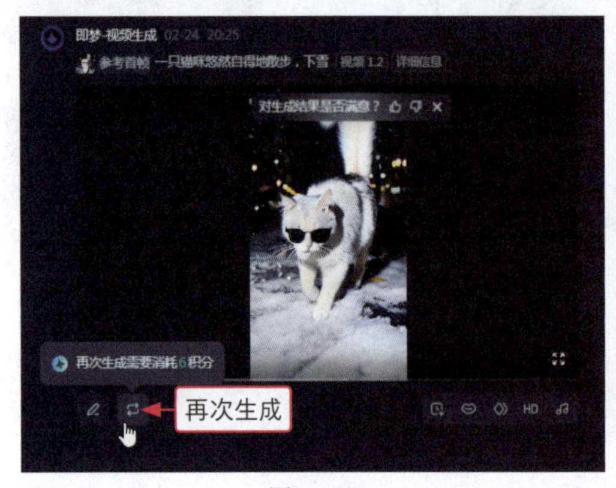

图10-51

图10-52

在生成视频的时候，选择随机运镜，可以为用户提供更大的创造性空间，他们可以利用这种技术创造出独特的视觉效果。由于镜头运动的随机性，观众无法预测下一个镜头会如何变化，这可以增加观看的悬念和兴趣。

在某些情况下，随机运镜可以更好地模拟现实世界中人们观察事物的方式，因为人类的注意力转移往往是随机和无规律的。

第 11 章 图文成片术：剪映 1 分钟生成故事短片

剪映的图文成片功能非常强大，用户只需提供文案，就能自动生成包含字幕、配音、背景音乐和匹配画面的视频。这一功能为用户提供了简单、快捷、高效的视频制作解决方案，无论是专业创作者还是业余爱好者，都能轻松产出高质量的视频作品。本章将详细介绍如何使用图文成片功能生成视频，帮助用户快速制作短视频或故事短片。

11.1 创作文案：视频文案轻松生成

在使用图文成片功能前，首先需要生成视频文案。在创作文案的时候，用户可以使用 DeepSeek 生成文案，也可以使用剪映 AI 生成文案，或者提取其他视频中的文案。这些文案的获取方式都很方便，本节将为大家进行相应的介绍。

11.1.1 DeepSeek：生成符合需求的文案

在使用 DeepSeek 生成视频文案前，首先需要明确视频的目标和主题。这包括确定视频的目标受众、核心信息、情感基调以及希望激发的观众反应。这些信息将作为 DeepSeek 生成文案的提示词，相关案例如下。

我是一个旅游博主，请帮我写一篇云游大理的旅游 Vlog 文案，字数不要超过 500 字，语言要简洁、有逻辑，最好风趣幽默一点。

云游大理：风花雪月，一场说走就走的治愈之旅！

大家好，我是你们的旅游博主 [你的名字]，今天带大家云游大理，感受风花雪月的浪漫与治愈！

第一站：洱海

关键词：治愈、浪漫、骑行

文案：租一辆电动车，沿着洱海骑行，感受微风拂面，阳光洒在波光粼粼的湖面上，仿佛时间都慢了下来。（别忘了拍几张美照！）

第二站：大理古城

关键词：历史、文化、美食

文案：漫步在青石板路上，感受古城的历史韵味，逛逛特色小店，品尝当地美食，饵丝、乳扇、鲜花饼……（吃货的天堂，小心你的钱包！）

第三站：苍山

关键词：徒步、登高、俯瞰

文案：乘坐索道上山，俯瞰洱海和大理古城，感受大自然的壮丽。（记得穿舒适的鞋子，徒步登高，挑战自我！）

第四站：双廊古镇

关键词：文艺、小资、发呆

文案：找个临海的咖啡馆，点一杯咖啡，看着洱海发呆，感受慢生活的美好。（文艺青年必打卡，发呆也是一种享受！）

……

需要注意的是，虽然 DeepSeek 能够大大简化视频文案的生成过程，但用户仍需保持对文案内容的控制和审核，以确保其准确性和符合性。

11.1.2　剪映：智能写文案

在剪映的图文成片中，有智能写文案功能，可以让 AI 智能写文案，后续剪映会根据文案自动生成视频。下面介绍在剪映中使用剪映 AI 智能写文案的操作步骤。

步骤 01　打开剪映电脑版，进入剪映首页，单击“图文成片”按钮，如图 11-1 所示。

图11-1

步骤 02　在“图文成片”面板中，单击“自由编辑文案”按钮，如图 11-2 所示。

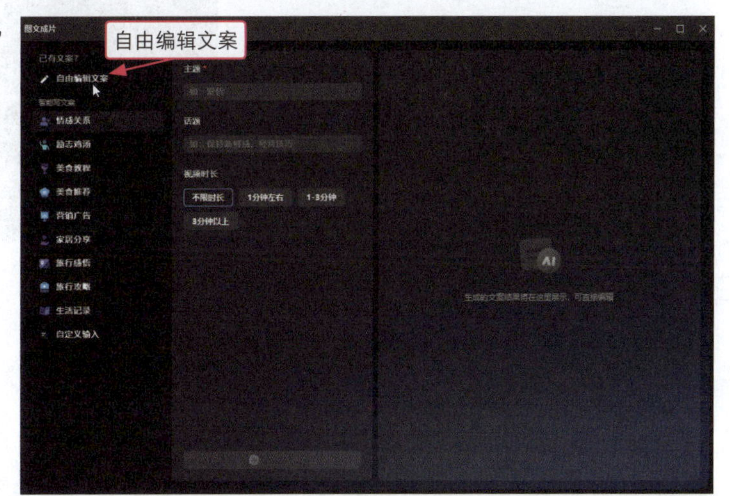

图11-2

步骤 03　进入“自由编辑文案”页面，单击“智能写文案”按钮，如图 11-3 所示。

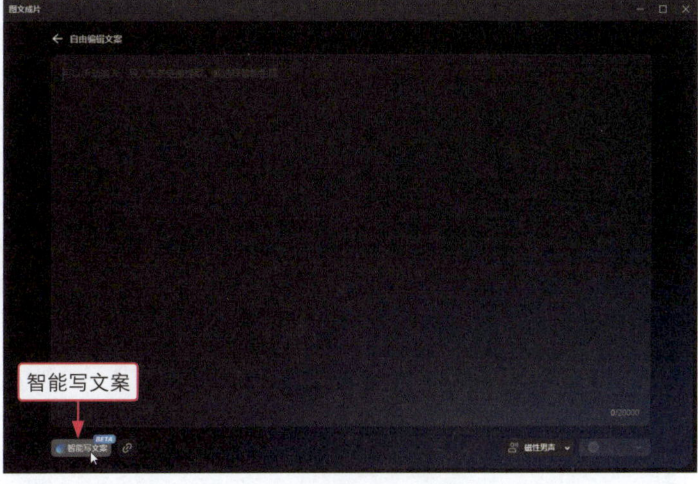

图11-3

步骤 04 默认选中“自定义输入”单选按钮，❶在文本框中输入相应的提示词；❷单击“→”按钮，如图 11-4 所示。

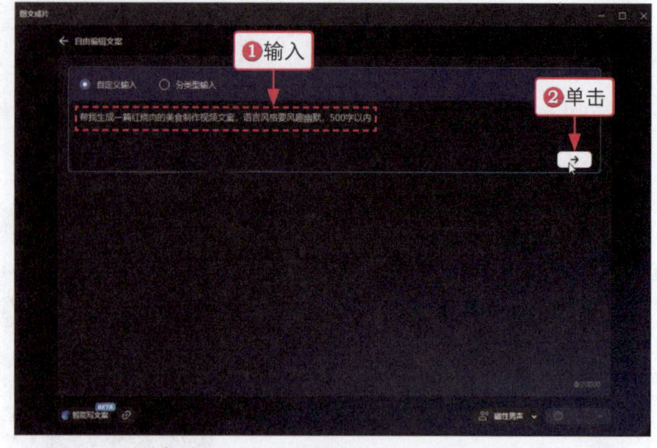

图11-4

步骤 05 即可生成相应的文案，❶单击“重新生成”按钮，即可重新生成文案；❷单击“< >”按钮，可以翻页查看文案；❸单击“确认”按钮，如图 11-5 所示，就可以选择该篇文案生成相应的视频。

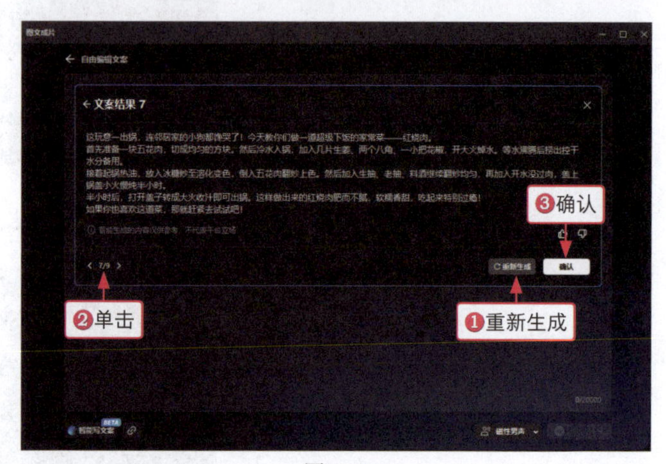

图11-5

11.1.3 链接：提取文案更方便快捷

想要从链接中获取文案，用户需要先选好头条文章，并复制文章的链接，并粘贴到“图文成片”面板中，就可以通过 AI 提取文章中的文案内容。下面介绍提取文案的操作步骤。

步骤 01 在浏览器中搜索“今日头条”，单击对应的官网链接，进入其官网，❶在搜索栏中输入“龙飞摄影”；❷单击搜索按钮“🔍”，如图 11-6 所示。

图11-6

步骤 02 进入相应的页面，选择“龙飞摄影”链接，如图 11-7 所示。

步骤 03 进入“龙飞摄影”首页，❶切换至“文章”选项卡；❷选择相应的文章链接，如图 11-8 所示。

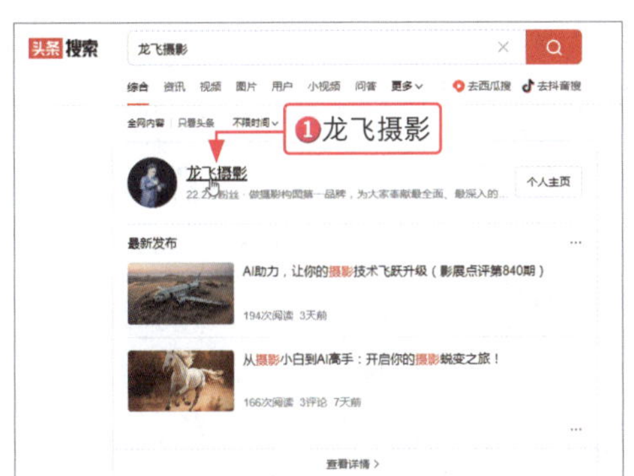

图11-7

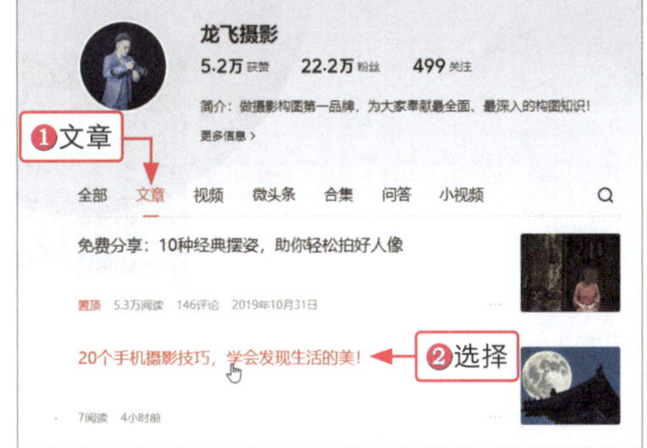

图11-8

步骤 04 打开文章，❶单击“分享”按钮；❷在弹出的面板中选择“复制链接”选项，如图 11-9 所示，复制文章的链接。

图11-9

步骤 05 打开剪映手机版，下拉界面，点击“AI 图文成片”按钮，如图 11-10 所示。

步骤 06 弹出“AI 图文成片”面板，点击“图文成片”按钮，如图 11-11 所示。

步骤 07 进入“图文成片”界面，点击“自由编辑文案”按钮，如图 11-12 所示。

图11-10

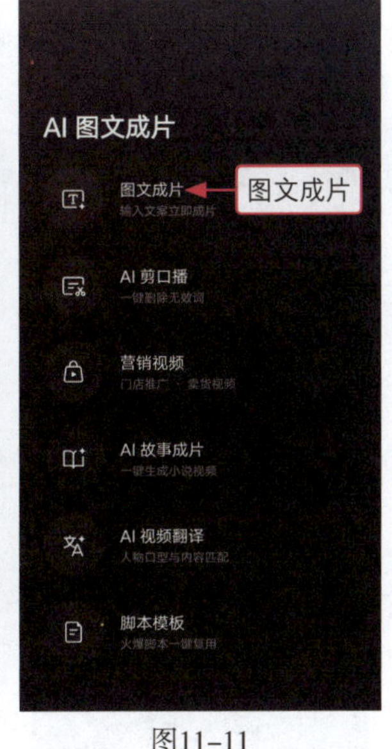

图11-11

图11-12

步骤 08 进入相应的界面，点击下方的“链接提取文案”按钮，如图 11-13 所示。

步骤 09 弹出“链接提取文案”面板，❶在输入框中粘贴文章链接；❷点击“提取文案”按钮，如图 11-14 所示。

步骤 10 稍等片刻，即可提取链接中的文案，如图 11-15 所示。

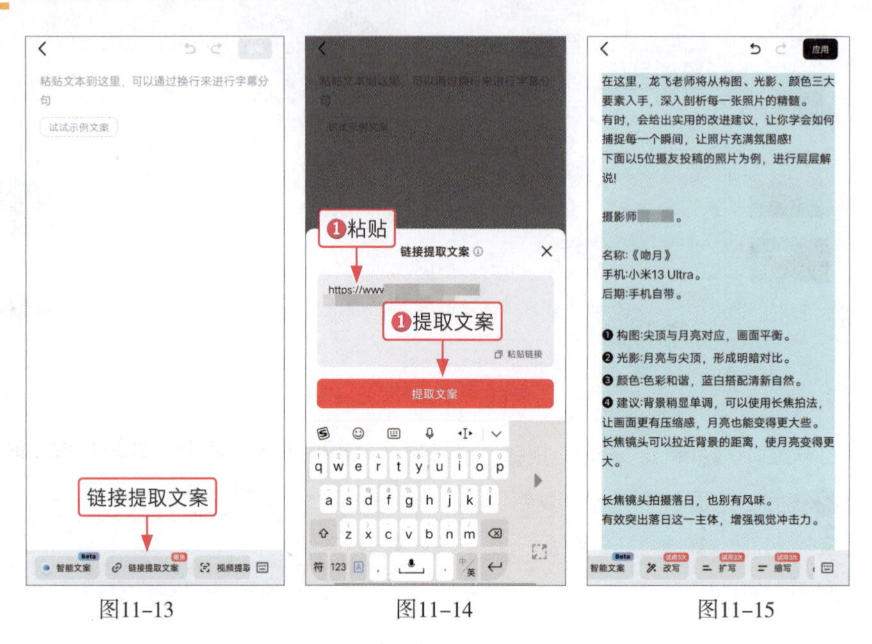

图11-13　图11-14　图11-15

11.1.4　视频：提取本地视频中的文案

剪映的图文成片功能除了可以提取链接中的文案，还可以提取本地视频中的文案，操作非常简单和快捷。下面介绍提取本地视频中的文案的操作步骤。

步骤 01 在“自由编辑文案”界面中点击下方的“视频提取文案”按钮，如图 11-16 所示。

步骤 02 进入“照片视频”界面，选择相应的视频素材，如图 11-17 所示。

步骤 03 稍等片刻，即可提取视频中的文案，点击下方的“缩写”按钮，如图 11-18 所示。

图11-16　图11-17　图11-18

步骤 04 弹出相应的面板，点击“免费体验该功能”按钮，如图 11-19 所示。

步骤 05 即可缩减文案内容，点击“替换”按钮，如图 11-20 所示。

步骤 06 可以看到文案的字数减少了一些，AI 自动改写了文案内容，如图 11-21 所示。

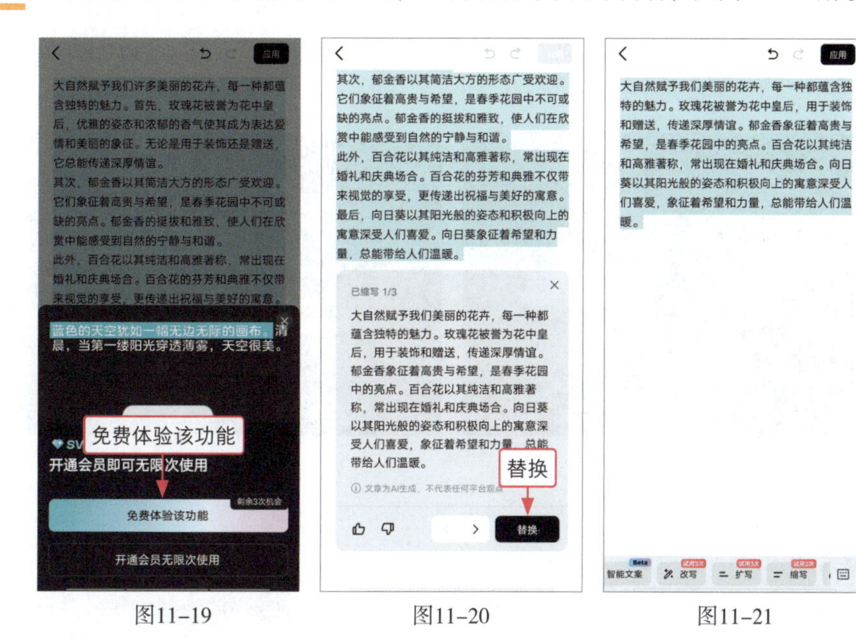

图11-19　　图11-20　　图11-21

11.2 图文成片：快速制作视频

虽然剪映提供了智能写文案的功能，但为了提高视频的质量和吸引力，建议用户还是尽量自己编辑和修改一下文案，以确保文案内容清晰、准确、有吸引力。本节将介绍如何在剪映中进行图文成片，快速制作视频，主要介绍两种制作方式。

11.2.1 智能匹配素材：一键生成视频

根据用户输入的文字内容，剪映能够智能匹配相关的图片和视频素材，使得视频内容与文字主题高度契合，效果如图 11-22 所示。

图11-22

下面介绍智能匹配素材的操作步骤。

步骤 01 打开剪映电脑版，进入“自由编辑文案”页面，❶输入视频文案；❷单击下拉按钮；❸在弹出的列表框中选择“知性女声”选项，如图 11-23 所示，设置配音音色。

步骤 02 ❶单击右下角的“生成视频”按钮；❷在弹出的列表框中选择“智能匹配素材”选项，如图 11-24 所示。

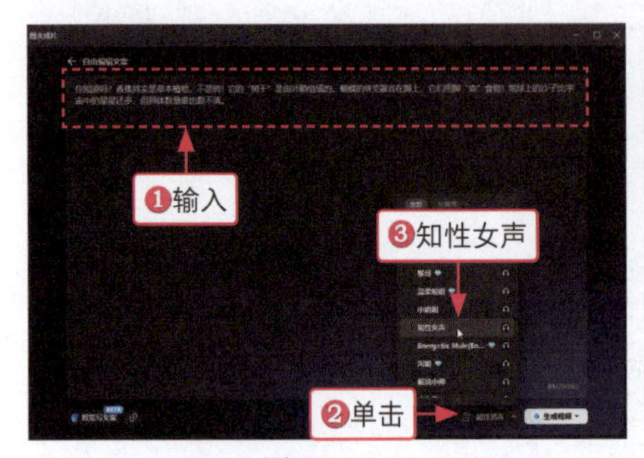

图11-23

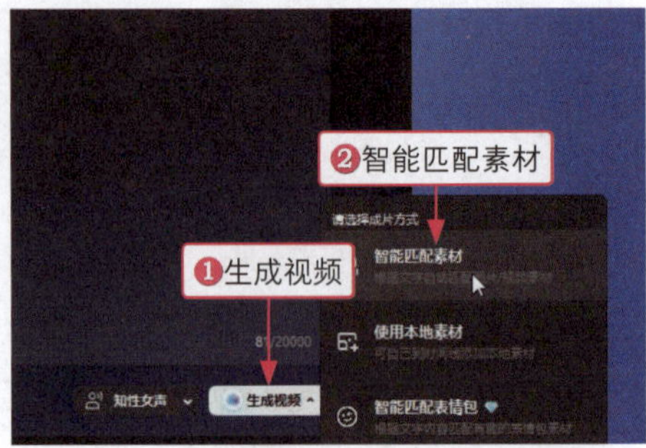

图11-24

步骤 03 素材匹配成功后，进入剪映的视频编辑界面，可以看到有些素材不是很美观，可以替换素材，如图 11-25 所示。

步骤 04 ❶在“素材”功能区中切换至“官方素材”选项卡；❷在搜索栏中输入并搜索“香蕉”；❸在搜索结果中选择合适的香蕉素材，如图 11-26 所示。

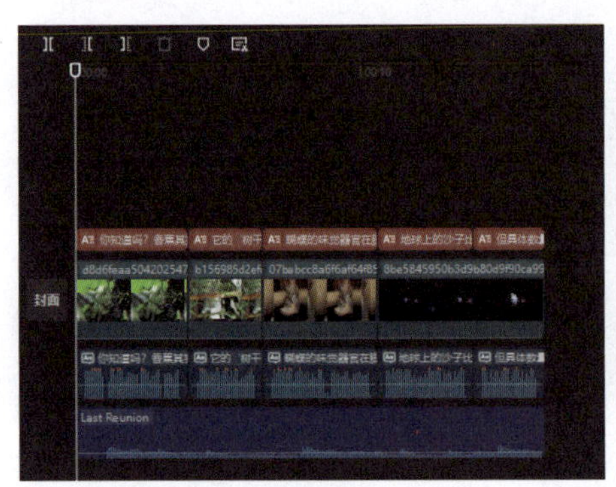

图11-25

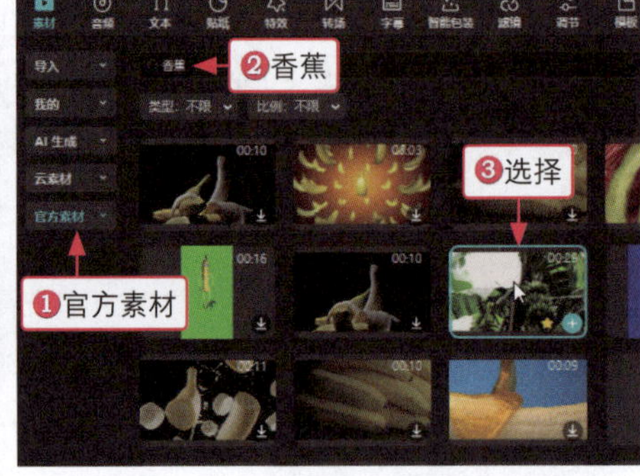

图11-26

步骤 05 将香蕉素材长按并拖曳至时间线面板中的相应素材上，如图 11-27 所示。

步骤 06 弹出“替换”面板，单击“替换片段”按钮，如图 11-28 所示，替换香蕉素材。

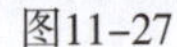
图11-27

图11-28

步骤 07 ❶继续在搜索栏中输入并搜索“蝴蝶”；❷在搜索结果中选择合适的蝴蝶素材，如图 11-29 所示。

步骤 08 ❶替换时间线面板中相应的蝴蝶素材；❷选择宇宙素材；❸在音频断句的位置上单击分割按钮“][”，如图 11-30 所示，分割片段。

步骤 09 ❶继续在搜索栏中输入并搜索“沙子”；❷在搜索结果中选择合适的沙子素材，如图 11-31 所示。

图11-29

图11-30

步骤 10 ❶替换时间线面板中相应的素材；❷选择字幕素材，如图 11-32 所示。

图11-31

图11-32

步骤 11 ❶设置字体；❷在“预设样式”选项区中选择一个样式，设置文字的颜色；❸单击“导出”按钮，导出视频，如图 11-33 所示。

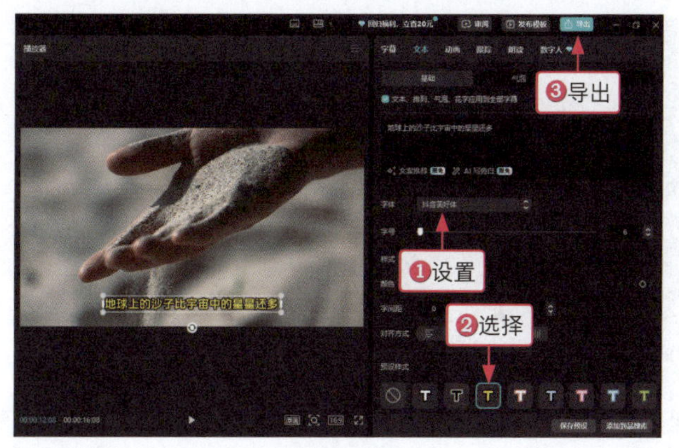

图11-33

11.2.2 使用本地素材：个性化定制

在图文成片的制作过程中，还可以根据视频文案，手动添加手机本地相册中的视频或者图片素材，效果如图 11-34 所示。

图11-34

下面介绍使用本地素材的操作步骤。

步骤 01 打开剪映电脑版，进入“自由编辑文案”页面，❶输入视频文案；❷设置音色为“解说小帅”；❸单击“生成视频”按钮；❹选择“使用本地素材”选项，如图 11-35 所示。

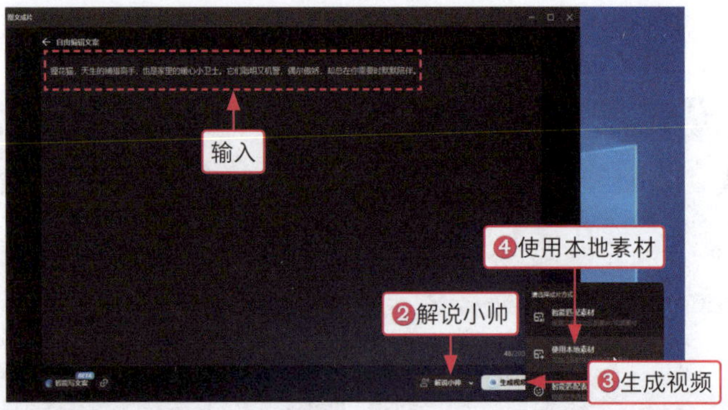

图11-35

步骤 02 进入剪映的视频编辑界面，需要为视频添加画面，在“素材”功能区中单击“导入”按钮，如图 11-36 所示。

步骤 03 弹出“请选择媒体资源”对话框，❶在相应的文件夹中全选所有的素材；❷单击“打开”按钮，如图 11-37 所示。

图11-36

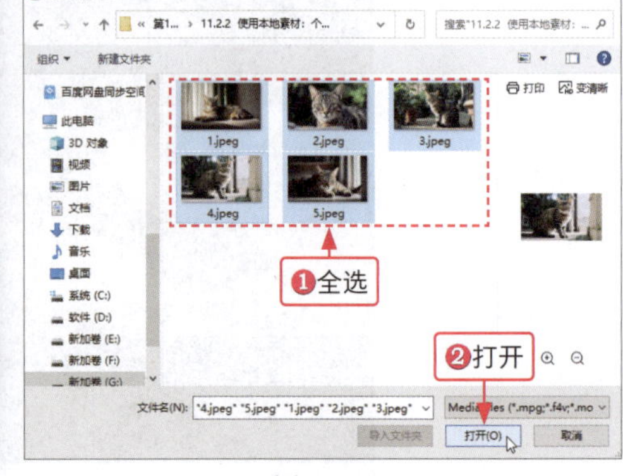

图11-37

步骤 04 导入素材，❶全选素材；❷单击第 1 段素材右下角的添加到轨道按钮“⊕”，如图 11-38 所示。

步骤 05 把素材按顺序添加到视频轨道中，在音频轨道和字幕轨道上单击锁定轨道按钮“🔒”，如图 11-39 所示，锁定轨道便于后期调整素材的轨道时长。

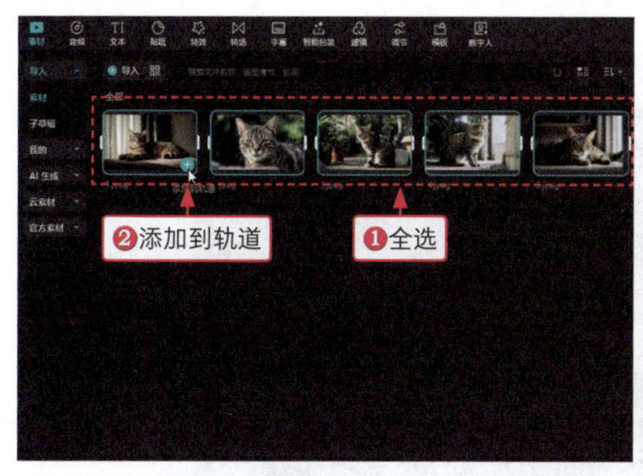

图11-38

图11-39

步骤 06 调整 5 段素材的轨道时长，在音频轨道和字幕轨道上单击解锁轨道按钮“🔒”，如图 11-40 所示，解锁轨道，选择字幕素材。

步骤 07 设置字体，❶切换至“花字”|“收藏”选项卡；❷选择一个花字样式，如图 11-41 所示。

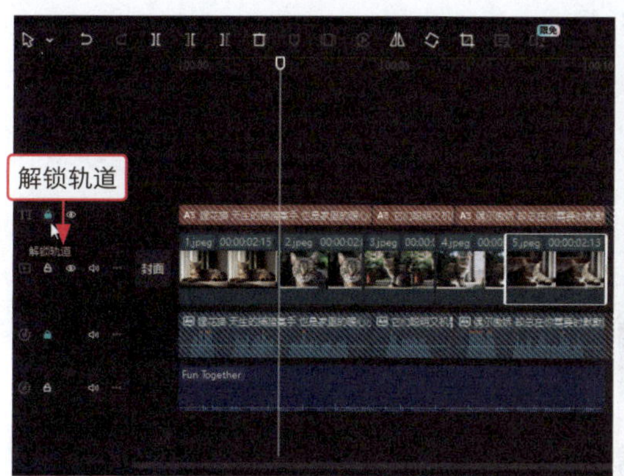

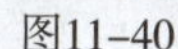

图11-40

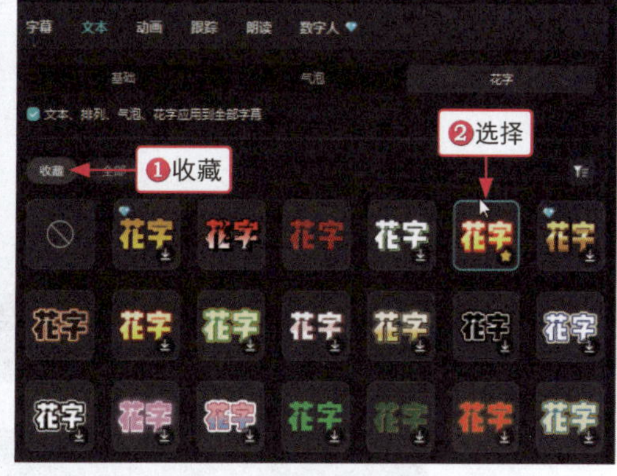

图11-41

“智能匹配表情包”的图文成片功能，需要开通剪映会员才能使用，使用该功能会自动添加表情包画面。

本章小结

本章首先介绍了图文成片中创作文案的方法，包括使用 DeepSeek 生成视频文案、在剪映中智能写文案、提取链接中的文案、提取本地视频中的文案。接着介绍了图文成片的技巧，包括智能匹配素材和使用本地素材。通过本章的学习，读者可以对剪映的图文成片有一个深入了解，掌握图文成片的操作技巧。

课后实训

使用剪映的图文成片功能可以生成多种类型的文案。例如，生成旅行攻略文案，这个功能可以极大地简化和加速视频制作的过程。下面介绍相应的操作步骤。

步骤 01 打开剪映电脑版，进入剪映首页，单击“图文成片”按钮，如图 11-42 所示。

图11-42

步骤 02 ❶在“图文成片”面板中选择“旅行攻略”选项；❷输入“旅行地点”为“四川”、“主题”为“必去路线，美食推荐”；❸设置“视频时长”为“1 分钟左右”；❹单击“生成文案”按钮，如图 11-43 所示。

步骤 03 稍等片刻，即可生成相应的文案内容，如图 11-44 所示。

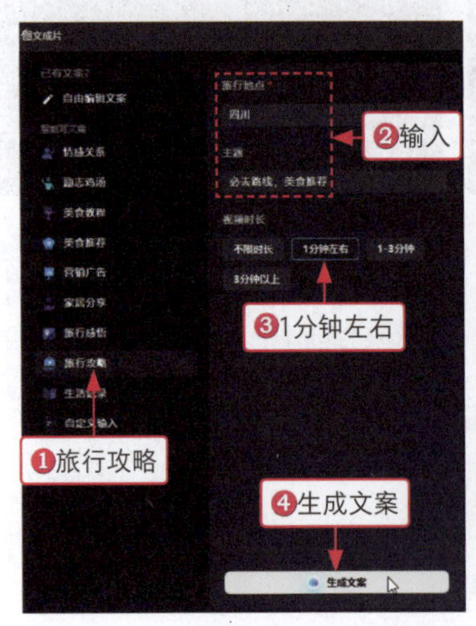

图11-43

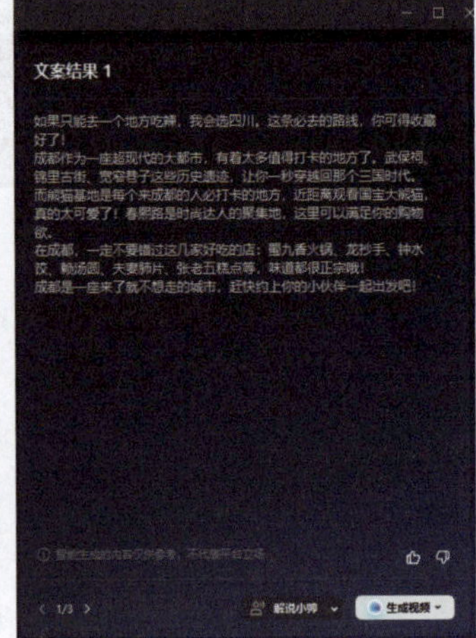

图11-44

第 12 章　虚拟主播打造：剪映数字人从文案到成品效果

虚拟数字人正在多个行业展现出广泛而深远的应用前景。从娱乐传媒到教育培训，从医疗健康到电子商务，虚拟数字人的应用无处不在。随着 AI 技术的持续进步和创新，虚拟数字人的智能化水平不断提升，不仅能够实现更加自然流畅的人机交互，还能根据用户需求提供个性化服务。这一技术的快速发展，预示着行业将迎来更广阔的发展空间，为各行各业带来前所未有的变革与机遇。本章将详细介绍如何在剪映中制作数字人，帮助用户打造个性化的虚拟主播。

12.1 虚拟数字人：开启未来播报时代

随着科技的快速发展，我们周围的世界正在经历数字化、虚拟化的深刻变革。在这样的时代背景下，虚拟数字人应运而生，并在各个领域发挥着越来越重要的作用。本节将带领大家深入了解虚拟数字人的定义及其优势。

12.1.1 什么是虚拟数字人：了解数字人

虚拟数字人（Digital Human）是指通过数字技术创造的、具有拟人化特征的数字形象。虚拟数字人拥有与真人形象接近的外貌、性格、穿着等特征，同时具备数字人物身份与虚拟角色身份等特征，可作为虚拟偶像、虚拟主播等角色参与到各类社会活动中。

虚拟数字人的出现得益于人工智能技术的不断发展，从 2007 年日本推出的 Vocaloid 虚拟歌手“初音未来”，到 2012 年中国本土虚拟歌手“洛天依”的诞生，再到 2023 年 8 月，杭州亚组会向全球网友发出一份诚挚邀请：欢迎来自全球的亚运数字火炬手们共同参与到亚运史首个开幕式数字点火仪式中来，如图 12-1 所示。

图12-1

随着人工智能、计算机视觉和自然语言处理等核心技术的持续突破，虚拟数字人正在实现交互能力、场景适应性和服务智能化等方面的跨越式发展，深刻重塑着人类社会的生产范式与生活方式。其应用生态已从最初的娱乐传媒、在线教育、远程医疗等消费级场景，快速向智能家居、智慧交通、智能制造等产业级领域延伸，逐渐演变为支撑数字经济发展的关键基础设施。

当前虚拟数字人技术发展仍面临多维度的挑战：在技术实现层面，需要突破情感计算、实时渲染和跨模态理解等技术瓶颈；在合规治理层面，亟待建立完善的数字身份认证体系和个人数据保护机制；在社会认知层面，需解决用户接受度差异和新型人机伦理问题；在商业落地层面，则要探索可持续的商业模式和价值闭环。

如今，虚拟数字人技术已开始深度渗透到社会生活的各个维度。一方面，它通过革新传统交互方式、提升服务响应效率和突破物理时空限制，显著改善了用户体验；另一方面，其广泛应用也可能引发数字鸿沟扩大、劳动力市场重构等社会议题。这种技术演进既展现了数字化转型的无限可能，也要求我们建立更加完善的技术治理框架，以平衡创新发展与社会效益。

12.1.2 虚拟数字人的优势：应用广泛

虚拟数字人的主要特征是拥有高度逼真的外貌、表情、动作和声音，甚至可以通过情感计算技术模仿人类的情绪和性格。它们能够通过自然语言处理、计算机视觉及多模态交互等技术与人进行实时互动，实现回答问题、提供信息或执行任务等功能。这类技术可以应用于各种场景，例如虚拟主播、虚拟客服、虚拟偶像、虚拟教师等领域。虚拟数字人的主要优势如图 12-2 所示。

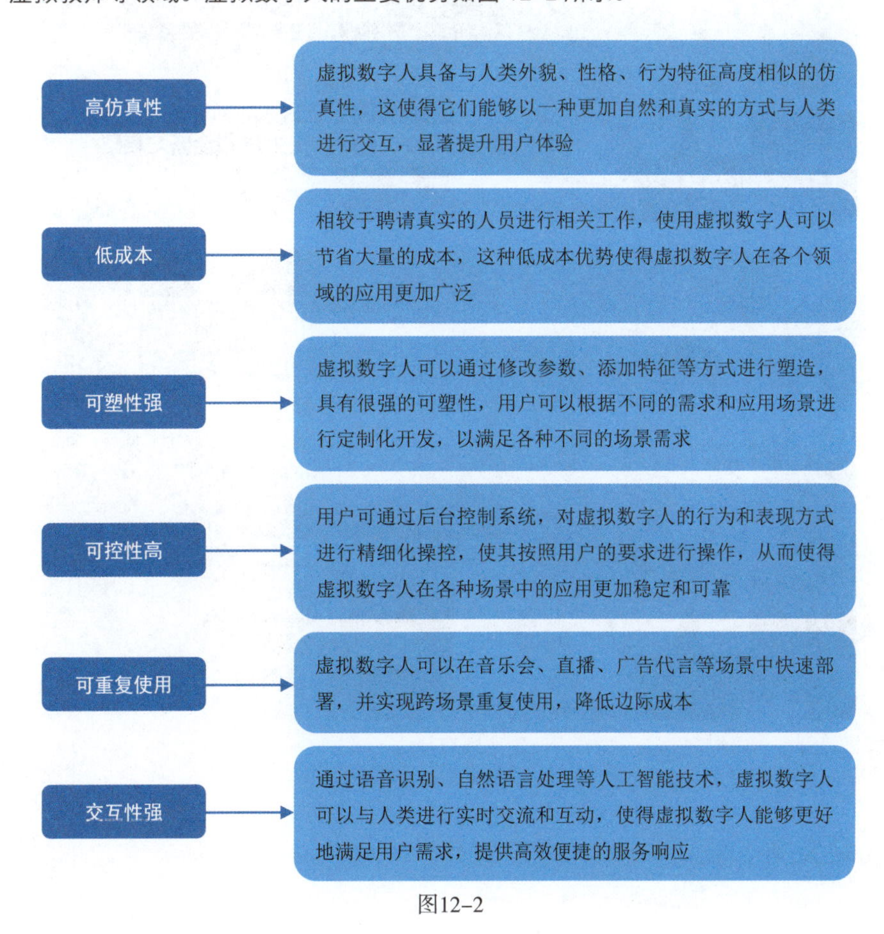

图12-2

12.2 制作流程：生成新闻播报数字人

数字人（又称虚拟数字人）的优势在于能够部分取代真人出镜，有效规避拍摄过程中可能遭遇的各种技术性难题和物理限制，使视频内容更富有亲和力和个性化。例如，可以利用数字人技术制作一个新闻播报类的视频，通过生成一个新闻主播数字人完成播报任务，效果如图 12-3 所示。

图12-3

12.2.1 视频文案：在 DeepSeek 中生成

使用 DeepSeek 生成文案时，需要首先明确文案的核心目标，根据目标受众调整文案的内容风格。新闻类文案应当简洁明了，以精练的语言传达核心信息，所以可以在提示词中加入字数限制等具体要求，相关案例如下。

以“DeepSeek 的发布”为主题，生成一篇新闻文案，字数不超过 100 字，要简洁、准确、真实。

DeepSeek 发布全新 AI 模型，引领行业创新

正文：近日，人工智能公司 DeepSeek 正式发布全新 AI 模型，该模型在自然语言处理和机器学习领域取得显著突破，将为多个行业提供更智能的解决方案。DeepSeek 表示，此次发布旨在推动 AI 技术的广泛应用，助力企业实现数字化转型。

关键词：DeepSeek AI 模型，自然语言处理，机器学习，数字化转型

特点：简洁明了，突出发布重点

强调技术突破和应用前景

引导读者关注行业影响

可以看到，DeepSeek 生成了新闻文案的标题、正文和特点解析。在实际的数字人视频制作中，正文和标题文案才是所需的内容。

12.2.2 选择主播：在剪映中生成数字人

在剪映电脑版中制作数字人视频的方式非常简单，用户只需要选择合适的数字人形象主播，就可以生成一段数字人视频。下面介绍在剪映中生成数字人的操作步骤。

步骤 01 打开剪映电脑版，单击“开始创作”按钮，进入视频编辑界面，❶在“媒体”功能区中切换至“素材库”选项卡；❷在搜索栏中输入并搜索“新闻背景”；❸在搜索结果中单击所选素材右下角的添加到轨道按钮“+”，如图 12-4 所示，添加背景素材。

步骤 02 ❶单击“文本”按钮，进入“文本”功能区；❷单击“默认文本”右下角的添加到轨道按钮“+”，如图 12-5 所示，添加文本。

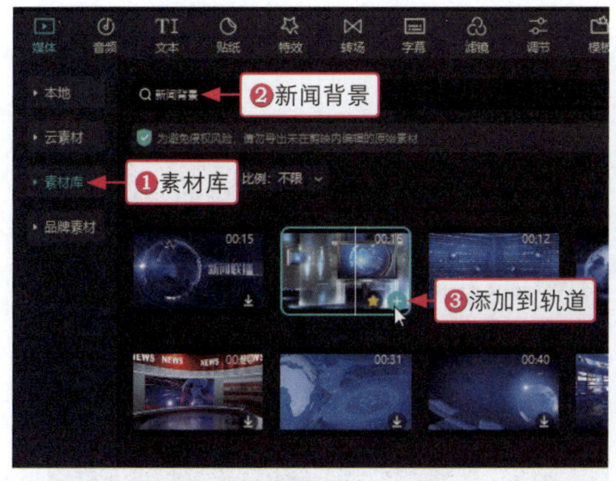

图12-4

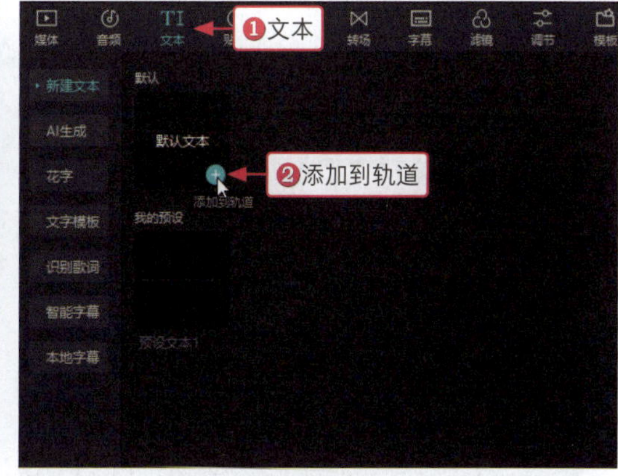

图12-5

步骤 03 ❶在“文本”操作区中输入文案内容；❷单击“数字人”按钮，如图 12-6 所示。

步骤 04 进入“数字人”操作区，❶选择“小铭 - 专业”选项；❷单击“添加数字人”按钮，如图 12-7 所示。

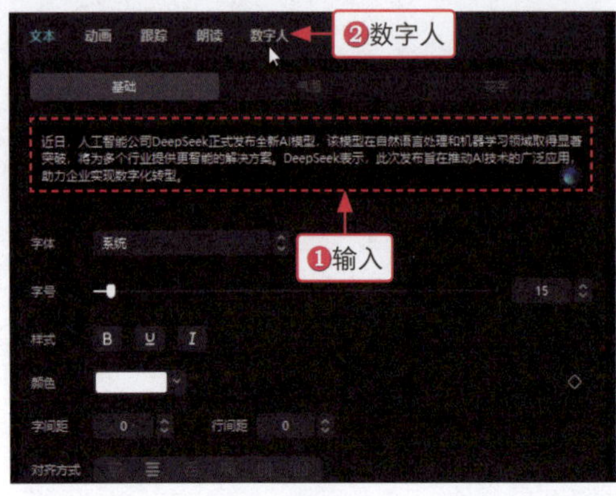

图12-6

图12-7

步骤 05 稍等片刻，即可生成相应的数字人视频，❶选择字幕素材；❷单击删除按钮“[删除按钮图标]”，如图 12-8 所示。

步骤 06 删除字幕，选择背景视频素材，如图 12-9 所示。

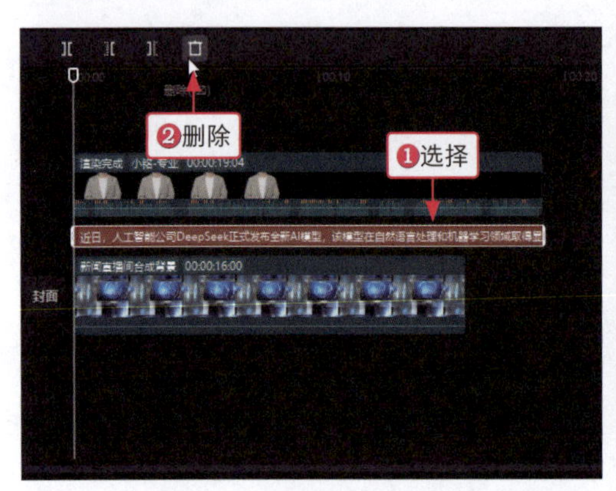

图12-8

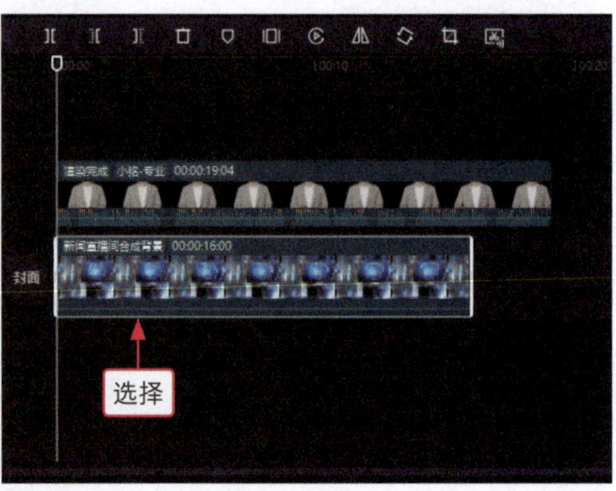

图12-9

步骤 07 ❶单击“变速”按钮，进入“变速”操作区；❷设置“时长”参数为“20.0s”，如图 12-10 所示，增加视频的时长。

步骤 08 在新闻背景视频素材的末尾位置单击向右裁剪按钮“[向右裁剪按钮图标]”，如图 12-11 所示，分割并删除多余的视频素材。

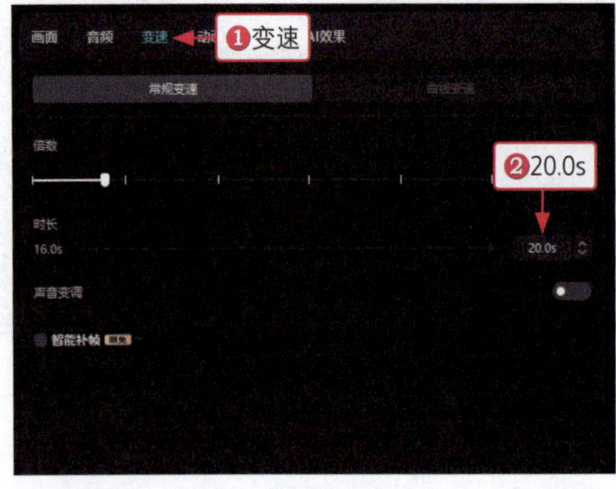

图12-10

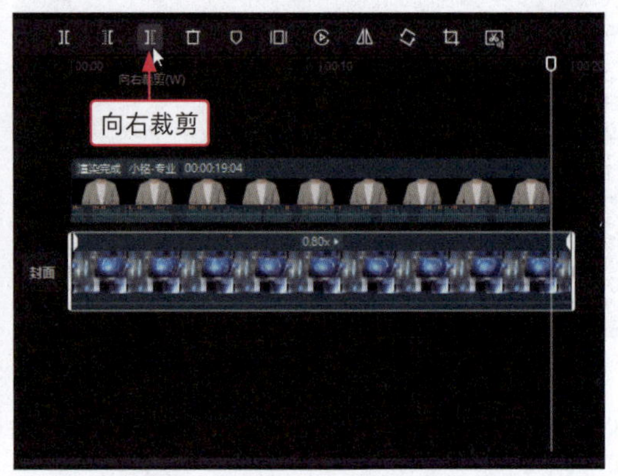

图12-11

12.2.3 编辑视频：让整体画面更完整

在生成数字人后，用户可以在剪映中调整数字人的画面位置，为视频添加标题和解说字幕，让画面更完整，让观众更好地理解视频内容。下面介绍在剪映中编辑视频的操作步骤。

步骤 01 选择数字人视频素材，在“画面”操作区中设置“位置”中的 X 参数为“-1142”，调整其画面位置，如图 12-12 所示。

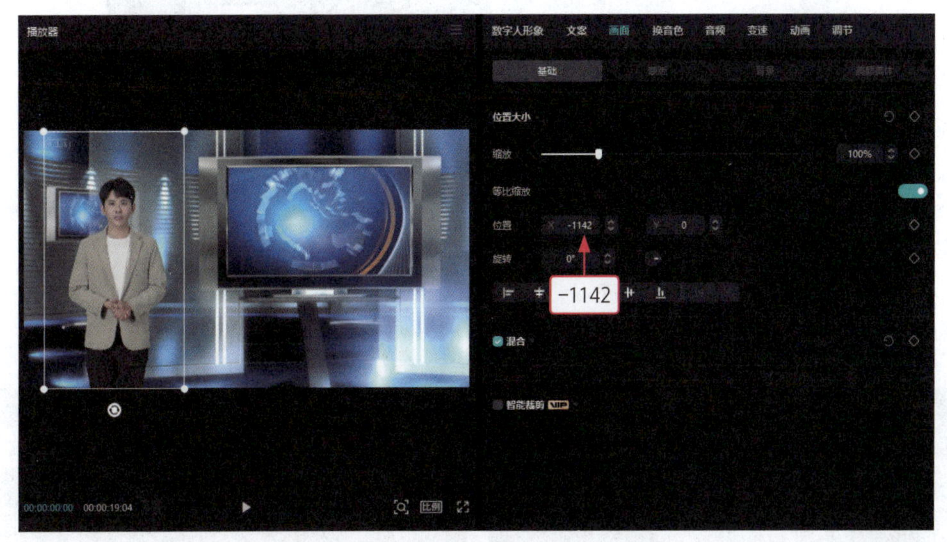

图12-12

步骤 02 ❶在“文本”功能区中切换至“智能字幕”选项卡；❷在“文稿匹配”选项区中单击“开始匹配”按钮，如图 12-13 所示。

步骤 03 弹出“输入文稿”面板，❶输入文案；❷单击“开始匹配”按钮，如图 12-14 所示。

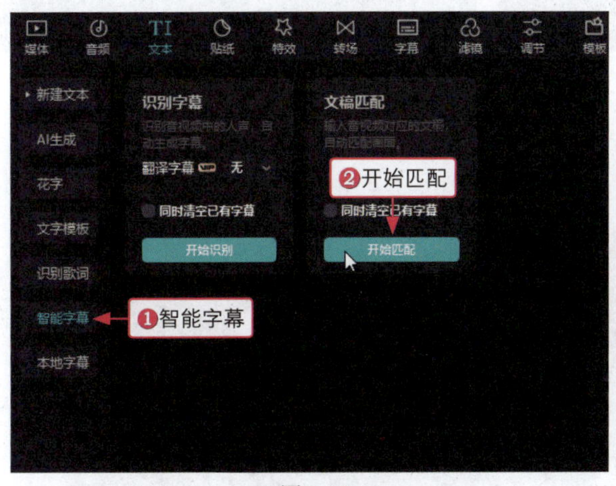

图12-13

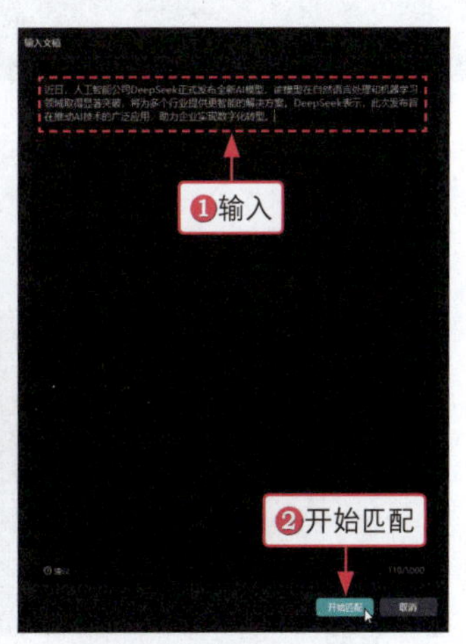

图12-14

步骤 04 稍等片刻，即可生成相应的解说字幕，选择字幕素材，❶设置字体；❷设置“字号”参数为 5，缩小文字；❸在“预设样式”选项区中选择一个样式，设置文字的颜色；❹调整字幕的位置，如图 12-15 所示。

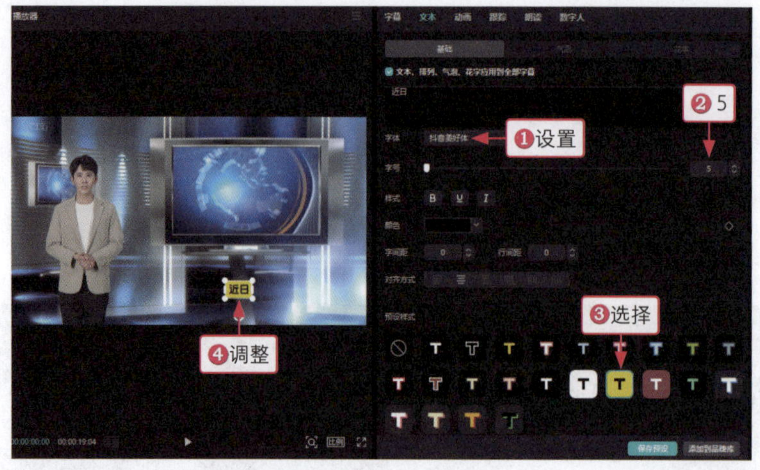

图12-15

步骤 05 ①在视频的起始位置切换至“新建文本”选项卡；②单击“默认文本”右下角的添加到轨道按钮“⊕”，如图 12-16 所示，添加文本。

步骤 06 调整“默认文本”的时长，使其末尾位置对齐视频的末尾位置，如图 12-17 所示。

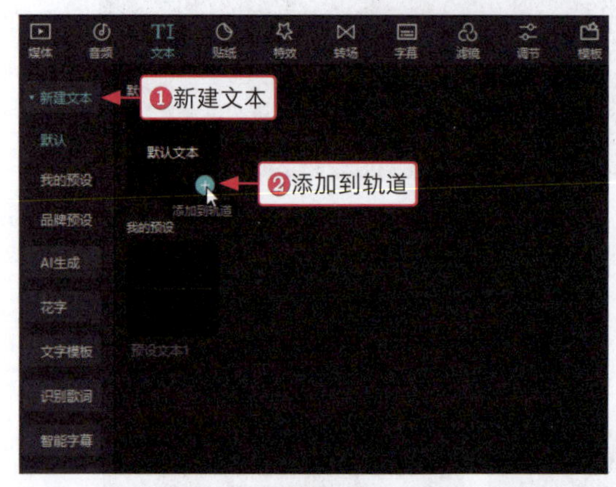

图12-16

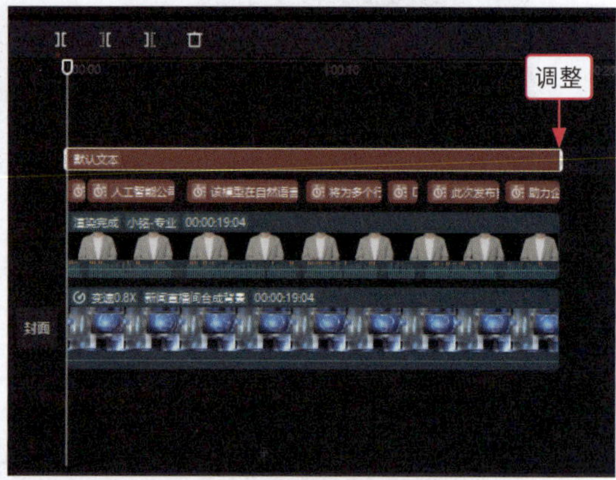

图12-17

步骤 07 ①在“文本”操作区中输入标题文案；②设置字体；③设置“行间距”参数为“5”，增加行距；④调整字幕的大小和位置，如图 12-18 所示。

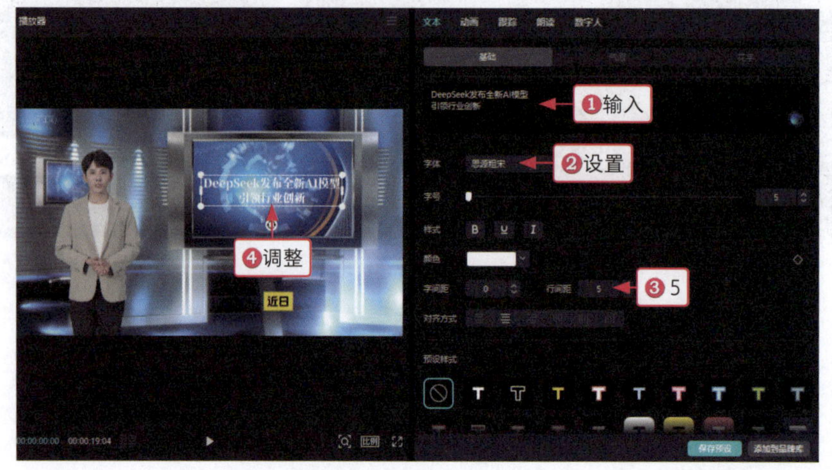

图12-18

步骤 08 ❶切换至“花字”选项卡；❷选择一个红色的花字样式，如图 12-19 所示。

步骤 09 ❶单击“动画”按钮，进入“动画”操作区；❷选择“渐显”入场动画；❸设置“动画时长”参数为“3.8s”，如图 12-20 所示。

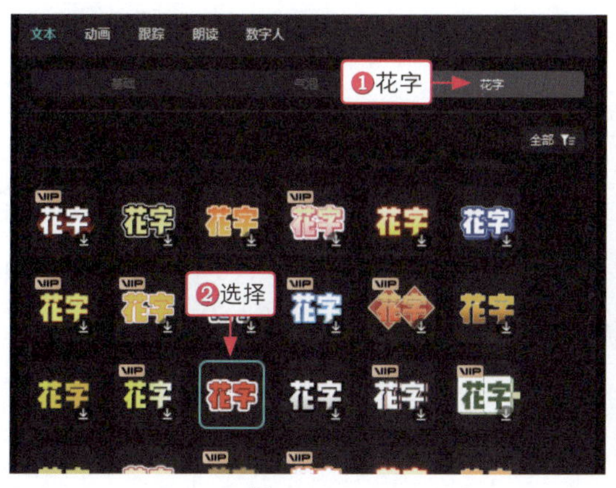

图12-19

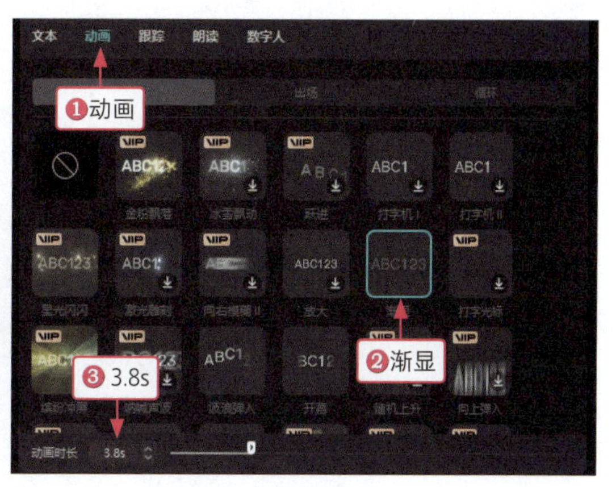

图12-20

步骤 10 单击视频轨道上的“封面”按钮，如图 12-21 所示。

步骤 11 弹出“封面选择”面板，❶滑动选择合适的封面；❷单击“去编辑”按钮，如图 12-22 所示。

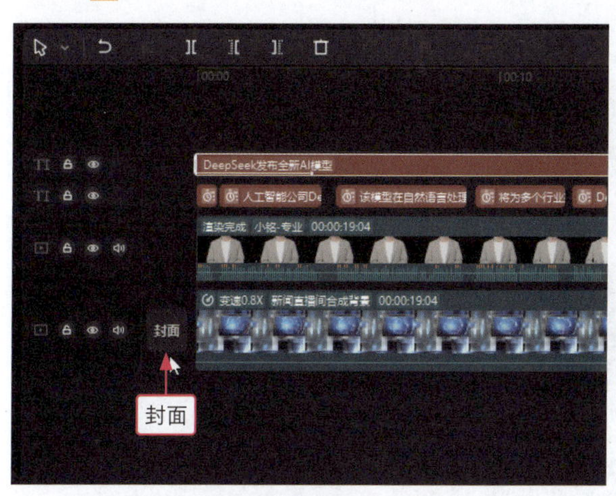

图12-21

图12-22

步骤 12 在“封面设计”面板中单击“完成设置”按钮，如图 12-23 所示，设置视频封面。

图12-23

数字人功能在最新版本的剪映中需要开通剪映会员才能使用，所以本次是使用旧版本剪映制作的，用户可以下载旧版本剪映。

本章小结

本章首先介绍了虚拟数字人的内容，包括什么是虚拟数字人和虚拟数字人的优势。接着介绍了新闻播报数字人的制作流程，包括在 DeepSeek 中生成视频文案、在剪映中生成数字人、编辑视频画面。通过本章的学习，读者可以对虚拟数字人的制作有一个深入了解，掌握数字人视频制作的操作技巧。

课后实训

剪映中的数字人形象非常多，用户还可以使用其中的女性数字人形象制作其他类型的视频，如健康科普类的视频，效果如图 12-24 所示。同理，在 DeepSeek 中生成相应的文案即可，提示词为“三伏天如何养生，饮食上需要注意什么？帮我想一些知识科普文案，不超过 150 个字”。

图12-24

下面介绍相应的操作步骤。

步骤 01 打开剪映电脑版，单击“开始创作”按钮，进入视频编辑界面，❶单击“文本”按钮，进入“文本”功能区；❷单击“默认文本”右下角的添加到轨道按钮“+”，如图 12-25 所示，添加文本。

步骤 02 ❶在“文本”操作区中输入文案内容；❷单击“数字人”按钮，如图 12-26 所示。

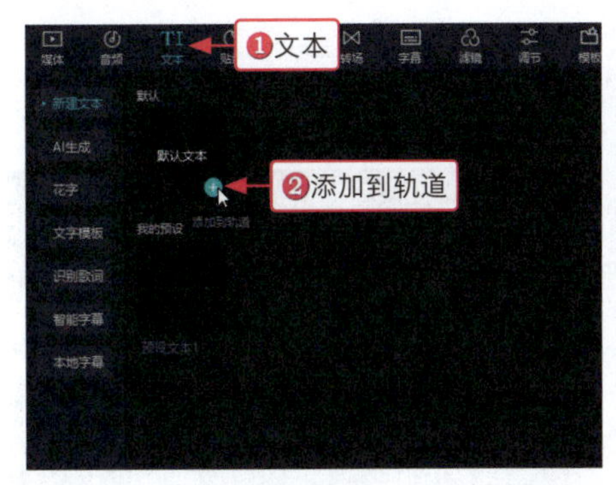

图12-25

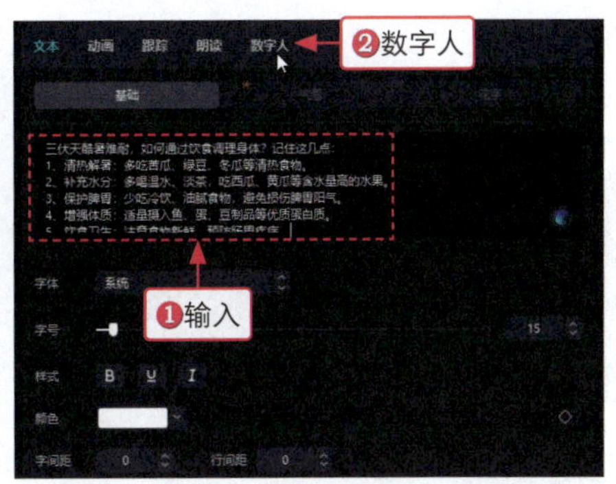

图12-26

步骤 03 进入“数字人”操作区，①选择“美姨 - 知性”选项；②单击“添加数字人”按钮，如图 12-27 所示。

步骤 04 稍等片刻，即可生成相应的数字人视频，①选择字幕素材；②单击删除按钮“🗑”，如图 12-28 所示。

图12-27

图12-28

步骤 05 ①切换至“智能字幕”选项卡；②在“文稿匹配”选项区中单击“开始匹配”按钮，如图 12-29 所示。

步骤 06 弹出“输入文稿”面板，①输入文案；②单击“开始匹配”按钮，如图 12-30 所示，生成相应的解说字幕。

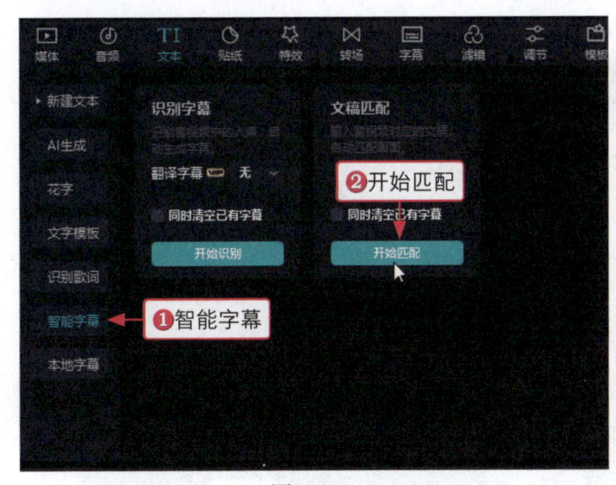

图12-29

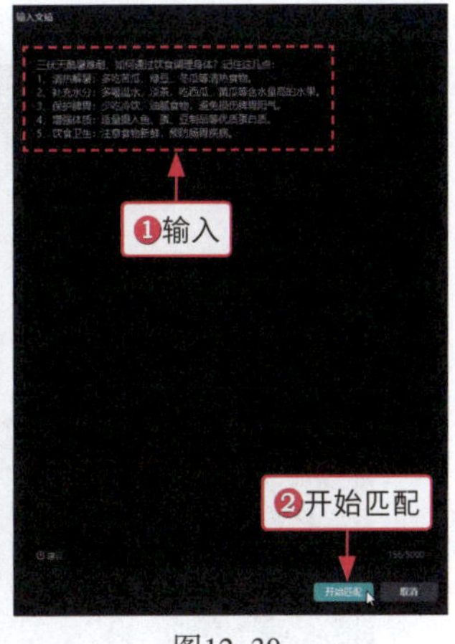

图12-30

步骤 07 ①在“媒体”功能区中切换至“素材库”选项卡；②在搜索栏中输入并搜索“纯色背景”；③在搜索结果中单击所选素材右下角的添加到轨道按钮“⊕”，如图 12-31 所示，添加背景素材。

步骤 08 ❶在视频轨道和字幕轨道上单击锁定轨道按钮“🔒”；❷在背景视频素材的起始位置单击定格按钮“▣”，如图 12-32 所示，定格画面。

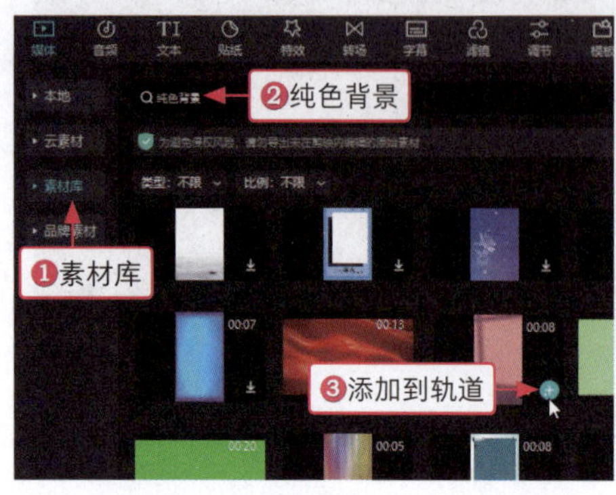

图12-31

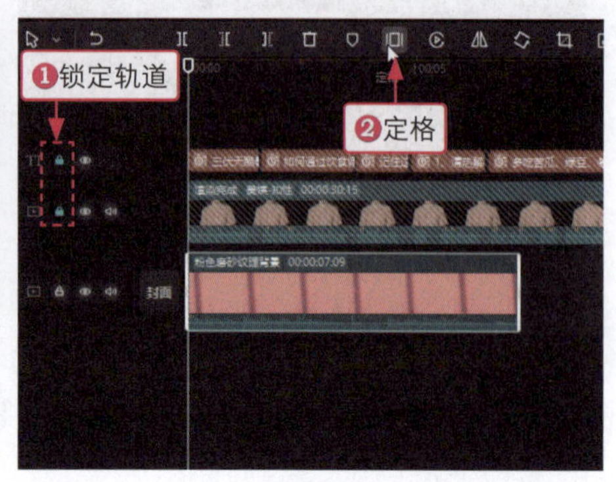

图12-32

步骤 09 ❶选择背景视频素材；❷单击删除按钮“🗑”，如图 12-33 所示，删除视频素材。

步骤 10 ❶调整定格素材的时长，使其末尾位置对齐数字人视频的末尾位置；❷在视频轨道和字幕轨道上单击解锁轨道按钮“🔓”；❸选择字幕素材，如图 12-34 所示。

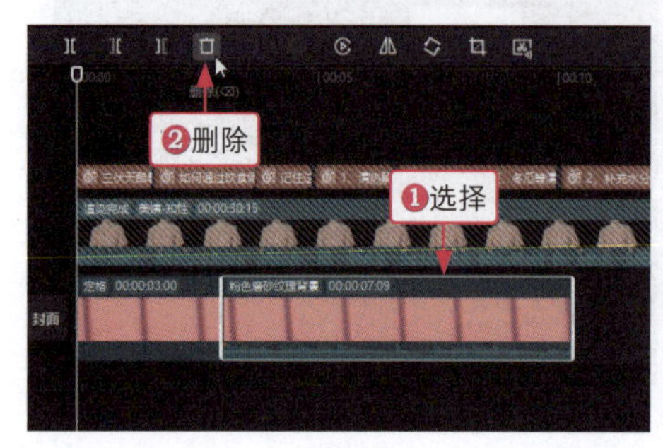

图12-33

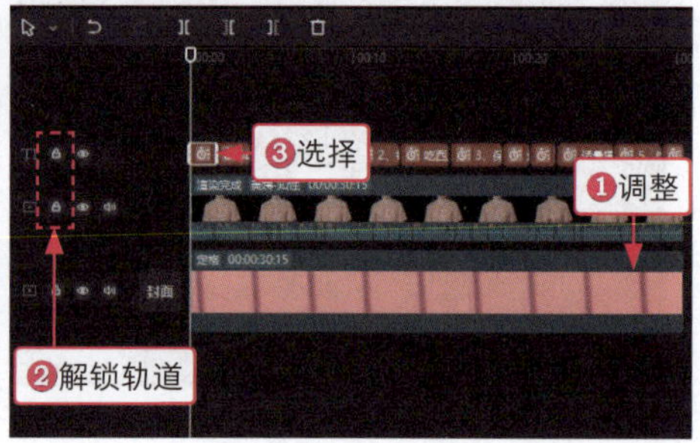

图12-34

步骤 11 ❶设置“比例”为“9：16”；❷设置“字体”参数为“抖音美好体”；❸设置“字号”参数为“15”；❹设置“字间距”参数为“1”、“行间距”参数为“3”，调整字与字、行与行之间的距离；❺在“预设样式”选项区中选择一个样式，设置文字的颜色；❻调整字幕的位置和文本框的大小，如图 12-35 所示，完成数字人视频的制作。

图12-35

综合实战篇

第 13 章 电商爆单创作：AI 制作《海豚牌耳机》带货视频

电商短视频带货是当前很受欢迎的营销形式，但自主拍摄短视频往往存在制作门槛高、耗时费力等问题。借助 AI 工具，商家或创作者可以快速生成专业级电商带货短视频，显著提升制作效率。本章以《海豚牌耳机》的短视频制作为例，系统性地讲解如何利用 AI 工具快速制作出转化率高的电商带货短视频。

13.1 DeepSeek：创意策划与数据分析

DeepSeek 在电商视频文案的创意策划与数据分析中发挥着重要作用，具体内容主要涵盖内容创意、受众分析、挖掘热点话题、竞品分析、视频文案生成等多个方面。本节将为大家进行相应的介绍。

13.1.1 内容创意：打造独特巧思

在电商视频文案的创意策划过程中，DeepSeek 可以帮助用户从数据驱动和目标受众洞察的角度，打造高转化率的视频内容。以下是创意策划的具体步骤和核心内容，如图 13-1 所示。

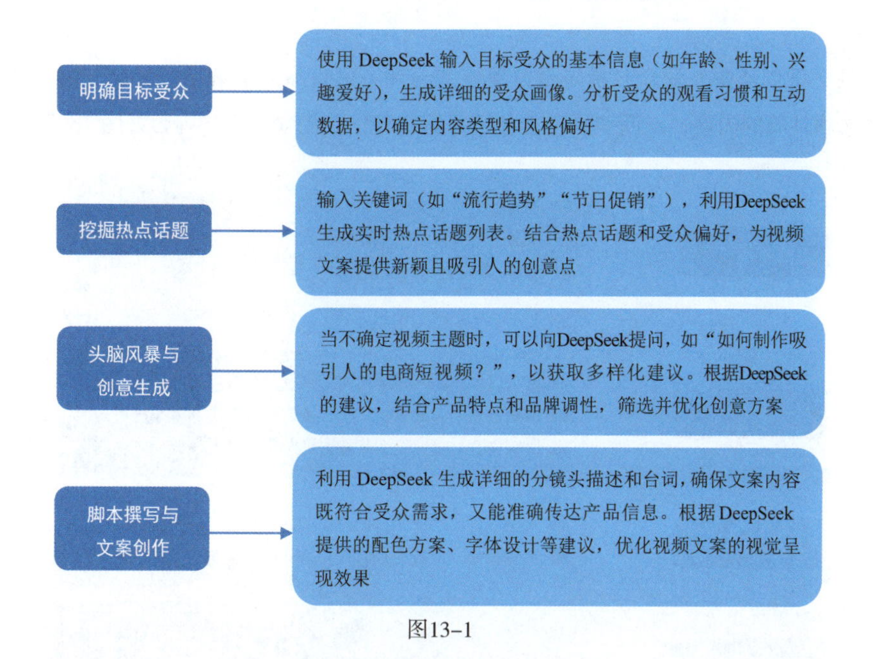

图13-1

当用户面临创意瓶颈时，只需输入产品核心卖点，DeepSeek 即可生成融合当前流行趋势的创意方案，有效提升视频的吸引力和年轻受众的关注度，相关案例如下。

你是一个产品策划师，目前有一款畅销的头戴式耳机，你要制作一个宣传视频，请分析目标受众，并结合热点，想一些创意主题和文案。

一、受众分析

结合搜索结果中的市场趋势与用户需求，目标受众可细分为以下群体。

年轻潮流用户（18～30 岁）：注重产品外观设计与科技感，偏好时尚配色（如玫瑰金配色）、佩戴轻便与智能交互功能。

游戏玩家与电竞爱好者：追求低延迟、沉浸式音效与麦克风性能，关注产品在电竞场景中的适配性。

音乐发烧友与影音用户：重视音质表现（如立体声、降噪技术）、续航能力和舒适度。

运动与通勤人群：需要稳固佩戴、防水防汗、便携性（如无线设计）和场景化功能（如环境音模式）。

二、结合热点与创意主题

基于当前技术趋势与市场热点，可策划以下创意方向。

主题 1：未来之声，自由无界

核心创意：突出耳机的无线化、智能化与开放式设计，结合元宇宙、AI 交互等科技热点。

……

使用 DeepSeek 时，建议采用结构化提示词输入法，要明确身份，阐明核心目标和设定具体要求，这样可确保 AI 输出的内容兼具精准性和创意启发性。

13.1.2 受众分析：精准定位目标

在电商视频文案创作中，受众分析是至关重要的一环。只有深入了解目标受众，才能创作出符合用户心理、引发情感共鸣的内容，从而实现精准营销和高效转化。受众分析的内容如图 13-2 所示。

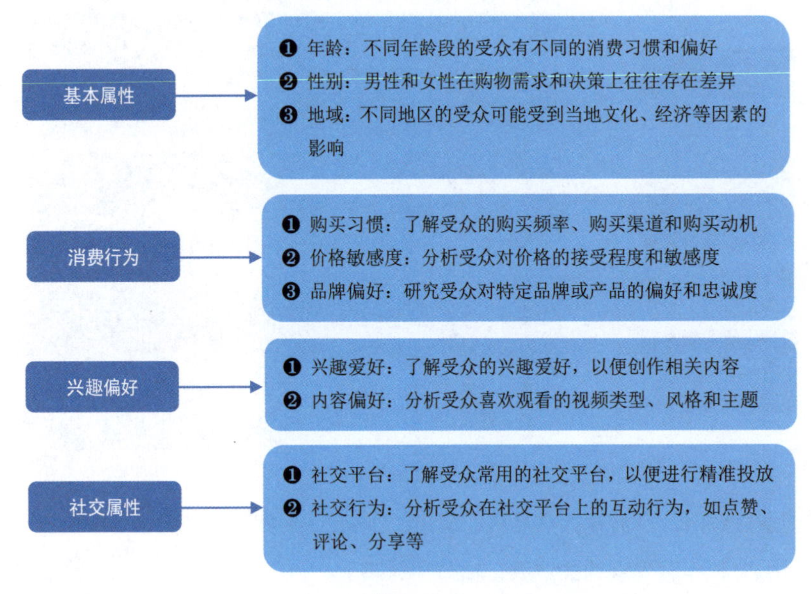

图13-2

如何精准定位受众呢？可以用 DeepSeek 进行提问，让它生成相应的分析步骤，厘清思路，相关案例如下。

有一款畅销的头戴式耳机，需要进行受众分析，请告诉我精准定位目标受众的步骤。

精准定位目标受众是产品策划和营销的关键步骤。以下是针对一款畅销的头戴式耳机进行受众分析的详细步骤。

1. 数据收集

（1）内部数据

销售数据：分析历史销售数据，了解购买者的年龄、性别、地域分布。

用户反馈：收集用户评论、客服记录和社交媒体反馈，了解用户对产品的评价和需求。

（2）外部数据

市场调研：通过第三方调研报告了解耳机市场的整体趋势和用户偏好。

竞品分析：分析竞争对手的目标受众及其营销策略，找出差异化机会。

2. 用户画像构建

人口统计特征：年龄、性别、收入水平、职业、教育程度等。

地理特征：用户所在的城市、地区等。

……

在电商视频创作过程中，DeepSeek 可以整合来自多个渠道的受众数据，提供全面的受众分析。DeepSeek 还可以基于深度学习和自然语言处理技术，进行智能数据分析，找出潜在的目标受众。根据受众分析结果，DeepSeek 可以生成符合受众需求的视频脚本和画面描述。DeepSeek 可以根据数据分析结果，提供内容创作和投放策略的优化建议。

通过以上步骤和 DeepSeek 的应用，可以实现对目标受众的精准定位，提高电商视频文案的效果和转化率。

13.1.3 挖掘热点话题：把握热点

在信息爆炸的时代，热点话题无疑是吸引受众注意力、提升内容影响力的关键。对于电商视频文案而言，把握热点话题意味着能够更好地与受众产生共鸣，增加视频的观看率、互动率和转化率。挖掘热点话题的途径如图 13-3 所示。

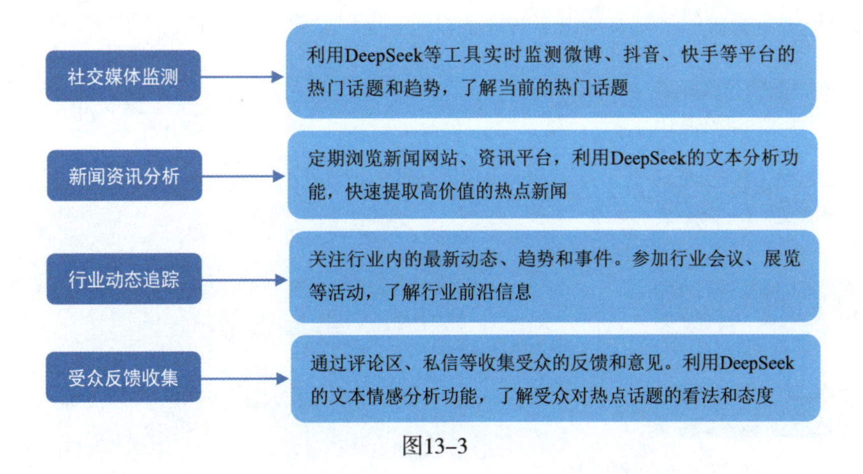

图13-3

如果目前有一个国潮活动，如何把耳机的营销与热门活动的话题联系在一起呢？那么就可以用 DeepSeek 生成相应的文案，相关案例如下。

有一个“国潮时尚街区系列活动”，我有一款畅销的头戴式耳机，想“蹭”热点，请帮我想一些文案，不要生硬，要自然，让受众满意。

要将畅销款耳机与“国潮时尚街区系列活动”自然结合，文案需要突出耳机的时尚属性、文化内涵以及与国潮的契合点，同时避免生硬植入。以下是一些创意文案方向及示例。

1. 国潮文化 + 耳机时尚

文案方向：将耳机设计与中国传统文化元素相结合，突出耳机的时尚感和文化底蕴。

文案示例：

“戴上 XX 耳机，听见国潮的声音——让传统与科技，在耳边碰撞出新的潮流。”

“国潮风起，声动街区——XX 耳机，用音质演绎东方美学。”

“耳机上的国潮图腾，耳朵里的东方韵律——XX 耳机，带你听见时尚与文化的共鸣。”

2. 街区场景 + 耳机功能

文案方向：结合街区的热闹场景，突出耳机在嘈杂环境中的降噪功能或音质表现。

文案示例：

“国潮街区人潮涌动，XX 耳机为你降噪——听见潮流，隔绝喧嚣。”

“在国潮街区的喧嚣中，XX 耳机为你保留一片纯净音场——潮流与宁静，一键切换。”

……

后期用户可以根据 DeepSeek 的反馈分析结果，不断调整视频文案的内容和风格，以适应受众需求的变化。通过持续学习和实践，提升利用 DeepSeek 进行创意策划和数据分析的能力。

13.1.4 竞品分析：了解市场情况

竞品分析是市场研究的核心环节，其核心在于识别竞争对手并系统评估其产品体系、销售渠道和营销策略。开展市场竞品分析时，可参考以下关键步骤和要点，如图 13-4 所示。

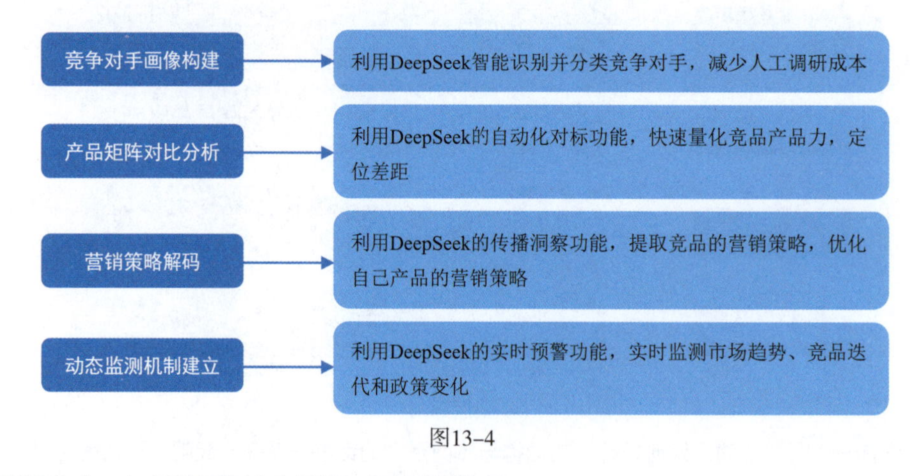

图13-4

在实际操作中，如何进行竞品分析呢？相关案例如下。

在头戴式耳机市场中，目前中高端品牌有哪些，这些产品的优点和缺点是什么？如果我的品牌想要脱颖而出，需要在视频文案中强调哪些内容呢？

在头戴式耳机市场中，中高端品牌竞争激烈，每个品牌都有其独特的产品优势和不足。以下是对部分中高端品牌及其产品特点的分析，以及针对您的品牌如何脱颖而出的建议。

一、中高端头戴式耳机品牌分析

1.Bose

优点如下。

降噪技术：Bose 的主动降噪技术行业领先，尤其是在通勤和办公场景中表现优异。

舒适性：耳罩设计舒适，适合长时间佩戴。

音质均衡：音质表现中规中矩，适合大众用户。

缺点如下。

音质缺乏个性：低音和高音表现较为平淡，不适合音乐发烧友。

……

用户可以根据 DeepSeek 生成的分析数据，精准把握市场风向，从而在自身产品的营销中规避缺点，体现优点，最大化地提升自己。

13.1.5 视频文案：生成创意内容

结合以上内容，在准备视频的文案素材时，我们可以让 DeepSeek 给出相关的回复，相关案例如下。

有一款海豚牌头戴式耳机，请结合当下的热点、竞争市场，写一篇 50 字的视频文案，受众主要为年轻人，重点突出品牌、价格优势、降噪、舒适、智能化和性价比。

【标题】：海豚牌耳机，年轻人的音乐必备！

【文案】：

海豚牌头戴式耳机，降噪超强，佩戴舒适，智能操控，性价比炸裂！

地铁、宿舍、咖啡馆，随时随地沉浸音乐世界！学生党也能轻松拥有！

动听牌，懂你的耳机！

海豚牌耳机 # 性价比之王 # 年轻人的选择

在使用视频文案的时候，可以根据需要删减内容，并不是生成的全部文案内容都要采用，只选取最合适和最需要的。

13.2 即梦：电商图片与视频生成

即梦 AI 是一个强大功能的图片与视频生成工具，它提供了多种功能来帮助用户轻松生成高质量的电商图像和视频内容。本节将为大家介绍相应的内容。

13.2.1 生成图片：定制专属画面

即梦 AI 支持文生图功能，用户只需输入简短的描述词，即可生成高质量的产品图片，部分效果如图 13-5 所示。此外，用户还可以对现有图片进行背景替换、风格迁移等创意编辑，以满足电商行业对图片多样性和创新性的需求。

图13-5

下面介绍在即梦 AI 网页版中生成图片的操作步骤。

步骤 01 在即梦 AI 网页版的“首页”页面中，单击“AI 作图”选项区中的“图片生成”按钮，如图 13-6 所示。

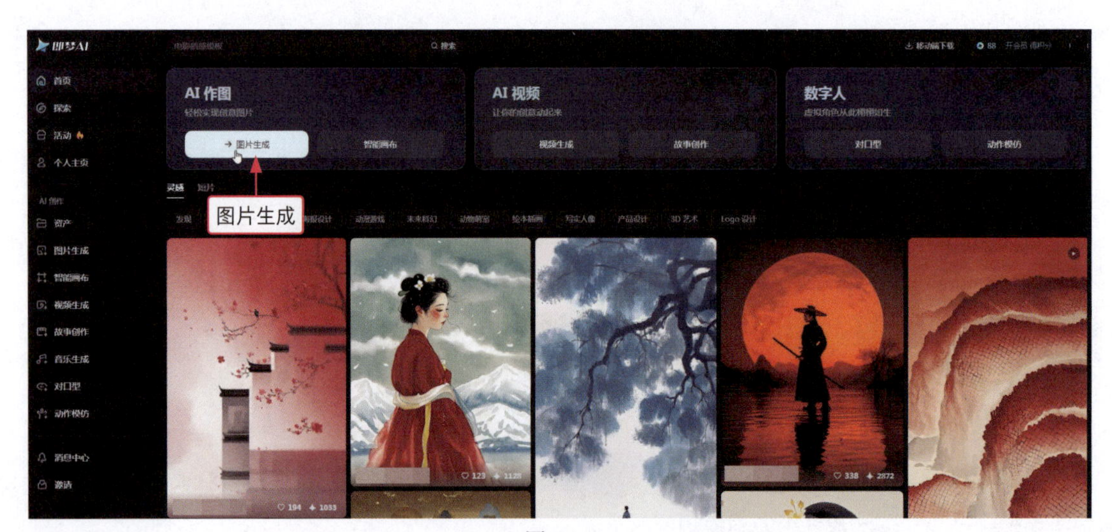

图13-6

步骤 02 ❶输入相应的描述词；❷设置“生图模型”为“图片 2.0 Pro”，如图 13-7 所示。

步骤 03 ❶设置“图片比例”为“16：9”；❷单击“立即生成”按钮，如图 13-8 所示。

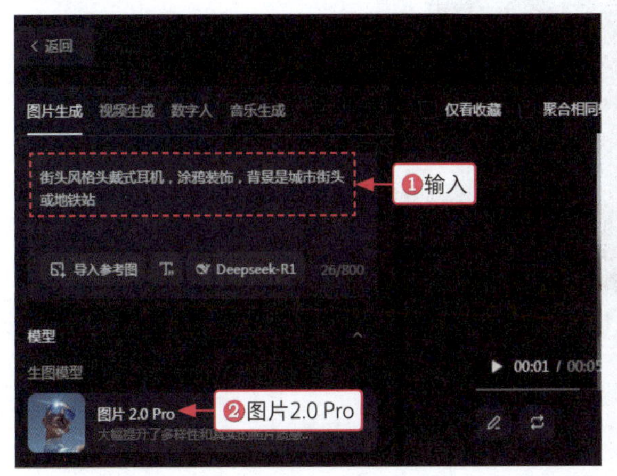

图13–7

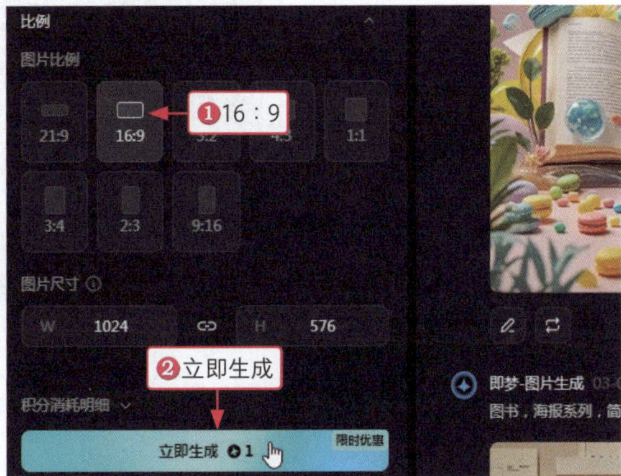

图13–8

步骤 04 稍等片刻，即可生成 4 张图片，选择相应的图片，如图 13-9 所示。

图13–9

步骤 05 单击“去画布进行编辑”按钮，如图 13-10 所示，编辑图片。

步骤 06 单击“HD 超清”按钮，如图 13-11 所示，生成超清图片，提高图片的清晰度。

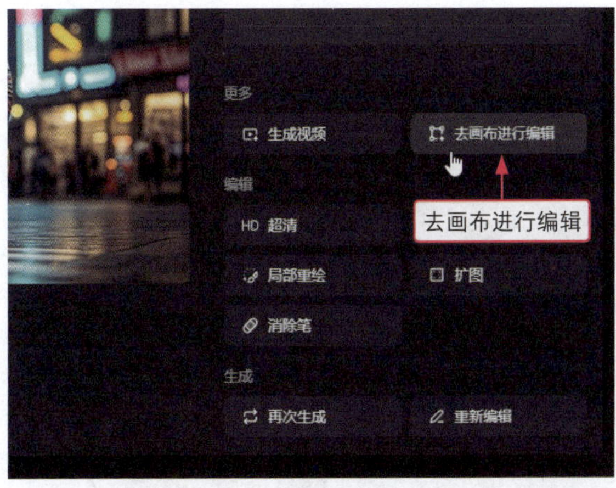

图13–10

图13–11

步骤 07 ❶单击“导出”按钮；❷在弹出的“导出设置”面板中单击“下载”按钮，如图 13-12 所示，导出无水印超清图片。同理，可以下载和保存其他满意的商品图片。

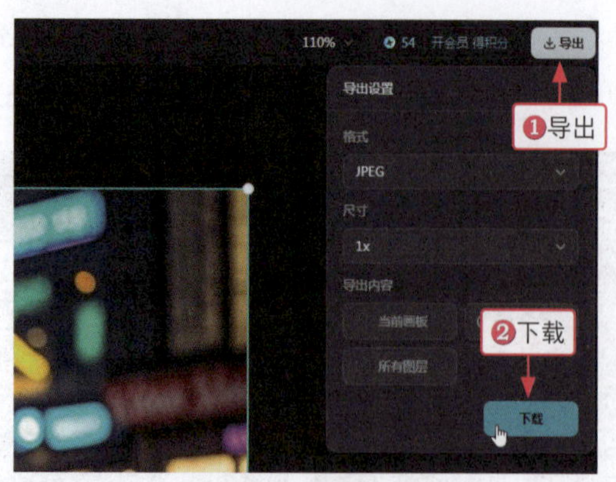

图13-12

13.2.2 生成视频：让画面更生动

即梦 AI 提供了视频生成模型，这些模型能够精确理解用户指令并生成高质量的视频内容。在制作电商视频的时候，用户可以使用图生视频功能，生成相应的视频，效果如图 13-13 所示。

图13-13

下面介绍在即梦 AI 网页版中生成视频的操作步骤。

步骤 01 在即梦 AI 网页版的“首页”页面中，单击“AI 视频”选项区中的“视频生成”按钮，如图 13-14 所示。

图13-14

步骤 02 进入即梦 AI 的“视频生成”页面，❶切换至“图片生视频”选项卡；❷单击“上传图片”按钮，如图 13-15 所示。

步骤 03 弹出“打开”对话框，❶在相应的文件夹中选择图片素材；❷单击“打开”按钮，如图 13-16 所示。

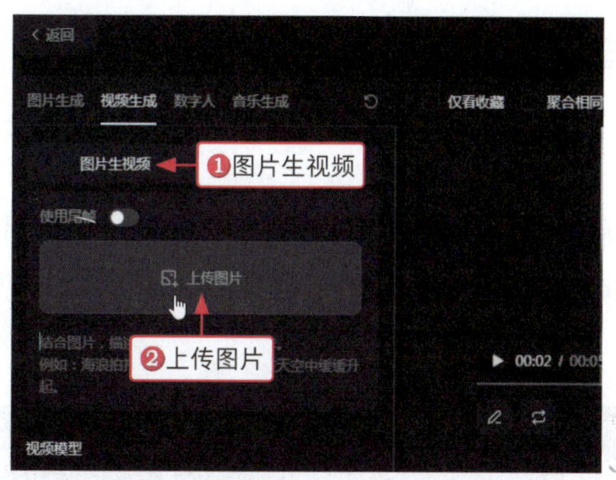

图13-15

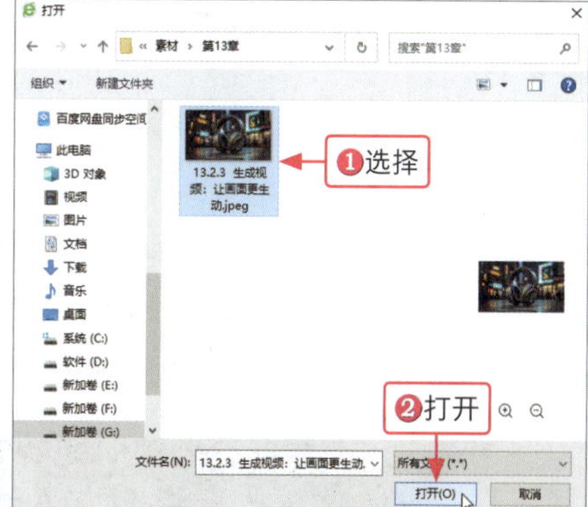

图13-16

步骤 04 ❶输入相应的描述词；❷设置“视频模型”为“视频 S2.0”，如图 13-17 所示。

步骤 05 单击“生成视频”按钮，如图 13-18 所示。

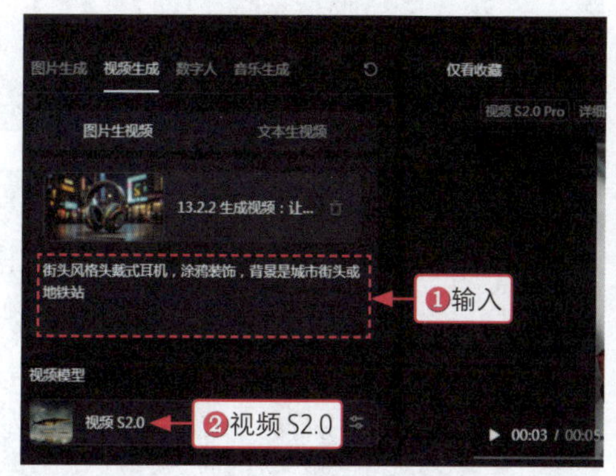

图13-17

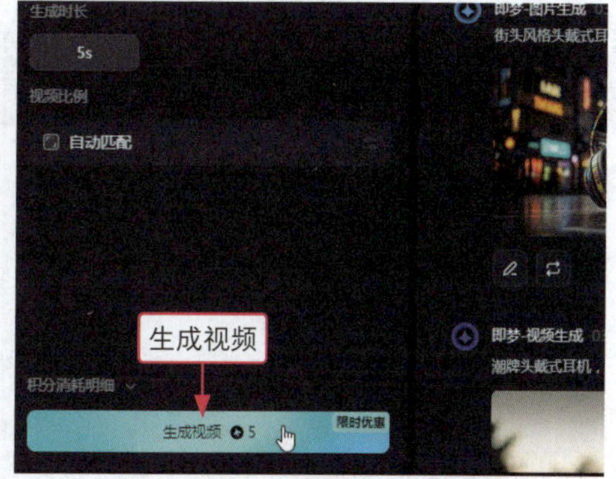

图13-18

步骤 06 稍等片刻，即可生成相应的视频效果，单击下载按钮“ ”，如图 13-19 所示，可以下载视频。同理，可以继续生成其他同类型的视频。

图13-19

在生成 AI 视频的时候，如果添加描述词后，生成的视频效果不理想，可以不添加描述词，让 AI 自由发挥，也许会有意想不到的惊喜。

13.3 剪映：视频剪辑与后期处理

剪映是一个功能强大的视频剪辑与后期处理软件，广泛应用于短视频制作、广告宣传片创作等多个领域。其直观的操作界面和丰富的功能设计，使其适合不同技术水平的用户快速上手。本节将为大家介绍如何在剪映中剪辑电商广告视频，效果如图 13-20 所示。

图13–20

13.3.1 素材导入：添加视频和音频

在剪映中剪辑电商广告视频时，素材导入是一个关键步骤，它涉及将视频和音频素材添加到项目中，以便进行后续的编辑与合成处理。下面介绍添加视频和音频的操作步骤。

步骤 01 打开剪映电脑版，单击“开始创作”按钮，进入视频编辑界面，在“素材”功能区中单击“导入”按钮，如图 13-21 所示。

步骤 02 弹出“请选择媒体资源”对话框，❶在相应的文件夹中全选所有的素材；❷单击“打开”按钮，如图 13-22 所示。

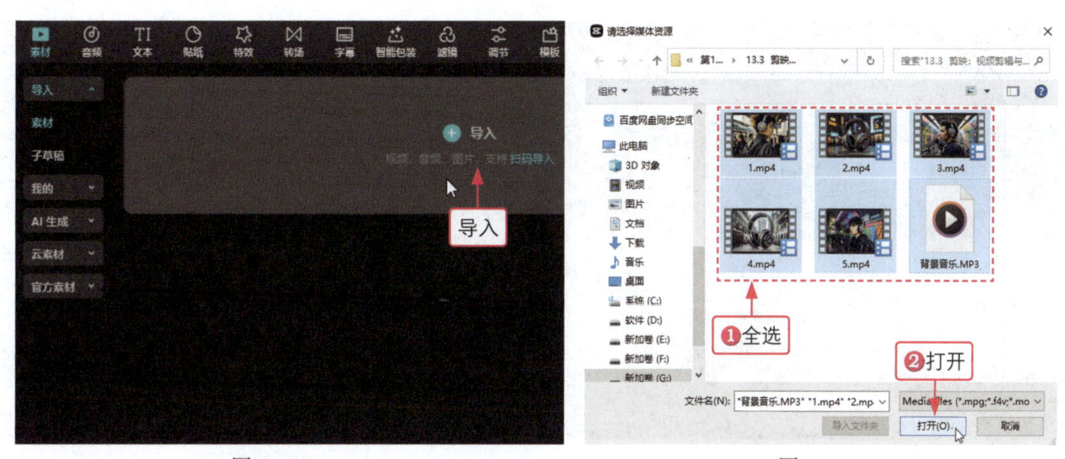

图13–21　　图13–22

步骤 03　导入素材，❶全选素材；❷单击第 1 段视频素材右下角的添加到轨道按钮“”，如图 13–23 所示。

步骤 04　把视频素材按顺序添加到视频轨道中，如图 13–24 所示。

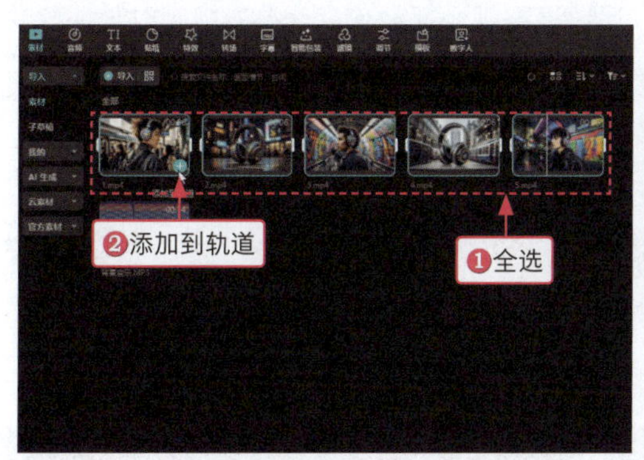

图13–23

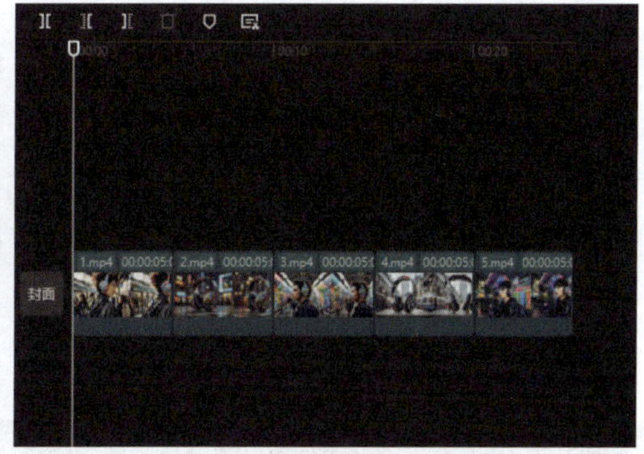

图13–24

步骤 05　单击背景音乐素材右下角的添加到轨道按钮“”，如图 13–25 所示。

步骤 06　把音乐素材添加到音频轨道中，单击添加标记按钮“”，如图 13–26 所示。

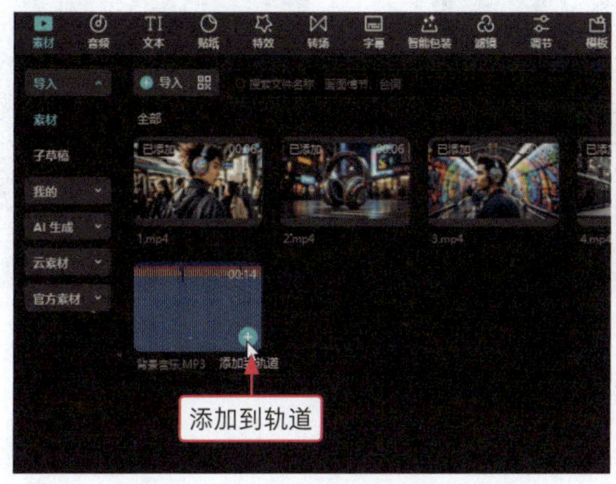

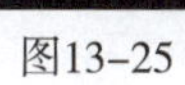

图13–25

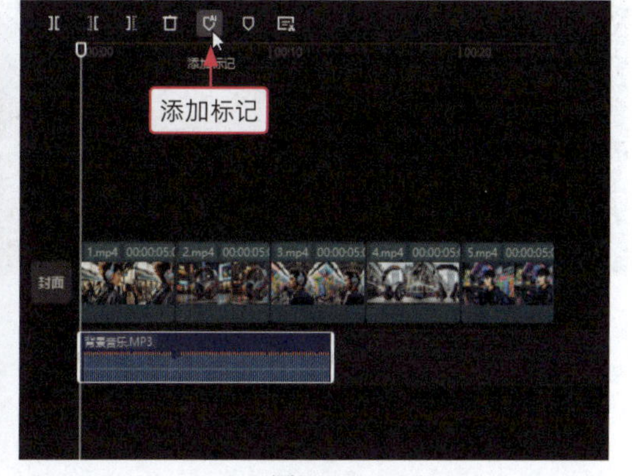

图13–26

步骤 07　在弹出的列表框中选择“踩节拍 I ”选项，如图 13–27 所示。

步骤 08　即可为音频素材添加 4 个节拍点，方便后续的踩点操作，如图 13–28 所示。

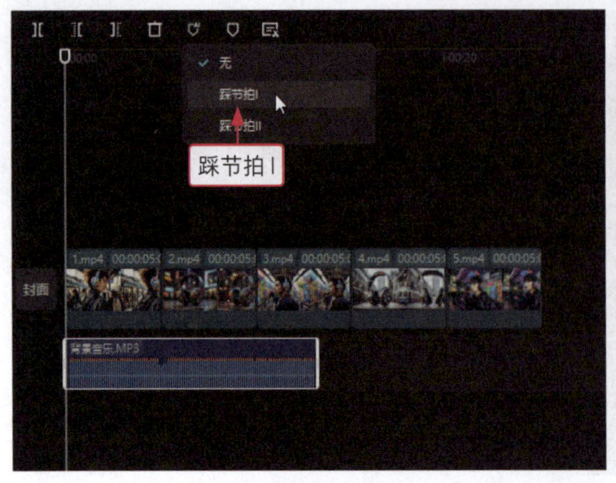

图13-27

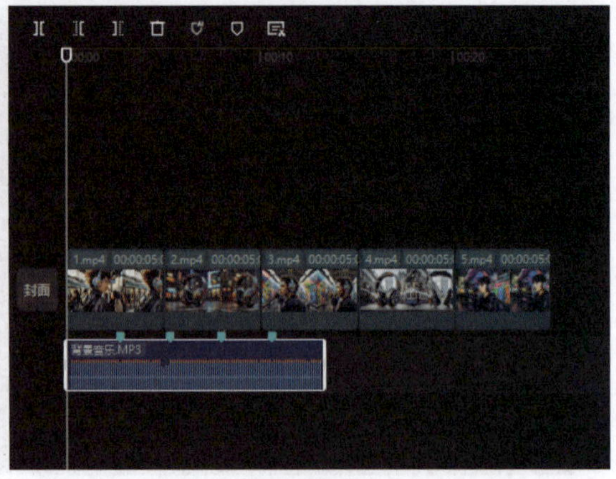

图13-28

13.3.2 变速处理：调整视频时长

视频变速处理是一种非常实用的视频编辑技巧，通过调整视频播放速度来改变视频时长。剪映中的蒙太奇曲线变速是一种视频编辑技术，可以使视频的播放速度在特定时间段内发生变化，从而创造出独特的视觉效果。下面介绍调整视频时长的操作步骤。

步骤 01 选择第 1 段视频素材，如图 13-29 所示。

步骤 02 ❶单击“变速”按钮，进入“变速”操作区；❷切换至“曲线变速”选项卡；❸选择“蒙太奇”选项，如图 13-30 所示，让视频的播放速度进行忽快忽慢的变化。同理，为剩下的 4 段视频素材都设置同样的“蒙太奇”变速效果。

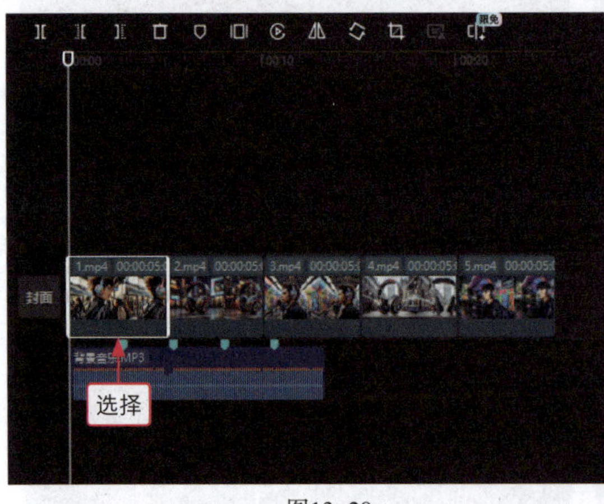

图13-29

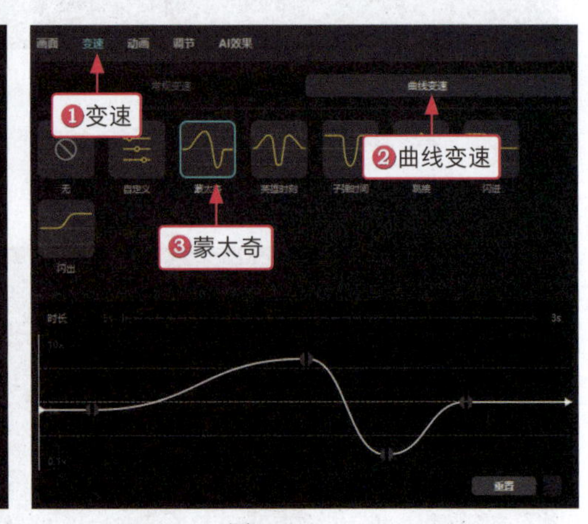

图13-30

步骤 03 ❶选择第 1 段视频素材；❷在第 1 个节拍点的位置单击向右裁剪按钮“]I”，如图 13-31 所示，分割并删除多余的素材。

步骤 04 ❶选择第 2 段视频素材；❷在第 2 个节拍点的位置单击向右裁剪按钮“]I”，如图 13-32 所示，分割并删除多余的素材。

图13-31

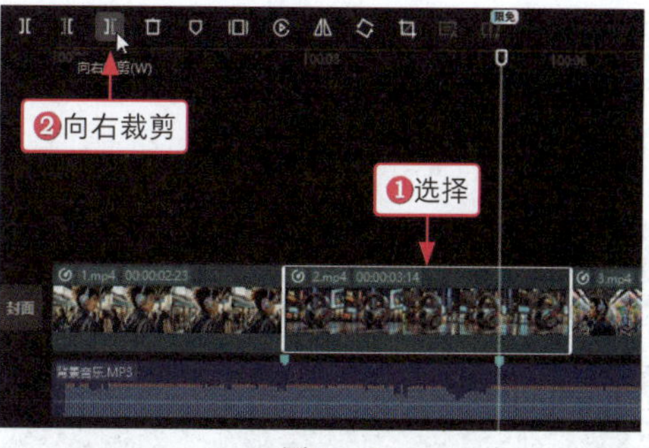

图13-32

步骤 05 用与上面同样的方法，调整第 3 段、第 4 段和第 5 段视频的时长，如图 13-33 所示。

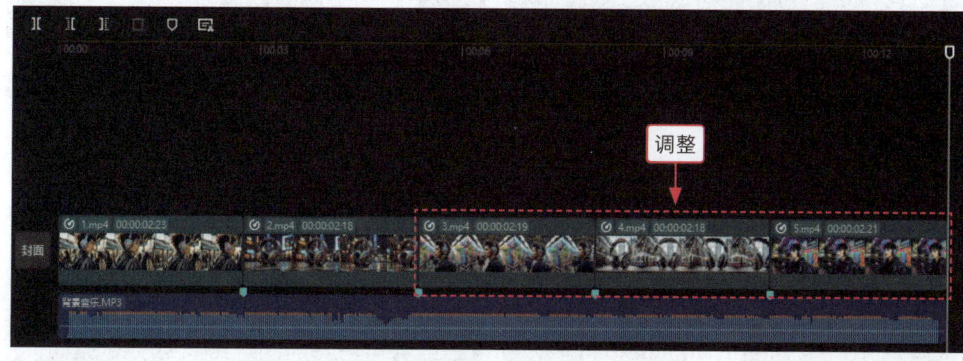

图13-33

13.3.3 特效处理：加转场丰富画面

在视频编辑中，特效处理和转场应用是提升画面丰富度和观赏性的关键手段。专业的转场设计能够使视频看起来更加自然流畅，并提升整体的观赏体验。特效处理能够使视频更加生动、有趣，并突出特定的情感或氛围。下面介绍添加转场和特效的操作步骤。

步骤 01 拖曳时间指示器至第 1 段视频素材和第 2 段视频素材之间的位置，如图 13-34 所示。

步骤 02 ❶单击“转场”按钮，进入“转场”功能区；❷切换至“运镜”选项卡；❸单击“推近”转场右下角的添加到轨道按钮“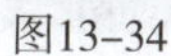”，如图 13-35 所示，添加转场。

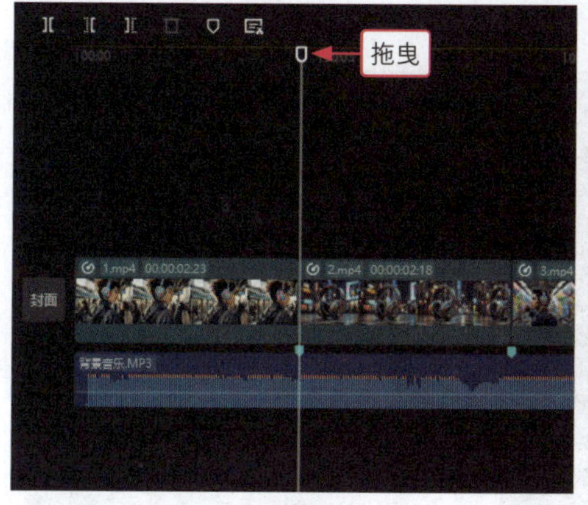

图13-34

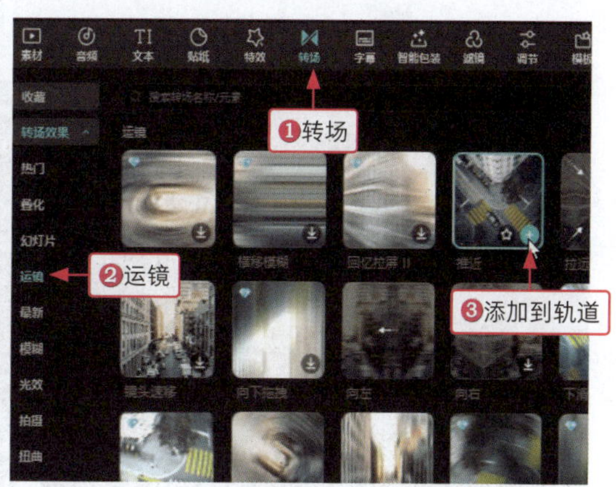

图13-35

步骤 03 拖曳时间指示器至第 2 段视频素材和第 3 段视频素材之间的位置，如图 13-36 所示。

步骤 04 ❶在“转场”功能区中切换至“光效”选项卡；❷单击“泛光”转场右下角的添加到轨道按钮“ ”，如图 13-37 所示，添加转场。

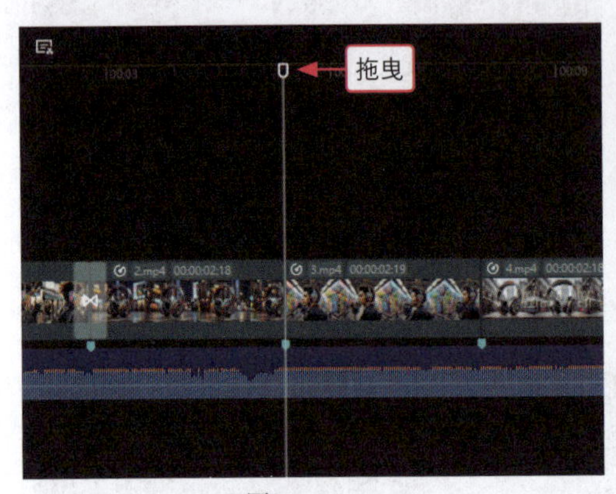

图13-36

图13-37

步骤 05 拖曳时间指示器至第 3 段视频素材和第 4 段视频素材之间的位置，如图 13-38 所示。

步骤 06 ❶在“转场”功能区中切换至“模糊”选项卡；❷单击“竖向模糊”转场右下角的添加到轨道按钮“ ”，如图 13-39 所示，添加转场。

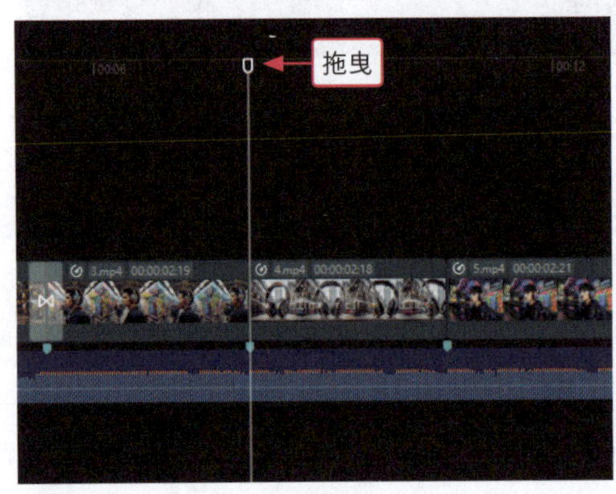

图13-38

图13-39

步骤 07 拖曳时间指示器至第 4 段视频素材和第 5 段视频素材之间的位置，如图 13-40 所示。

步骤 08 ❶在“转场”功能区中切换至“运镜”选项卡；❷单击“向左”转场右下角的添加到轨道按钮“ ”，如图 13-41 所示，添加转场。

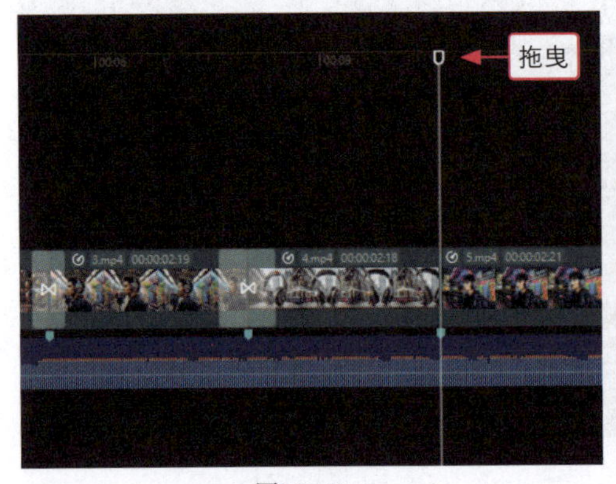

图13-40

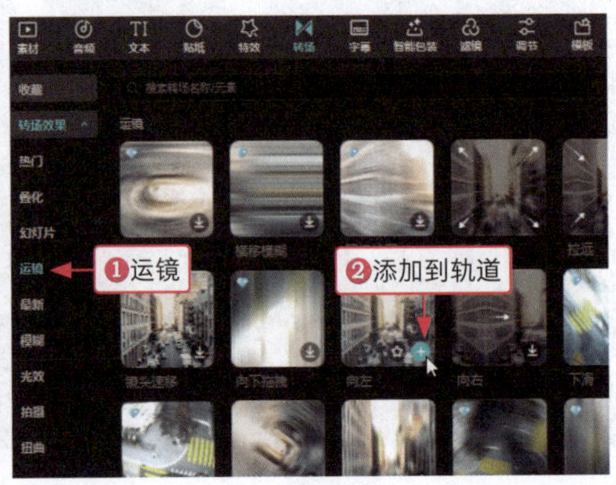

图13-41

步骤 09 ❶在视频的起始位置单击“特效”按钮，进入“特效”功能区；❷切换至“动感”选项卡；❸单击“横纹故障 Ⅱ ”特效右下角的添加到轨道按钮“+”，如图 13-42 所示。

步骤 10 添加特效，在特效素材中间左右的位置单击向右裁剪按钮“]”，如图 13-43 所示，调整特效的时长。

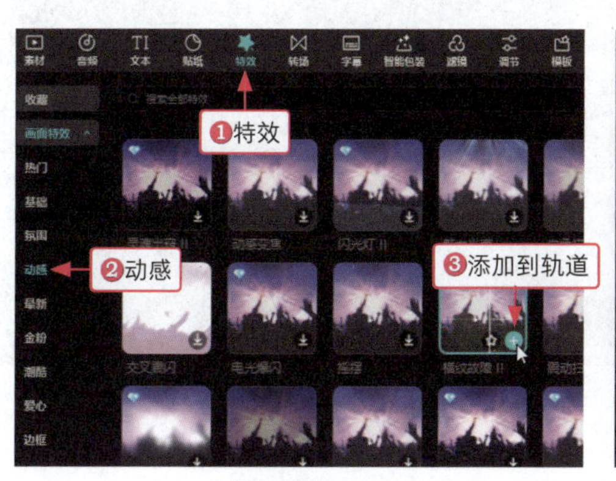

图13-42

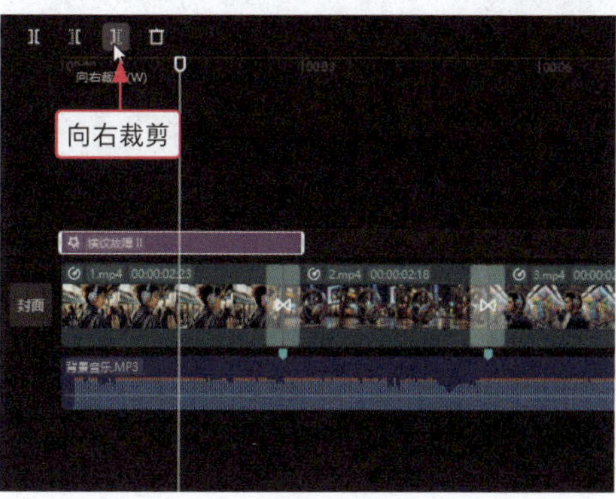

图13-43

步骤 11 在“横纹故障 Ⅱ ”特效的后面单击“幻术摇摆”特效右下角的添加到轨道按钮“+”，如图 13-44 所示，继续添加特效。

步骤 12 调整该特效的时长，使其末尾位置对齐第 1 段视频的末尾位置，如图 13-45 所示。

图13-44

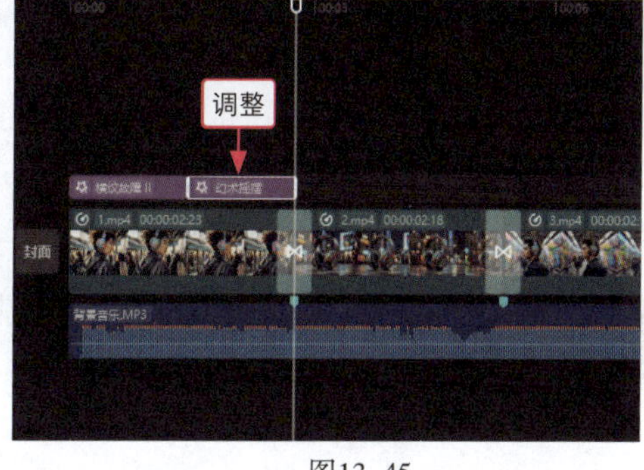

图13-45

步骤 13 在“幻术摇摆”特效的后面单击“闪屏”特效右下角的添加到轨道按钮“+”，如图 13-46 所示，继续添加特效。

步骤 14 调整该特效的时长，使其末尾位置对齐第 2 段视频的末尾位置，如图 13-47 所示。

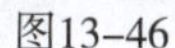

图13-46

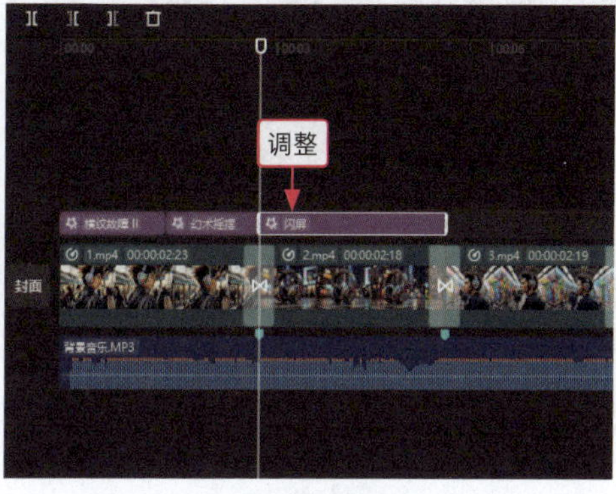

图13-47

步骤 15 用与上面同样的方法，为剩下的 3 段视频素材依次添加“横纹故障”“迷离”“摇摆”动感特效，并调整相应的时长，如图 13-48 所示。

图13-48

在转场和特效处理的时候，最好根据视频的风格进行选择。例如，本次制作的是一个炫酷的广告视频，所以选择比较动感和变化幅度较大的特效。

13.3.4 字幕处理：突出视频的主题

在前期策划的时候，使用 DeepSeek 生成了相应的营销文案，后期就可以添加到视频中来，突出视频的主题，让受众获得产品的信息。剪映中有很多文字模板，使用相应类型的模板，可以提升字幕的美感。下面介绍添加字幕的操作步骤。

步骤 01 ❶单击“文本”按钮，进入“文本”功能区；❷切换至“文字模板”选项卡，如图 13-49 所示。

步骤 02 ❶切换至“科技感”选项卡；❷单击所选模板右下角的添加到轨道按钮“⊕”，如图 13-50 所示，添加字幕。

步骤 03 调整字幕的时长，使其末尾位置对齐第 1 段视频素材的末尾位置，如图 13-51 所示。

步骤 04 拖曳时间指示器至第 2 段视频素材的起始位置，在“科技感”选项卡中单击所选模板右下角的“添加到轨道”按钮⊕，如图 13-52 所示，继续添加字幕。

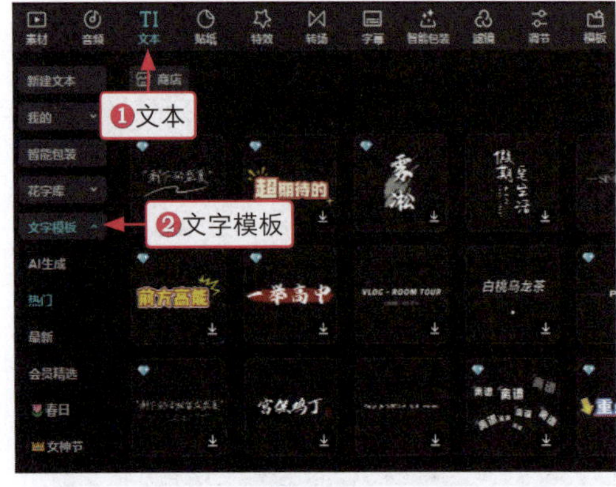

图13-49

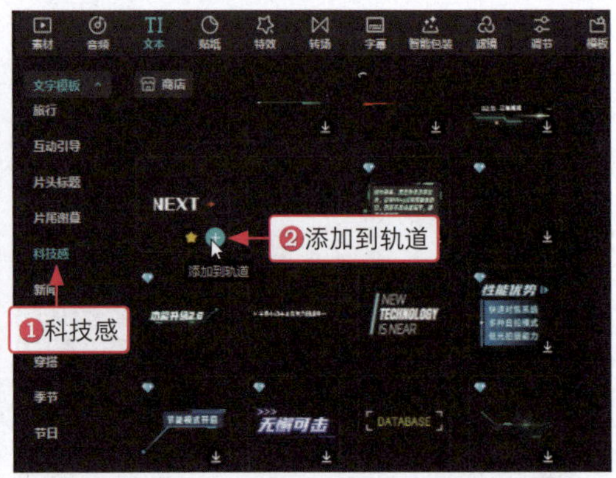

图13-50

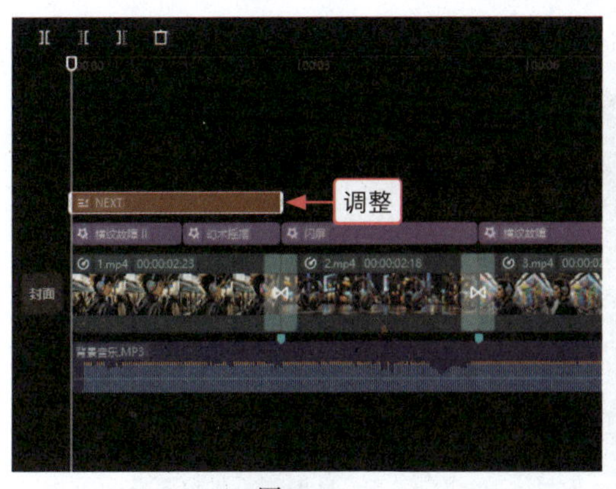

图13-51

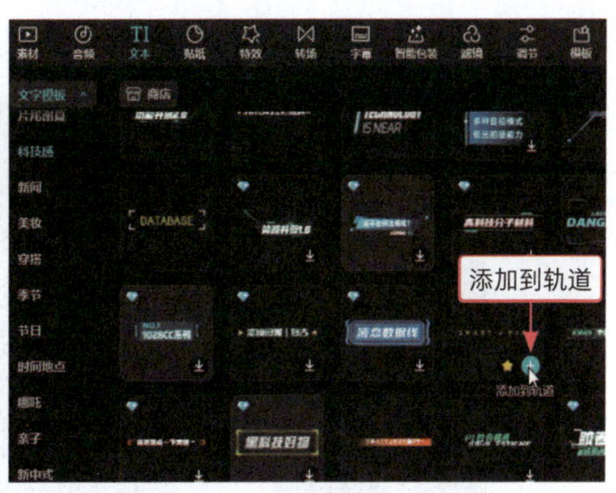

图13-52

步骤 05 ❶调整字幕的时长，使其末尾位置对齐第 2 段视频素材的末尾位置，复制该段字幕；❷粘贴字幕，使其对齐第 3 段视频素材的时长，如图 13-53 所示。

步骤 06 拖曳时间指示器至第 4 段视频素材的起始位置，在“科技感”选项卡中单击所选模板右下角的添加到轨道按钮“+”，如图 13-54 所示，继续添加字幕。

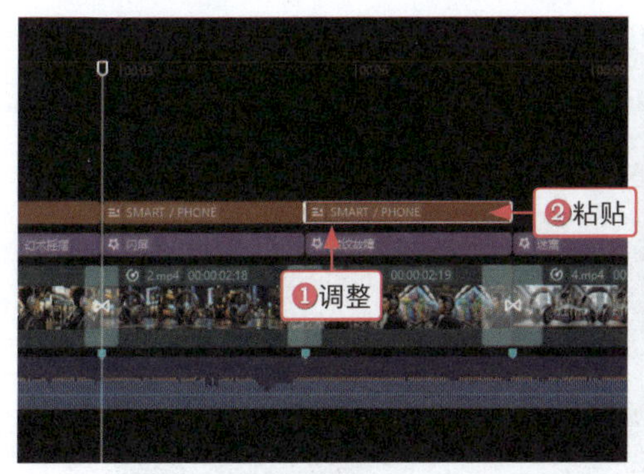

图13-53

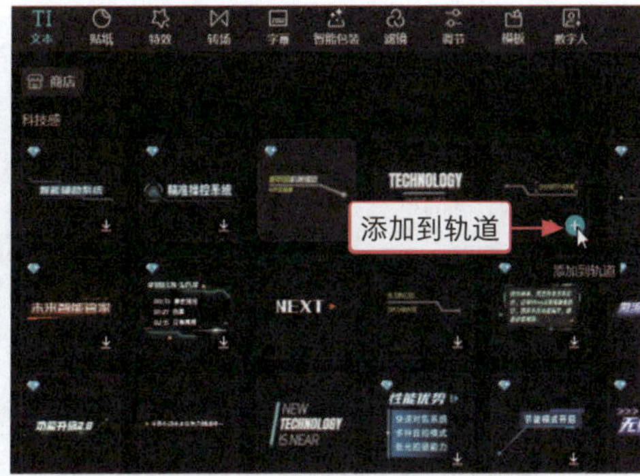

图13-54

步骤 07 调整第 4 段字幕的时长，使其对齐第 4 段视频素材的时长，拖曳时间指示器至第 5 段视频素材的起始位置，在“科技感”选项卡中单击所选模板右下角的添加到轨道按钮“+”，如图 13-55 所示，继续添加字幕，并调整第 5 段字幕的时长，使其对齐第 5 段视频素材的时长。

步骤 08 选择第 1 段字幕素材，如图 13-56 所示。

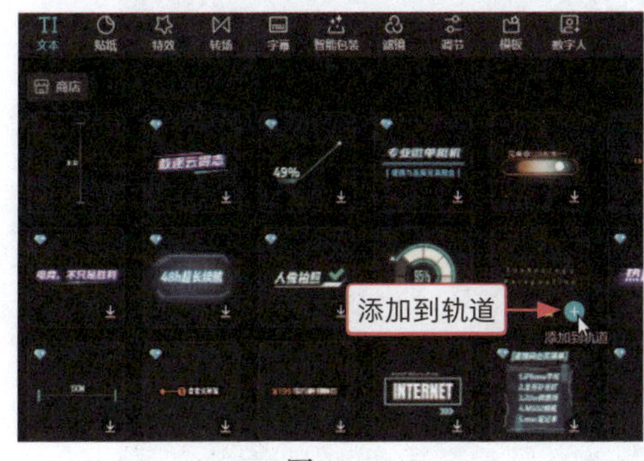

图13-55

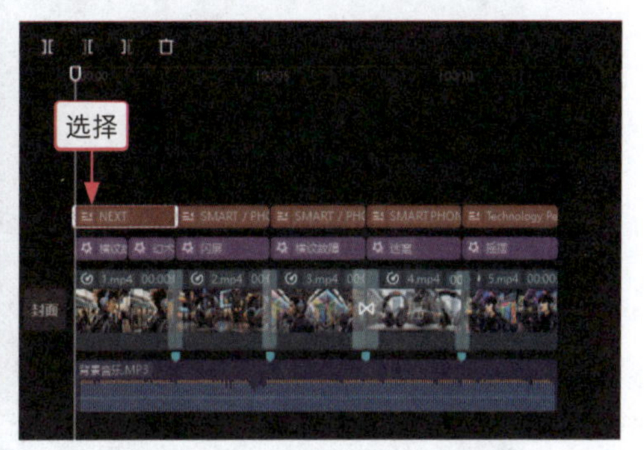

图13-56

步骤 09 ❶在“文本”操作区中更改字幕内容；❷调整字幕的大小和位置，如图 13-57 所示。

图13-57

步骤 10 选择第 2 段字幕素材，❶在“文本”操作区中更改字幕内容；❷调整字幕的大小和位置，如图 13-58 所示。

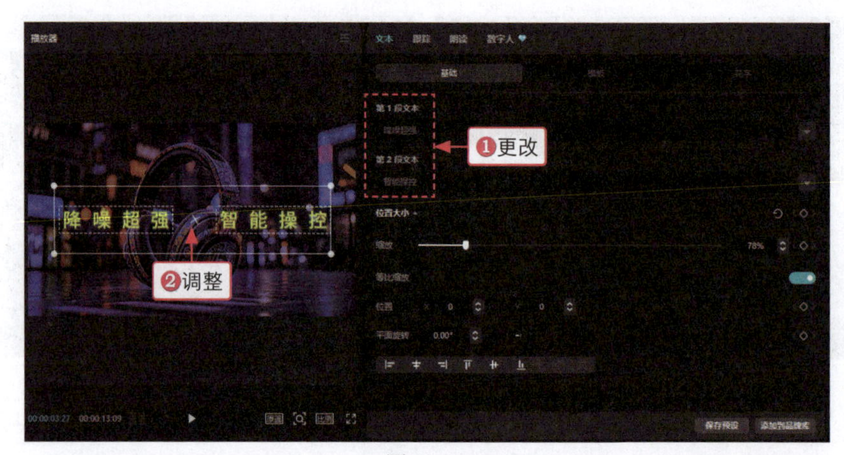

图13-58

步骤 11 选择第 3 段字幕素材，❶在“文本”操作区中更改字幕内容；❷调整字幕的位置，如图 13-59 所示。

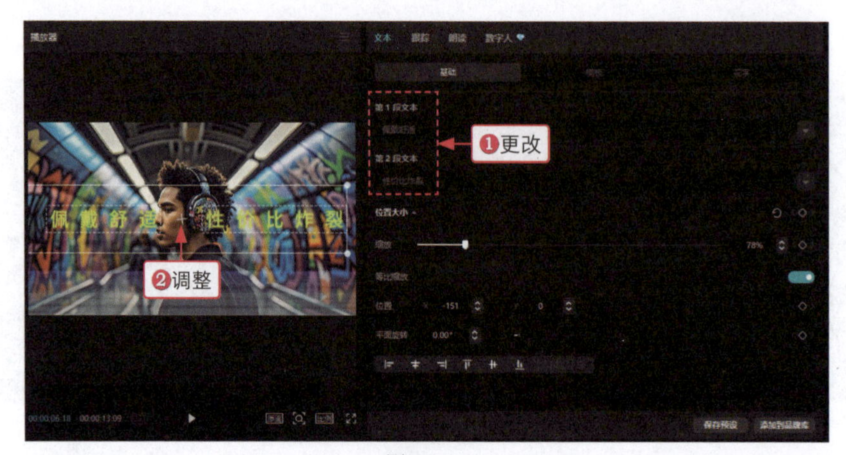

图13-59

步骤 12 选择第 4 段字幕素材，❶在“文本”操作区中更改字幕内容；❷调整字幕的大小和位置，如图 13-60 所示。

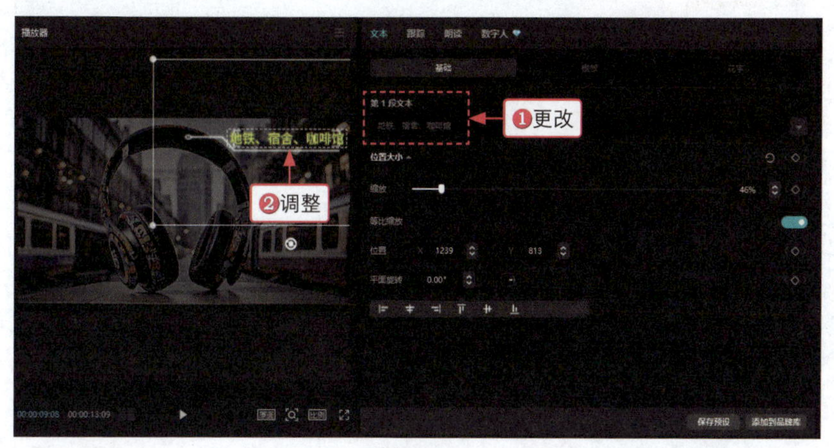

图13-60

步骤 13 选择第 5 段字幕素材，❶在“文本”操作区中更改字幕内容；❷调整字幕的大小和位置，如图 13-61 所示，至此，电商广告视频的剪辑操作完成。

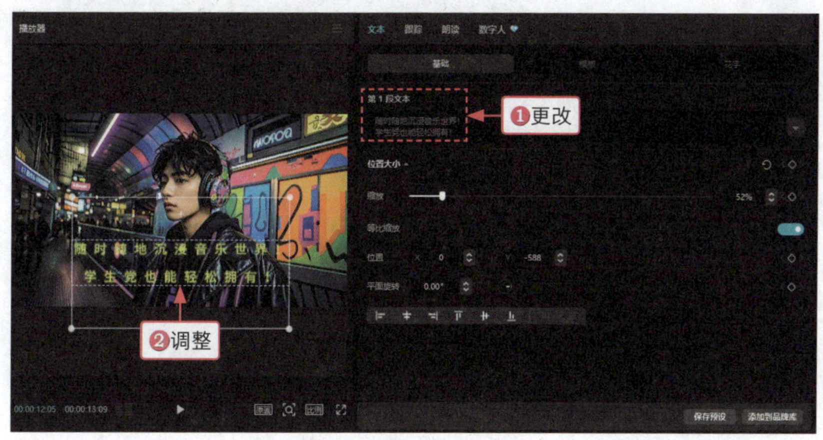

图13-61

第 14 章　一人制作动画片：用 AI 创作《蘑菇森林大冒险》动画 IP

2025 年春节档动画电影《哪吒之魔童闹海》的热映，标志着国产动画电影制作水平的新高度。与此同时，随着 AI 技术的快速发展，普通创作者借助 AI 工具也能实现动画创作。本章将系统介绍如何运用 AI 技术完成从剧本生成到分镜设计的全流程制作，并以《蘑菇森林大冒险》为实践案例，详细解析如何通过 DeepSeek、即梦 AI 及剪映等工具的协同应用，实现 AI 动画短片创作。通过本章的学习，读者将掌握 AI 技术在影视制作中的创新应用方法，显著提升创作效率。

14.1 DeepSeek：生成动画片剧本

在动画片创作的过程中，剧本是最基础的创作元素，其质量直接影响最终作品的表现力。DeepSeek 为用户提供了高效的剧本生成功能。本节将详细介绍使用 DeepSeek 生成动画片剧本的完整流程。

14.1.1 生成主题：确定故事方向

在动画片的剧本创作中，主题是动画片的灵魂，它引导整个创作过程，包括剧本编写、拍摄、剪辑等环节。通过主题，观众可以更清晰地理解导演想要表达的内容和情感。好的主题能够引发观众的情感共鸣，增强观众的观影体验。动画片的主题具有多样性和针对性，根据其创作目的和受众需求，可以归纳为以下几类，如图 14-1 所示。

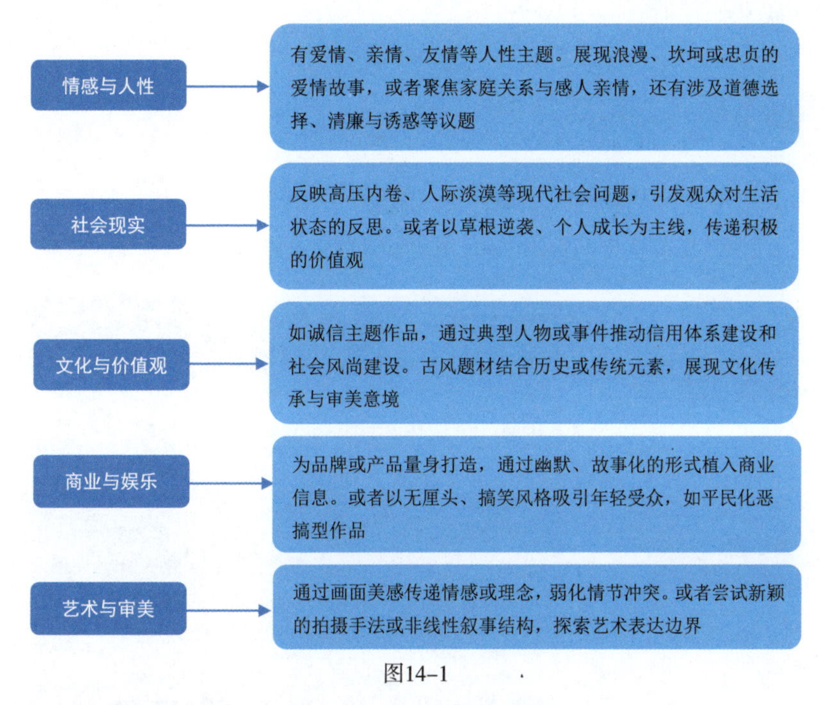

图14-1

以上主题经常会交叉融合，例如刑侦题材可能同时包含人性和社会议题，而企业定制类作品也可能融入励志或幽默元素。在确定主题时，用户需要综合考虑自身的创作能力、资源条件以及目标受众的需求和喜好，确保所选主题既具有吸引力又能够实现良好的艺术效果。在构思主题的时候，还可以使用 DeepSeek 生成相应的灵感创意，相关案例如下。

我要创作一部动画片，请帮我想一些主题，要包含亲情和幽默等元素，最好结合观众的需求和喜好，要有市场、有想象力，风格偏天马行空。

动画片主题（亲情+幽默+天马行空）

1. 主题：穿越时空，弥补遗憾

故事梗概：主角意外获得穿越时空的能力，回到过去，试图弥补与亲人之间的遗憾，却引发了一系列啼笑皆非的事件，最终明白亲情的珍贵。

亮点：

穿越时空的元素，充满想象力和戏剧性。

亲情主题，引发观众共鸣。

幽默桥段，增加趣味性和观赏性。

2. 主题：奇幻世界，亲情考验

故事梗概：主角和亲人意外进入一个奇幻世界，为了回到现实世界，他们必须克服重重困难，并在冒险过程中重新认识彼此，加深亲情。

亮点：

……

DeepSeek 可以结合提示词生成相应的动画片主题，还包含了故事梗概、亮点分析等内容，让用户进行选择，并获取相应的创作灵感。

14.1.2 搭建剧本框架：构建结构

搭建剧本框架是创作一个成功剧本的关键步骤，它有助于组织情节、塑造角色以及确保故事的连贯性和吸引力。以下是一个基本的剧本框架构建结构，用户可以根据具体需求进行调整和扩展，如图 14-2 所示。

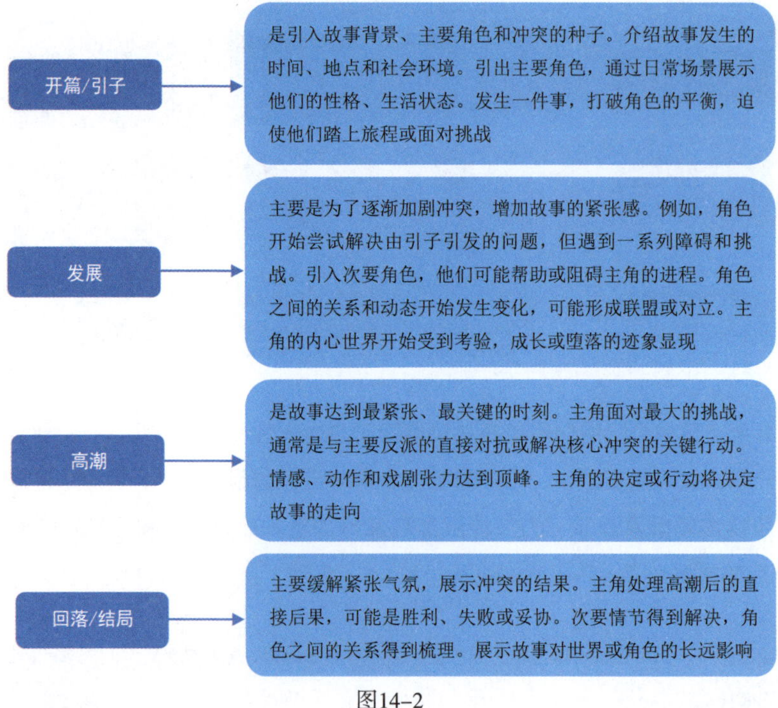

图14-2

下面介绍一些附加元素，帮助大家构建剧本结构。

❶ 主题：贯穿整个故事的核心思想或信息。

❷ 角色弧：每个主要角色从故事开始到结束的成长或变化轨迹。

❸ 对话：推动情节发展，揭示角色性格，传达信息。

❹ 场景设置：每个场景都应服务于故事，增强氛围，推动情节。

在创作剧本的时候，可以在 DeepSeek 中进行提问，让它根据主题和剧本框架拓展内容，相关案例如下。

有一个《蘑菇森林大冒险》动画片主题，具体内容如下。

主角意外进入一个奇幻世界，为了回到现实世界，他必须克服重重困难，并在冒险过程中重新认识彼此，加深亲情。

请帮我想一个动画片剧本概括，要包含开篇、发展、高潮和结局。

动画片剧本概括：《蘑菇森林大冒险》

主题：亲情、冒险、成长

风格：奇幻、幽默、温馨

目标受众：家庭观众

剧本概括：

开篇：

现实世界：主角小乐是一个沉迷于电子游戏的叛逆少年，与忙于工作的父亲关系疏离。

一次争吵后，小乐意外进入一个由巨大蘑菇组成的奇幻世界——蘑菇森林。

在蘑菇森林里，小乐遇到了会说话的蘑菇精灵小蓝，并得知只有找到传说中的“亲情之花”才能回到现实世界。

发展：

小乐和小蓝踏上寻找“亲情之花”的冒险之旅。

他们穿越危险的食人花丛林，躲避凶猛的蘑菇怪兽，解开古老的谜题。

在冒险过程中，小乐逐渐意识到父亲对自己的爱，并开始反思自己的行为。

小蓝也向小乐讲述了自己与家人分离的故事，两人建立起深厚的友谊。

高潮：

小乐和小蓝终于找到了“亲情之花”，但守护花朵的却是小乐内心对父亲的怨恨所化的黑暗怪物。

经过一番激烈的战斗，小乐最终战胜了黑暗怪物，也化解了内心的怨恨。

小乐摘下了“亲情之花”，蘑菇森林开始崩塌。

结局：

小乐回到了现实世界。

……

在构建剧本框架时，保持灵活性很重要，因为创作过程中可能会发现新的灵感或需要调整原有计划。这个框架只是一个起点，真正的创作在于如何填充这些细节，使故事生动、引人入胜。

14.1.3 对话和场景：丰富剧本内容

在剧本创作中，对话和场景设置都是必不可少的元素。下面介绍对话的作用，如图 14-3 所示。

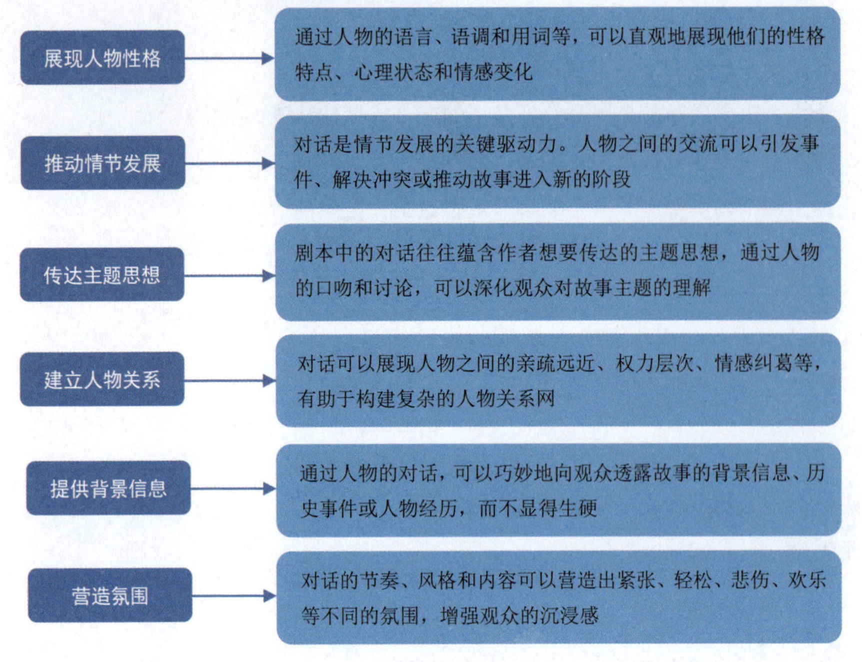

图14–3

对话和场景在剧本中发挥着不可或缺的作用，它们相互补充、相得益彰，共同构建出一个立体、生动、富有感染力的故事世界，下面介绍场景设置的作用，如图 14–4 所示。

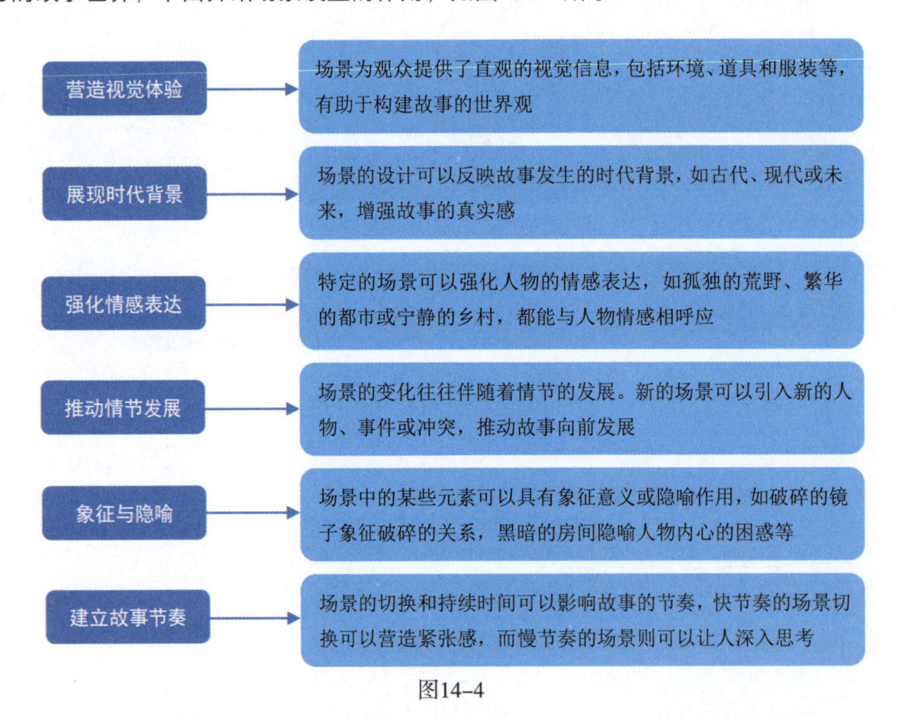

图14–4

此外，场景还有提供行动空间的作用。场景为人物提供了行动的空间，他们的行为、动作和互动都在特定的场景中进行，有助于展现人物性格和推动情节发展。在创作剧本的时候，可以让 DeepSeek 加入一定的对话和场景设置，相关案例如下。

有一个《蘑菇森林大冒险》动画片主题，具体内容如下。

主角意外进入一个奇幻世界，为了回到现实世界，他必须克服重重困难，并在冒险过程中重新认识彼此，加深亲情。

请帮我想一个动画片剧本，要包含开篇、发展、高潮和结局，在对话和场景上要优化一下，要展现人物性格和故事背景。

动画片剧本：《蘑菇森林大冒险》

主题：亲情、冒险、成长

风格：奇幻、幽默、温馨

目标受众：家庭观众

开篇：现实世界的疏离

场景 1：小乐的房间（夜晚）

（特写）游戏屏幕闪烁，小乐（12 岁，叛逆少年）戴着耳机，疯狂敲击键盘。

（镜头拉远）房间杂乱，墙上贴着游戏海报，地上散落着零食袋。

（画外音）父亲（40 岁，忙碌的上班族）敲门：“小乐，该睡觉了！”

小乐（不耐烦）：“别管我！你从来都不关心我，只知道工作！”

父亲（叹气）：“我这么忙不都是为了你吗？”

小乐（冷笑）：“为了我？你连家长会都没去过！”

（父亲沉默，脚步声渐远）

场景 2：客厅（深夜）

（特写）父亲坐在沙发上，手里拿着小乐小时候的照片，神情落寞。

（画外音）小乐偷偷溜出房间，手里拿着游戏机，准备去朋友家通宵。

（镜头切换）小乐在昏暗的街道上奔跑，突然被一道奇异的光芒吸引。

发展：奇幻世界的冒险

场景 3：蘑菇森林入口（清晨）

（全景）巨大的蘑菇森林，色彩斑斓，雾气缭绕。

……

在剧本中，通过详细的对话和场景描述，不仅可以展现各个角色之间的关系和角色性格，还能通过环境描写、表情和动作等细节丰富情节和氛围，使观众能够更加深入地感受到角色的情感和故事的发展。

14.1.4 剧本优化：增加可视化内容

剧本是为了视频画面创作的，因此在创作后期，可以对剧本进行优化，增加可视化内容，这样不仅能够增强剧本的画面感和生动性，还能够深化角色塑造、推动情节发展以及营造氛围和情感。总之，通过巧妙地运用可视化元素，可以使剧本更加吸引人。下面介绍可视化的内容，如图 14-5 所示。

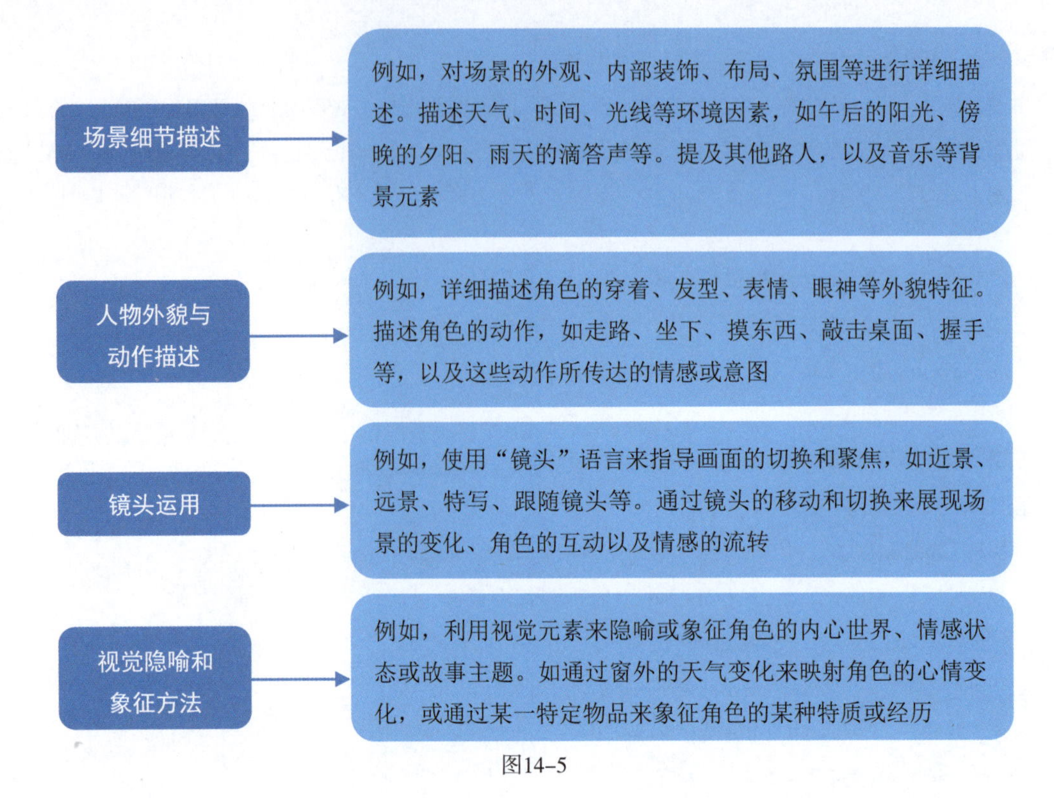

图14-5

使用 DeepSeek 可以快速优化剧本内容，增加可视化元素，便于后期 AI 视频的制作，相关案例如下。

有一个《蘑菇森林大冒险》动画片主题，具体内容如下。

主角意外进入一个奇幻世界，为了回到现实世界，他必须克服重重困难，并在冒险过程中重新认识彼此，加深亲情。

请帮我想一个动画片剧本，要包含开篇、发展、高潮和结局，在对话和场景上要优化一下，要展现人物性格和故事背景，最后，要进行可视化处理，篇幅短一点。

动画片剧本：《蘑菇森林大冒险》（精简版）

主题：亲情、冒险、成长

风格：奇幻、幽默、温馨

目标受众：家庭观众

开篇：现实世界的疏离

场景 1：小乐的房间（夜晚）

（特写）游戏屏幕闪烁，小乐（12 岁，叛逆少年）戴着耳机，疯狂敲击键盘。

（画外音）父亲（40 岁，忙碌的上班族）敲门：“小乐，该睡觉了！”

小乐（不耐烦）：“别管我！你从来都不关心我，只知道工作！”

父亲（叹气）：“我这么忙不都是为了你吗？”

小乐（冷笑）：“为了我？你连家长会都没去过！”

（父亲沉默，脚步声渐远）

场景 2：客厅（深夜）

（特写）父亲坐在沙发上，手里拿着小乐小时候的照片，神情落寞。

（画外音）小乐偷偷溜出房间，手里拿着游戏机，准备去朋友家通宵。

（镜头切换）小乐在昏暗的街道上奔跑，突然被一道奇异的光芒吸引。

……

通过增加可视化元素，剧本将变得更加具体、直观，有助于用户更好地理解和实现剧本内容，提高制作效率和质量。同时，可视化元素也能激发用户的创意和想象力，为剧本增添更多亮点。

14.2 即梦：生成动画片画面

创作剧本后，下面就可以对剧本内容进行可视化处理，通过即梦 AI 制作宣传海报和分镜头画面。本节将为大家介绍如何使用即梦 AI 生成图片和视频，让文字变成画面。

14.2.1 图片制作：生成宣传海报

通过创意设计和视觉元素，宣传海报能够激发观众的兴趣，促使他们进一步了解动画片的内容。在即梦 AI 平台中，用户可以设计相应的宣传海报，只需输入相应的描述词即可实现，部分效果如图 14-6 所示。

图14-6

下面介绍在即梦 AI 网页版中生成宣传海报的操作步骤。

步骤 01 在即梦 AI 网页版的“首页”页面中，单击“AI 作图”选项区中的“图片生成”按钮，如图 14-7 所示。

图14-7

步骤 02 ❶输入相应的描述词；❷设置“生图模型”为“图片 2.1”，如图 14-8 所示。

步骤 03 ❶设置“图片比例”为“2 : 3”；❷单击“立即生成”按钮，如图 14-9 所示。

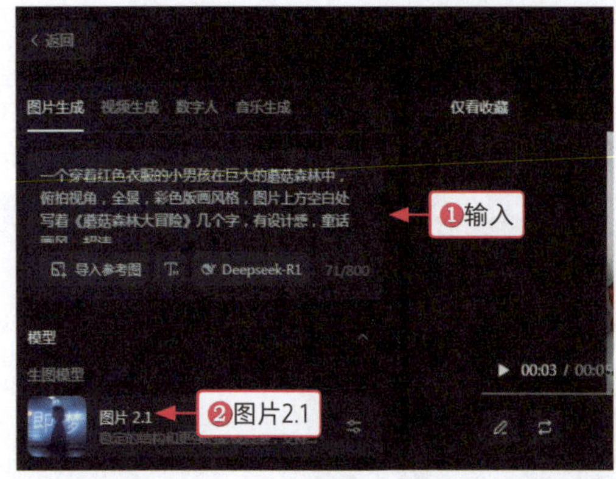

图14-8

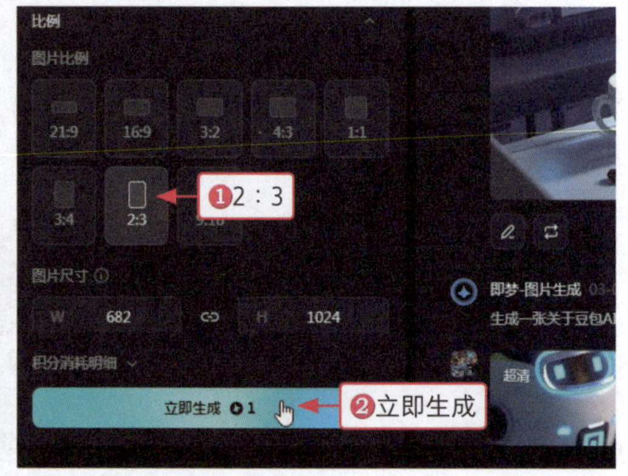

图14-9

步骤 04 稍等片刻，即可生成 4 张带字的宣传海报图片，如图 14-10 所示。

图14-10

14.2.2 故事创作：智能生成分镜

即梦 AI 的故事创作功能是一个强大而全面的创意工具，它为用户提供了一站式智能创作解决方案。即梦 AI 提供了多种创作方式（如图生视频、文生视频、文生图、图生图）来创建故事分镜。用户可以根据故事情节输入相应的描述词或上传参考图片，系统会根据输入的内容自动生成相应的分镜图片或视频，部分效果如图 14-11 所示。

本次案例以剧本中场景 3 的情节为主要参考，生成相应的图片和视频，剧本中的其他画面，用户可以参考本次方法继续生成，方法是一致的。

图14-11

下面介绍在即梦 AI 网页版中智能生成分镜的操作步骤。

步骤 01 在即梦 AI 网页版的“首页”页面中，单击“AI 视频”选项区中的“故事创作”按钮，如图 14-12 所示。

图14-12

步骤 02 进入相应的页面，单击“创建空白分镜”按钮，如图 14-13 所示。

步骤 03 ❶在“分镜 1”选项区中输入相应的描述词；❷单击“做图片”按钮，如图 14-14 所示。

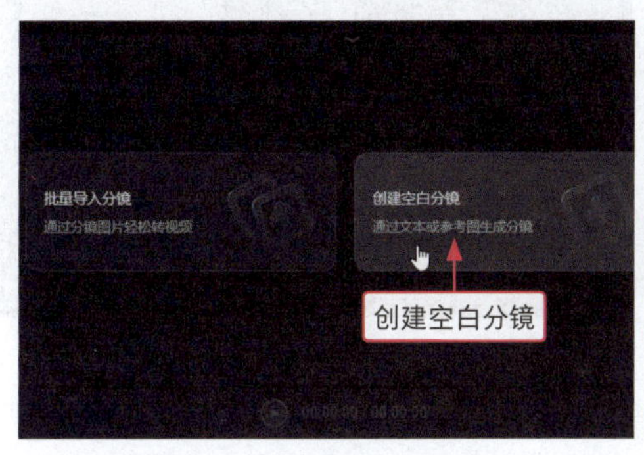

图14-13

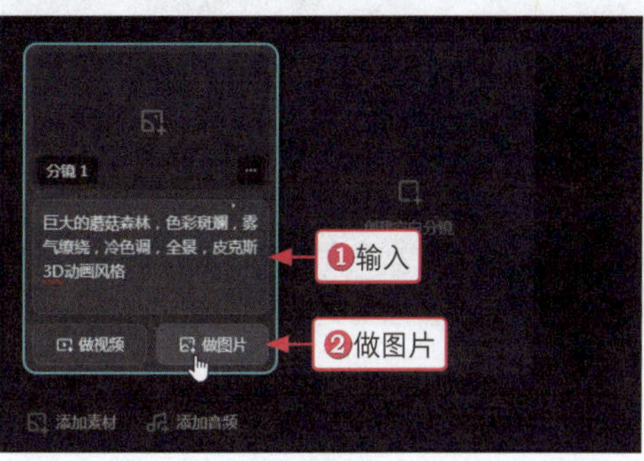

图14-14

步骤 04 ❶单击“风格”按钮；❷在弹出的面板中选择“彩色版画”选项，如图 14-15 所示。

步骤 05 单击“立即生成”按钮，如图 14-16 所示。

步骤 06 稍等片刻，即可生成相应的 4 张图片，默认显示第 1 张图片，如图 14-17 所示。如果用户对生成的图片不满意，可以在“分镜素材”选项卡中选择其他 3 张图片，还可以再次生成。

步骤 07 单击“创建空白分镜”按钮，如图 14-18 所示。

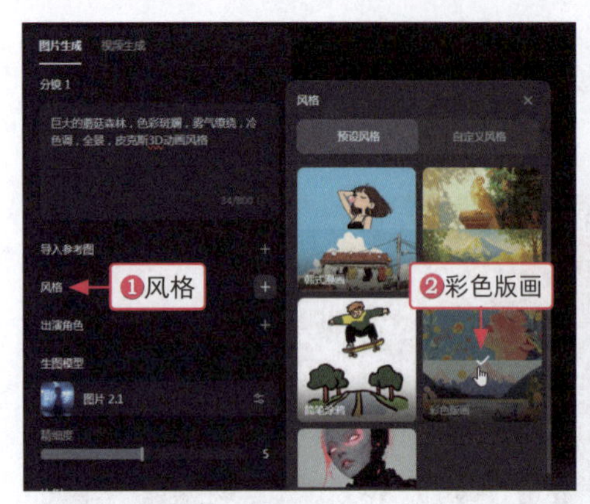

图14-15

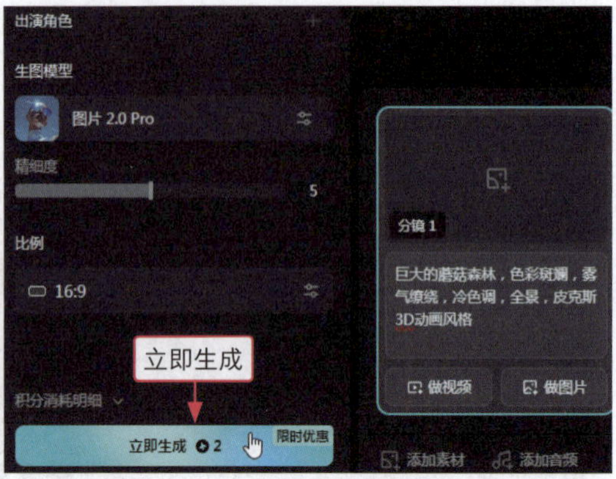

图14-16

图14-17

图14-18

步骤 08 ❶在“分镜 2”选项区中输入描述词；❷单击“做图片”按钮，如图 14-19 所示。

步骤 09 ❶选择“图片 2.0 Pro”生图模型；❷单击“立即生成”按钮，如图 14-20 所示。

图14-19

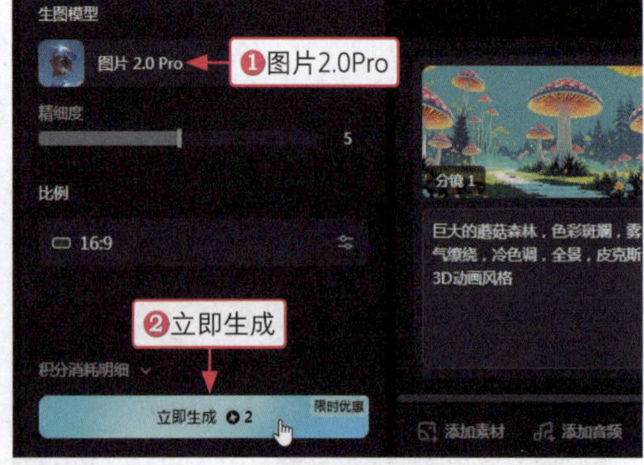

图14-20

步骤 10 稍等片刻，即可生成相应的 4 张图片画面，默认显示第 1 张图片，如图 14-21 所示。同理，用与上面同样的方法，根据提供的描述词，生成剩下的图片。

图14-21

步骤 11 用户可以一次性导出所有图片，不过需要解压，❶单击“导出”按钮；❷在弹出的面板中选择“批量导出素材”选项，如图 14-22 所示，然后继续单击“确认”按钮即可。

步骤 12 用户也可以导出单张图片，❶在“分镜素材”选项卡中选择相应的图片并单击鼠标右键；❷在弹出的面板中选择“下载”选项，如图 14-23 所示，即可下载单张图片。

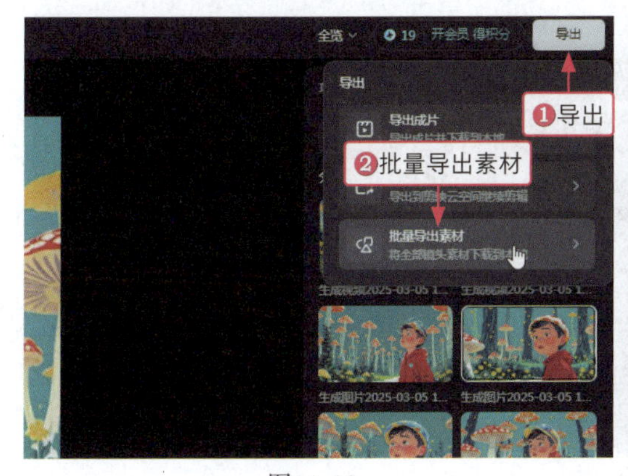

图14-22

图14-23

14.2.3 视频生成：转换动态画面

在故事创作页面中，用户可以把分镜图片转换为动态视频，使画面更具表现力和视觉冲击力。对于部分图片，还可以一张图片多次生成视频，AI 会生成不一样的效果，部分视频效果如图 14-24 所示。

图14-24

下面介绍在即梦 AI 网页版中转换动态画面的操作步骤。

步骤 01 ❶单击“批量导入分镜”按钮；❷选择“从本地上传”选项，如图 14-25 所示。

步骤 02 弹出“打开”对话框，❶在相应的文件夹中全选所有分镜图片素材；❷单击“打开”按钮，如图 14-26 所示，上传图片。

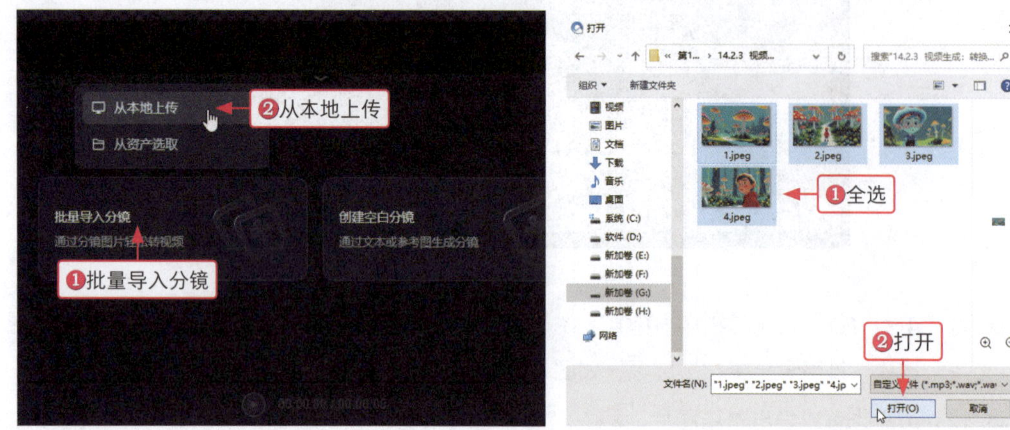

图14-25

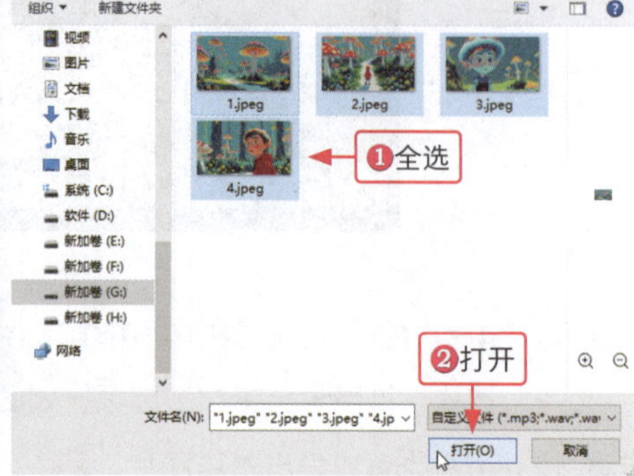

图14-26

步骤 03 ❶输入 4 张图片的描述词；❷在“分镜 1”选项区中单击“图转视频”按钮，如图 14-27 所示。

图14-27

步骤 04 默认设置参数，单击“生成视频”按钮，如图 14-28 所示。

步骤 05 稍等片刻，在“分镜素材”选项卡中可以看到生成的视频素材，如图 14-29 所示。

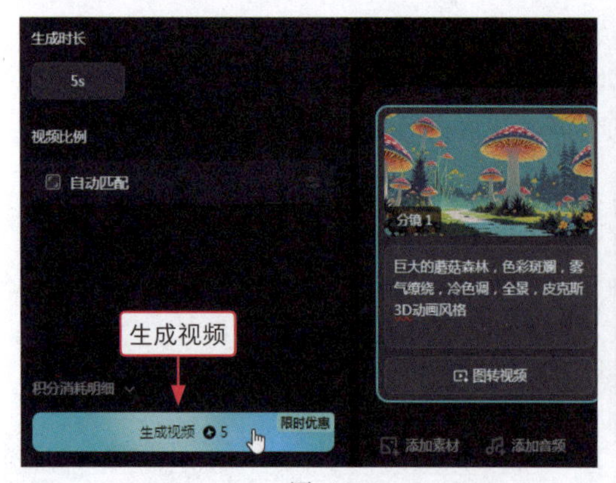

图14-28

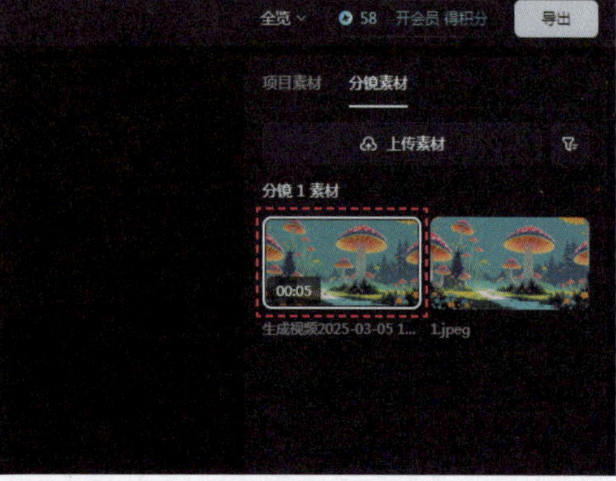

图14-29

步骤 06 在“分镜 2”选项区中单击“图转视频”按钮，如图 14-30 所示，继续生成相应的视频，然后用同样的方法，生成剩下的视频。对于分镜 3，用户可以多生成一段视频。

步骤 07 为了导入不用解压的视频，❶在“分镜素材”选项卡中选择相应的视频并单击鼠标右键；❷在弹出的面板中选择“下载”选项，如图 14-31 所示，即可下载分镜视频。

图14-30

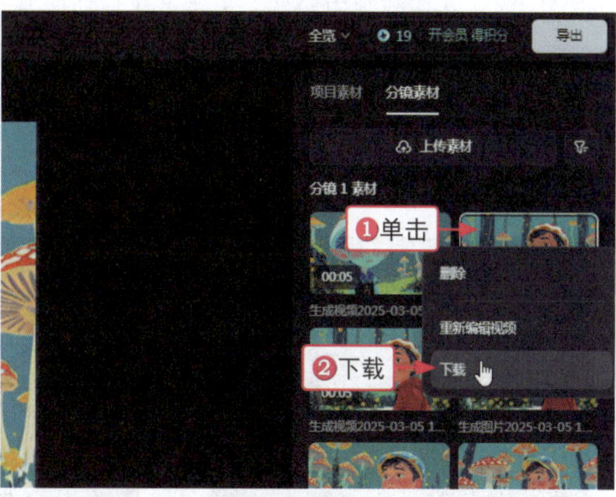

图14-31

14.3 剪映：动画片剪辑与后期配音

当生成分镜视频后，用户可以在剪映中进行剪辑，把分镜视频整合在一起，并添加相应的配音和字幕，完成 AI 动画片的制作，效果如图 14-32 所示。

图14-32

14.3.1 剪辑处理：添加视频和配音

在剪映中可以先根据台词制作配音，然后导入相应的分镜视频，并进行剪辑，实现音画统一的效果。下面介绍剪辑视频和添加配音的操作步骤。

步骤 01 打开剪映电脑版，单击“开始创作”按钮，进入视频编辑界面，在“素材”功能区中单击“导入”按钮，如图 14-33 所示。

步骤 02 弹出“请选择媒体资源”对话框，❶在相应的文件夹中全选所有的视频素材；❷单击“打开”按钮，如图 14-34 所示。

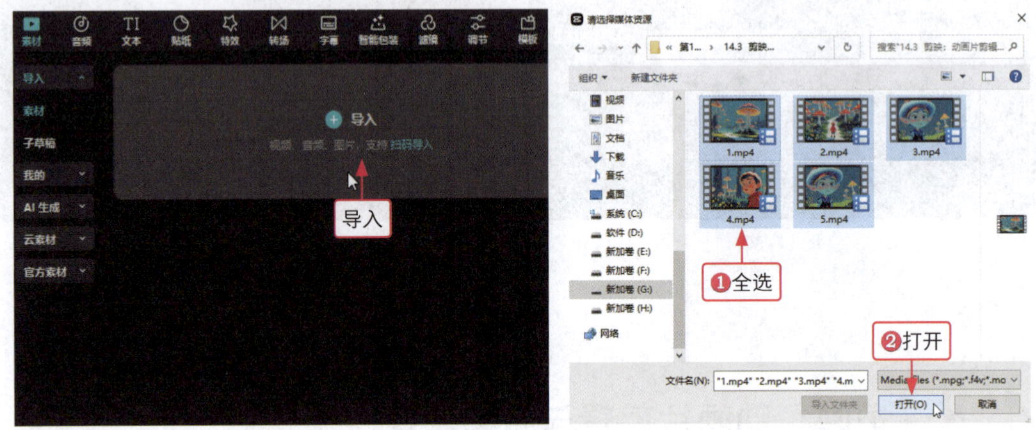

图14-33　　图14-34

步骤 03 单击第 1 段视频素材右下角的添加到轨道按钮“+”，如图 14-35 所示，把开场视频添加到视频轨道中。

步骤 04 ❶单击“音频”按钮，进入“音频”功能区；❷切换至“音效库”选项卡；❸在搜索栏中输入并搜索“幽深”；❹在搜索结果中单击所选音效右下角的添加到轨道按钮“+”，如图 14-36 所示，添加开场音效，营造氛围。

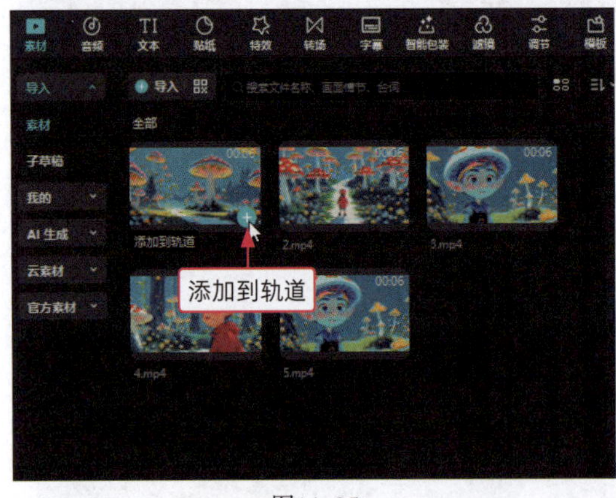

图14-35

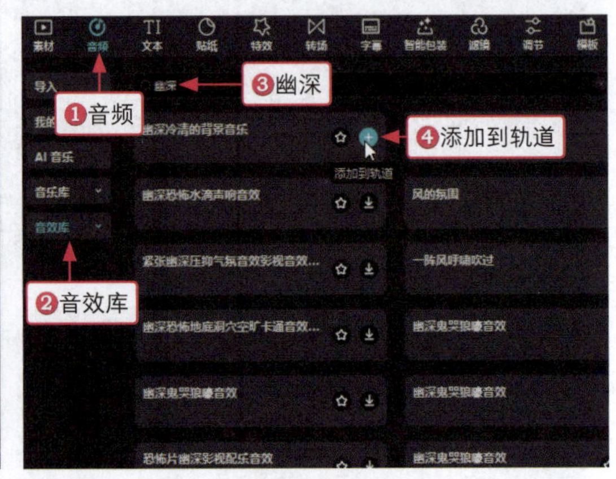

图14-36

步骤 05 在第 1 段视频素材的末尾位置单击向右裁剪按钮“]”，如图 14-37 所示，分割并删除多余的音频素材。

步骤 06 在“基础”操作区中设置“音量”参数为“20.0dB”，如图 14-38 所示，提高音量。

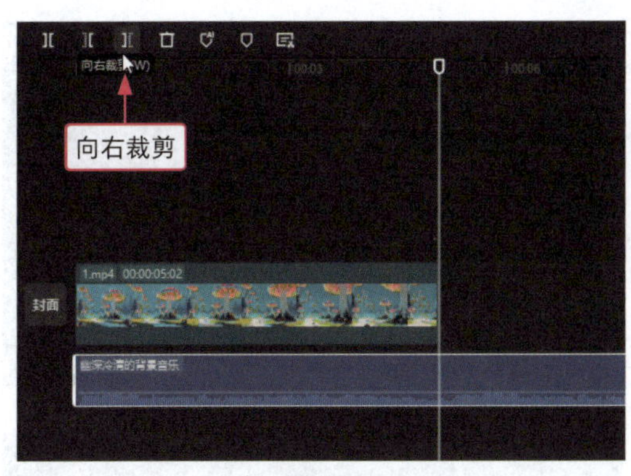

图14-37

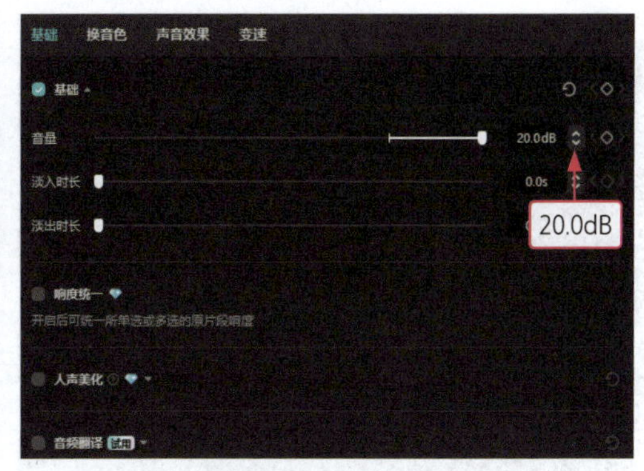

图14-38

步骤 07 ❶在第 1 段视频素材的末尾位置单击“文本”按钮，进入“文本”功能区；❷单击“默认文本”右下角的添加到轨道按钮“⊕”，如图 14-39 所示，添加文本。

步骤 08 ❶在“文本”操作区中输入小乐的台词；❷单击“朗读”按钮，如图 14-40 所示。

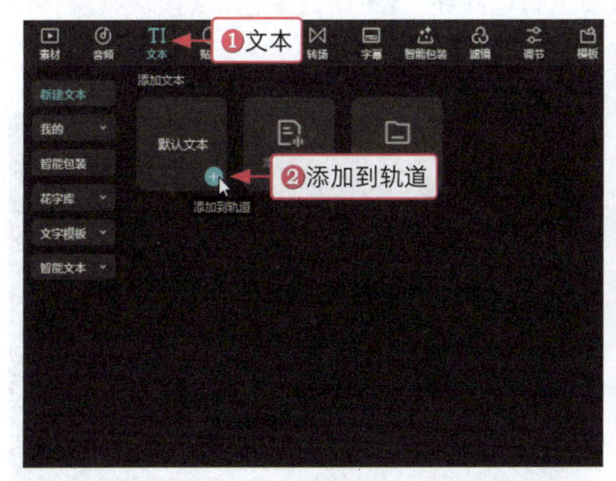

图14-39

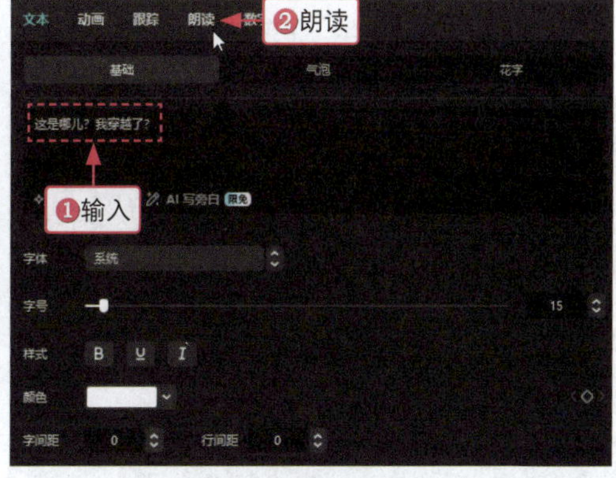

图14-40

步骤 09 进入“朗读”操作区，❶切换至“童声”选项卡；❷选择“九小月”选项；❸单击“开始朗读”按钮，如图 14-41 所示。

步骤 10 生成配音，把字幕素材拖曳至第 1 段配音素材的后面，如图 14-42 所示。

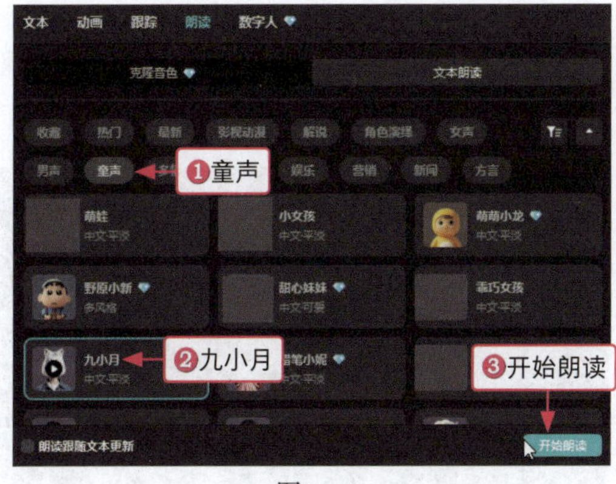

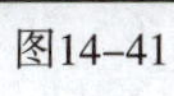

图14-41

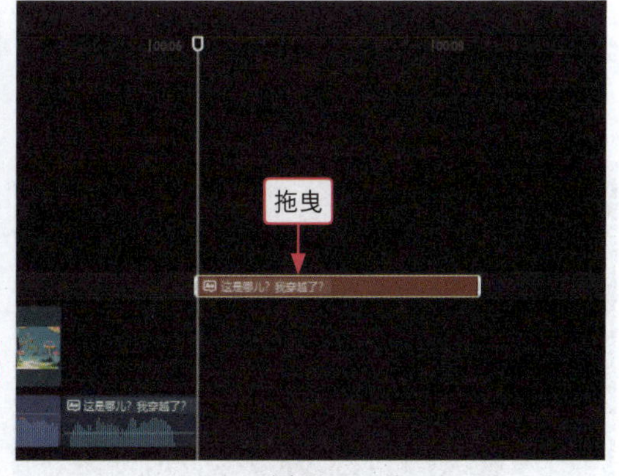

图14-42

步骤 11 ❶在“文本”操作区中输入小蓝的台词；❷单击“朗读”按钮，如图 14-43 所示。

步骤 12 进入“朗读”操作区，❶切换至“男声”选项卡；❷选择“清爽男声”选项；❸单击“开始朗读”按钮，如图 14-44 所示。

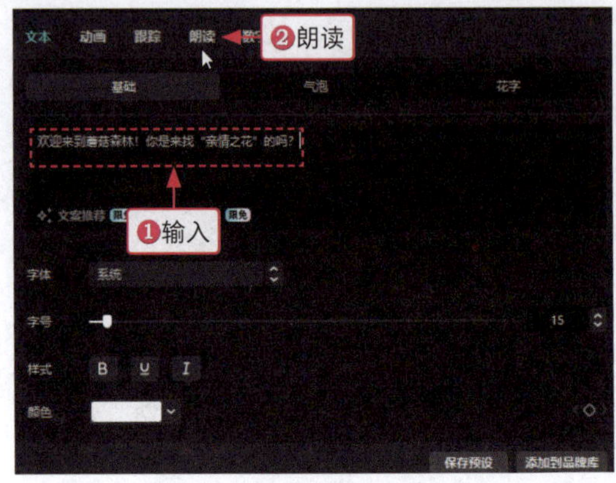

图14-43

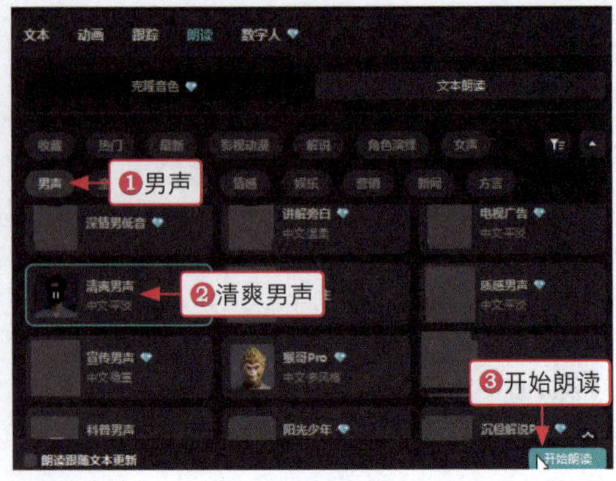

图14-44

步骤 13 稍等片刻，即可生成相应的配音素材，可以剪辑多余的留白片段，如图 14-45 所示。同理，用与上面同样的操作方法，生成后面的配音素材，并剪辑多余的留白片段和调整相应的位置。

步骤 14 删除字幕素材，❶在音频轨道上单击锁定轨道按钮“🔒”；❷把第 2 段视频素材添加至视频轨道中，如图 14-46 所示。

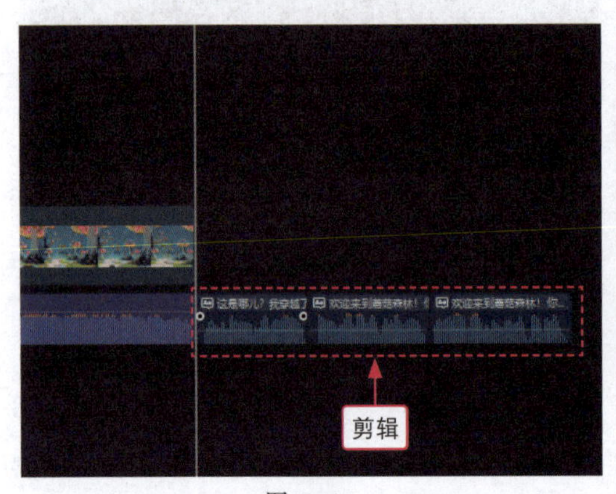

图14-45

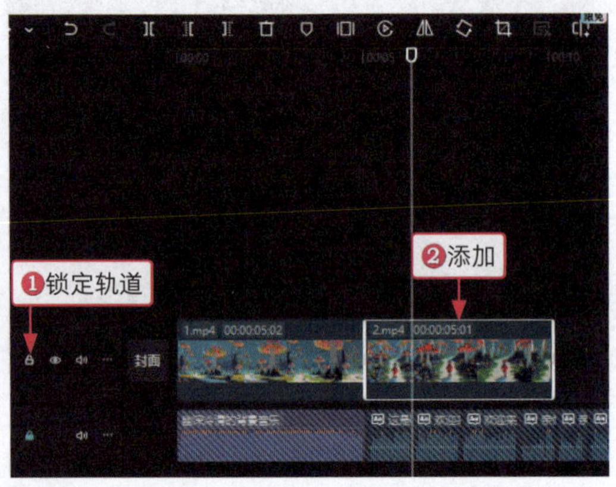

图14-46

步骤 15 ❶单击“变速”按钮，进入“变速”操作区；❷设置“倍速”参数为“0.80x”，减慢视频的播放速度，如图 14-47 所示。

步骤 16 在相应的台词配音片段结束的位置上单击向右裁剪按钮“]”，如图 14-48 所示，分割并删除多余的视频素材。

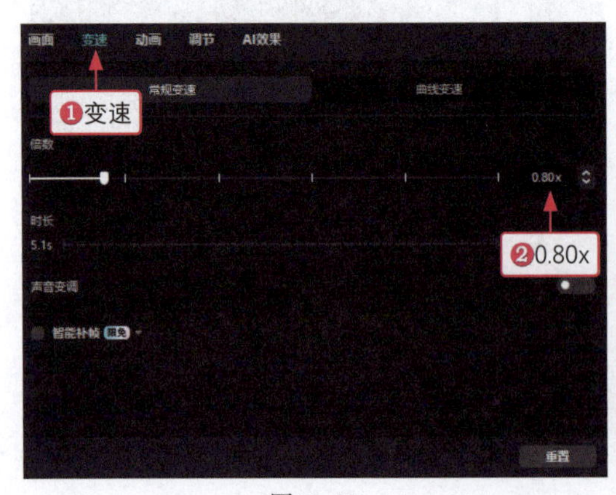

图14-47

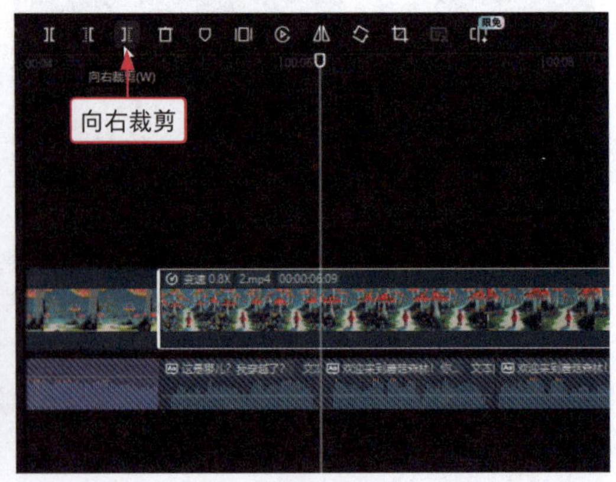

图14-48

步骤 17 ❶同理，用与上面同样的方法，添加剩下的视频素材至视频轨道中，并根据配音片段，调整视频的时长和位置，实现音画统一的效果；❷最后在音频轨道上单击解锁轨道按钮“🔒”，如图 14-49 所示。

图14-49

14.3.2 字幕处理：为画面添加台词

一般而言，大部分的视频都会有字幕，尤其是人物说话的台词字幕，是视频中必不可少的一部分。在剪映中可以使用智能文本功能，快速添加台词字幕。下面介绍为画面添加台词字幕的操作步骤。

步骤 01 ❶单击“文本”按钮，进入“文本”功能区；❷切换至“智能文本”|“文稿匹配”选项卡；❸单击“开始使用”按钮，如图 14-50 所示。

步骤 02 弹出“输入文稿”面板，❶输入台词；❷单击“开始匹配”按钮，如图 14-51 所示。

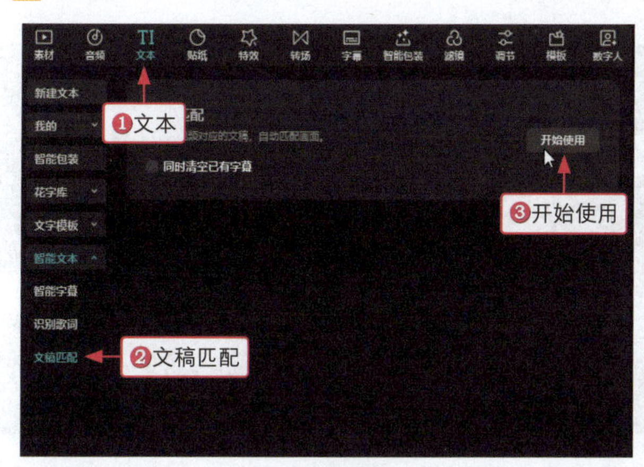

图14-50

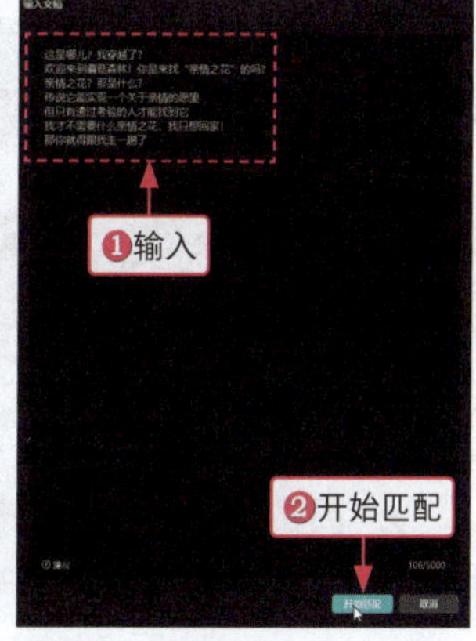

图14-51

步骤 03 稍等片刻，生成相应的台词字幕，并调整相应台词字幕的时长，使其与相应的音频和视频对齐，如图 14-52 所示。

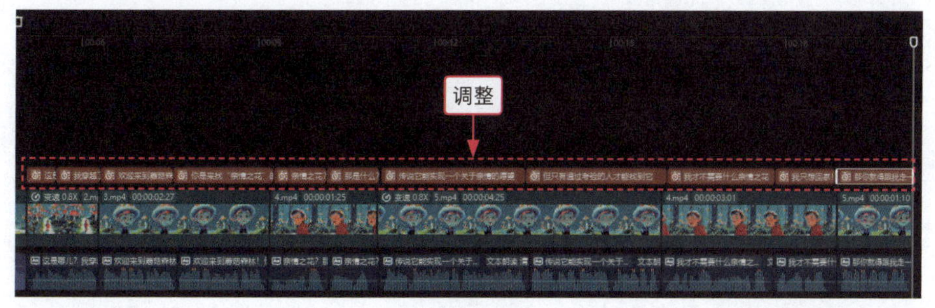

图14-52

步骤 04 ❶在“文本”操作区中设置字体；❷设置“字号”参数为“6”；❸在“预设样式”选项区中选择一个样式，更改字幕的样式，如图 14-53 所示。

图14-53

步骤 05 在第 1 段视频素材的上面添加一段“默认文本”，并调整其时长，如图 14-54 所示。

步骤 06 ❶在“文本”操作区中更改字幕内容；❷设置“字体”参数为“抖音美好体”；❸设置“字号”参数为“11”；❹在“预设样式”选项区中选择一个样式，更改字幕的样式，如图 14-55 所示，至此，动画片的剪辑操作完成。

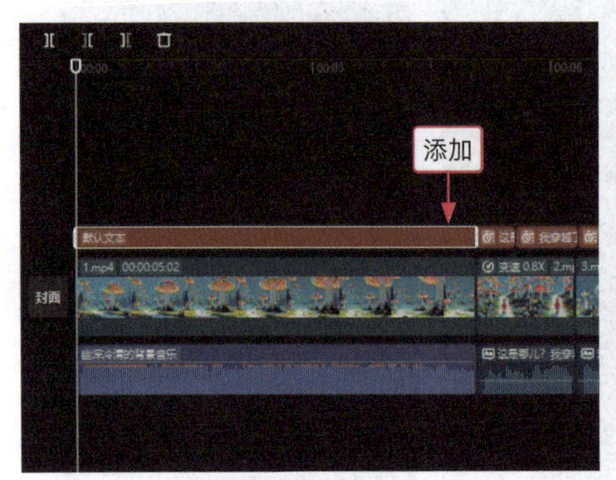

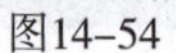

图14-54　图14-55